国家出版基金项目
“十三五”国家重点出版物出版规划项目
深远海创新理论及技术应用丛书

大洋渔场卫星遥感技术及应用

林明森　邹　斌　石立坚　陈新军　编著

海洋出版社
2023年·北京

内容简介

卫星海洋遥感技术在海洋渔场预报、海洋养殖环境评估、海洋渔业灾害监测等方面发挥了重要作用。本书从渔场环境与渔情信息获取、处理及应用视角，介绍了大洋渔场卫星遥感技术及应用系统、卫星遥感数据源及其预处理技术、卫星遥感渔场环境信息提取技术、大洋渔场环境信息预报及大洋渔业渔情预报等内容。本书编写主题明确、框架清晰、内容全面，体现了卫星遥感、海洋环境预报、渔情速报、数据库管理和信息通信等相关学科的交叉融合，反映最新的大洋渔业生产信息服务实践及前沿成果。本书可供海洋遥感、物理海洋、海洋技术等相关专业的管理人员、科研人员和高校师生参考使用。

图书在版编目(CIP)数据

大洋渔场卫星遥感技术及应用 / 林明森等编著. --北京：海洋出版社，2023. 12
(深远海创新理论及技术应用丛书)
ISBN 978-7-5210-1194-4

Ⅰ. ①大…　Ⅱ. ①林…　Ⅲ. ①卫星遥感-应用-渔场-环境信息-研究
Ⅳ. ①S951. 2

中国国家版本馆 CIP 数据核字(2023)第 222708 号

审图号：GS 京(2023)2356 号

策划编辑：郑跟娣
责任编辑：郑跟娣
助理编辑：李世燕
责任印制：安　森
出版发行：海洋出版社
网　　址：www. oceanpress. com. cn
地　　址：北京市海淀区大慧寺路 8 号
邮　　编：100081
开　　本：787 mm×1 092 mm　1/16
字　　数：259 千字
发 行 部：010-62100090
总 编 室：010-62100034
编 辑 室：010-62100026
承　　印：鸿博昊天科技有限公司
版　　次：2023 年 12 月第 1 版
印　　次：2023 年 12 月第 1 次印刷
印　　张：13. 50
定　　价：128. 00 元

本书如有印、装质量问题可与本社发行部联系调换

前　言

为提高我国远洋渔业的综合竞争力，发展远洋渔业监测信息服务系统，开展大洋渔业监测及信息服务，解决大洋渔业信息服务数据源不足、渔场和渔情不明的问题，提高渔获量，降低渔捞成本，提高生产安全性，同时推广国产海洋遥感卫星业务化应用，国家卫星海洋应用中心联合国内优势单位从“十五”期间开始，在国家863计划支持项目“大洋渔场环境信息获取和应用技术”“卫星遥感大洋渔场环境信息获取及处理技术开发”，以及国家发展和改革委员会卫星应用产业化项目“卫星遥感大洋渔业高技术产业化示范工程”等相关项目的支持下，开展了一系列研究，取得了重要研究成果，本书则是该系列研究的主要成果之一。

本书共分为7章。第1章绪论，概要介绍了大洋渔场卫星遥感技术及应用系统的组成和国内外现状。第2章大洋渔场卫星遥感技术及应用系统概述，简要介绍了系统的总体技术路线、业务流程、数据流程、产业应用情况及应用前景。第3章卫星遥感数据源及其预处理技术，简要介绍了目前可以用于海洋渔业遥感的国内外卫星数据，并详细介绍了HY-1/COCTS和HY-2微波扫描辐射计、雷达高度计、微波散射计的数据预处理方法。第4章卫星遥感渔场环境信息提取技术，详细介绍了海表温度、叶绿素浓度、海面高度、海流、有效波高、海面风场、中尺度涡、海洋锋面和数据融合的具体方法。第5章大洋渔场环境信息预报，简要介绍了大洋渔场环境信息预报发展与现状，并详细介绍了大洋渔场SWAN海浪预报系统、HYCOM大洋环流预报系统和数据同化方法。第6章大洋渔业渔情预报，简要介绍了渔情预报的基本理论和方法，并详细介绍了不同海区不同鱼种的渔情预报方法和结果。第7章业务化全球海洋渔业生产综合信息共享服务技术，介绍了全球卫星遥感大洋渔场环境数据库、网络发布平台、基于卫星广播的渔业信息快速发布系统、船载版渔情预报及渔捞日志应用系统和产业化运行机制。

我们从渔场环境与渔情信息获取、处理及应用视角组织本书内容的编写，力求主题明确、框架清晰、章节合理、内容全面，体现卫星遥感、海洋环境预报、渔情速报、数据库管理和信息通信等相关学科的交叉融合，反映最新的大洋渔业生产信息服务实践及前沿成果。本书可供海洋遥感、物理海洋、海洋技术等相关专业的管理人员、科研人员和高校师生使用。本书由邹斌和陈新军编写了第1章，林明森、邹斌、石立坚、邹巨洪、丁静、王其茂、张毅、贾永君、奚萌、黄磊、梁超、曾韬和武苏辉共同编写了第2章、第3章和第4章，万莉颖和于庆龙编写了第5章，陈新军和雷林编写了第6章，邹斌编写了第7章。由于时间仓促，加之水平有限，书中难免存在一些欠妥甚至遗漏之处，诚望同行专家指正，同时由于参考文献较多，不能一一列出，在此表示抱歉。

作　者

2022年12月

目　录

第1章 绪论

1.1 大洋渔场卫星遥感技术发展现状

1.1.1 海洋卫星发展现状

卫星应用自20世纪70年代开始，发展十分迅速。美国、苏联/俄罗斯、日本、加拿大、中国、印度及欧洲空间局(European Space Agency，ESA)等国家和政府间组织相继发射了海洋卫星，包括海洋水色卫星、海洋动力环境卫星和海洋监视监测卫星。1995年至今，全球共有海洋卫星或具备海洋探测能力的对地观测卫星近百颗，包括美国对地观测系统(earth observing system，EOS)计划中的系列卫星、ESA遥感卫星ERS系列(ESA remote sensing satellite ERS series)和对地观测系统主要极轨平台(envisat)系列卫星、加拿大的Radarsat系列卫星，以及中国、韩国、印度的海洋卫星。星载遥感器现在几乎能提供全球的海表层重要数据或环境特征，包括海表温度、叶绿素浓度、悬浮泥沙含量、海水污染、有色可溶性有机物、浅海水深和水下地形、海面拓扑、海面风场、流场、浪场、海冰及盐度等。卫星遥感已应用于海洋中尺度特征、温度和浮游植物季节变化、厄尔尼诺和拉尼娜现象、船舶尾迹、岛屿尾流、热带风暴和台风、沿岸风生流、重力内波、行星尺度波、海冰特性及漂移等海洋现象的研究。

我国现已发射“海洋一号”(HY-1)、“海洋二号”(HY-2)等系列海洋卫星，已初步形成全球范围的大尺度、高频次的海洋与极地观测能力，海洋水色卫星和海洋动力环境卫星两个系列海洋卫星同时在轨运行；自主海洋卫星产品在国内和国际诸多领域取得广泛应用，海洋卫星及卫星海洋应用的各项工作在“十三五”时期均取得了长足进步。截至2022年12月，我国在轨正常运行的海洋卫星有8颗，其中HY-1C卫星与HY-1D卫星组成海洋水色上下午观测星座，实现对全球海洋每天两次覆盖监测，载荷包括两个紫外波段、8个可见近红外波段和两个红外波段；两颗倾斜轨道HY-2C卫星和HY-2D卫星与HY-2B卫星及中法海洋卫星(CFOSAT)组成海洋动力环境卫星观测星座。海洋水色系列卫星可获取全球海面叶绿素浓度、悬浮泥沙含量、有色可溶性有机物等海洋水色信息，以及海表温度、海冰、海雾、赤潮、绿潮、污染和海岸带动态变化等观测信息；海洋动力环境系列卫星可实现全球海面高度、海面风场、海表温度、有效波高、海浪谱、海表盐度和海洋重力场等海洋动力环境要素的观测；海洋监视监测系列卫星可实现全球船舶、岛礁、海上构筑物、海冰和海上溢油等海面目标的全天候观测。我国新一代海洋水色卫星、海洋盐度卫星将于“十四五”期间研制发射，其中，海洋水色卫星监测分辨率和光谱分辨率进一步提高，海洋盐度卫星将能获取海洋盐度监测数据。静止轨道海洋水色卫星也正在开展预研，将可获得西北太平洋周边海域高时间分辨率海洋水色遥感监测数据。

1.1.2 大洋渔场卫星遥感信息服务技术进展

1)海洋遥感技术在渔业中的应用

卫星海洋遥感技术在渔业中的应用始于20世纪70年代初期。1973年，美国国家航空航天局(National Aeronautics and Space Administration，NASA)与海洋渔业署联合，开始金枪鱼、旗鱼类资源的预报模式研究。1975年开始渔情预报工作，利用遥感资料预测海域鱼群的出没和洄游迁移走向。利用卫星传回的海表温度等资料指导捕鱼，可使侦渔时间缩短50%。至20世纪70年代后期，卫星海洋遥感技术的进步，使渔海况速报内容更丰富。根据卫星提供的海表温度、叶绿素浓度、上升流及风速等数据制作的渔海况速报，可给出冷暖水团和水系的位置、流向及海面水温分布等。美国于1997年投入使用的海洋宽视场水色扫描仪(sea-viewing wide field of view sensor，SeaWiFS)和1999年投入使用的中分辨率成像光谱仪(moderate resolution imaging spectroradiometer，MODIS)，在海洋渔场预报、海洋养殖环境评估、海洋渔业灾害监测等方面均发挥了重要作用。

加拿大利用甚高分辨率辐射计(advanced very high resolution radiometer，AVHRR)和海岸带水色扫描仪(coastal zone color scanner，CZCS)资料结合航空PRT-5资料提取海表温度、水色和叶绿素边界图，分析这些海洋要素与鲑鱼洄游和海洋环境变化的关系，在指导捕捞有经济价值的鱼类方面有许多成功的例子。SeaGrid系统是结合遥感、地理信息系统(geographic information system，GIS)、海洋数据仿真模型、动态鱼类迁移模型、实时数据收集、数据库管理、网络技术等众多技术集成的系统，为渔业生产和管理提供服务。

日本对渔业遥感的应用和研究，历史较久。20世纪70年代后期，日本科学技术厅和水产厅正式开展了海洋与渔业遥感试验，在新建造的船舶上安装海洋水文仪器，并建成了庞大的具有良好协调性能的渔业系统。该系统由卫星、专用调查飞机、调查船、渔船、渔业情报服务中心和通信网络组成。日本渔业情报服务中心负责搜集、分析、归档和分发资料，每天以一定频率定时向日本本国渔民发布渔海况速报图。速报图包括海温、流隔、流向、涡流、水色、中心渔场、风力、风向、气温和渔况等10余项渔场环境情报，建成的渔业系统为日本保持世界渔业发达国家的地位发挥了重要作用。

20世纪90年代以来，美国、日本、法国、加拿大和挪威等海洋渔业大国都建立了基于卫星资料的渔海况预报系统，美国和日本通过全国性广播，每天发布一次渔海况速报。随着全球探测网络实时多参数渔场环境信息快速报系统的建立，渔业卫星遥感得到了迅速发展。20世纪90年代末期，又进一步发展了次表层渔场环境信息计算获取技术，使渔场信息分析进入了三维空间应用阶段。

我国在"六五"期间开始渔场遥感分析的研究，利用美国国家海洋和大气管理局(National Oceanic and Atmospheric Administration，NOAA)卫星红外影像所提供的信息，反演得到海表温度图，并与黄海和东海底拖网渔场、对马海域马面鲀渔场进行相关分析，得到卫星遥感信息与渔场中心位置和鱼汛早晚的对应关系，再结合同期渔获量资料，建立了我国黄海和东海渔情遥感分析预报模式。"七五"期间，我国进一步利用NOAA卫星红外遥感资料，结合海况环境信息和渔场生产信息，制成黄海和东海渔海况速报图，并开始转入业务化运行，定期(每周)连续向渔业生产单位和渔业管理部门提供信息服务。"八五"期间，我国的相关科研院所又进一步开展卫星渔海况情报业务系统的应用研究，包括卫星海面信息的接收处理，渔海况信息的实时收集和处理，黄海和东海环境历史资料的统计与管理，以及渔海况速报图与渔场预报的实时制作与传输。"九五"期间，国家863计划在海洋领域开展了以我国东海为示范海区的海洋遥感与资源评估服务系统研究，初步建成了东海区渔业遥感与资源评估服务系统，其智能化、可视化和应用的广度及深度等技术水平，接近日本同类水平；同时开展了北太平洋柔鱼渔场信息应用服务系统及示范试验研究，直接为我国在该海域作业生产的400余艘渔船提供信息服务。"十五"期间，国家863计划在资源与环境领域开展了远洋渔业资源开发环境信息应用服务系统研究，分别建立了大洋渔场环境信息获取系统和大洋金枪鱼渔场渔情速预报技术，并开展了大洋金枪鱼渔场的试预报。"十一五"期间，我国科研人员利用自主海洋卫星、极地和船载遥感接收系统的探测能力以及大洋渔船的现场监测，建立了全球渔场遥感环境信息和现场信息获取系统；开展了多种卫星遥感数据的定量化处理技术，重点获取大洋渔场的海表温度、水色和海面高度等环境要素，建立了具有自主知识产权的全球大洋渔场环境信息综合处理系统；在此基础上，建立了全球重点渔场环境、渔情信息产品制作与服务系统，形成了我国大洋渔业环境监测与信息服务技术平台。

2)海洋监测技术在渔业中的应用

当今世界，海洋高新技术是多种现代科学技术结合海洋环境特点形成的综合技术或集成技术。海洋高新技术能够使人类大大提高海洋资源开发的广度和深度，提高海洋开发利用的效率，推动海洋产业化的形成和海洋经济的发展，提高海洋开发利用中的科技进步贡献率。海洋高新技术中的多项海洋监测技术都可以应用到海洋渔业生产、管理及研究之中，世界渔业发达国家都非常重视借助海洋监测高新技术服务于传统产业，发展渔业。海洋监测技术在渔业上的应用主要有以下几个方面。

(1)以渔场分析预报应用为目的的渔场海洋学应用研究。20 世纪 60 年代，美国成功发射泰罗斯(TIROS)系列试验气象卫星后，人们开始认识到卫星遥感在渔业上的应用潜力。到目前为止，卫星遥感反演海表温度信息、海水叶绿素浓度等水色信息和海面高度等海洋动力环境信息都已成功应用到渔场研究与分析领域。海洋环境遥感技术的发展及成熟大大促进了渔场分析预报、渔业资源评估、渔业生态系统动力学和渔业管理等领域的深入发展。卫星遥感海洋渔场应用研究已经发展到从表层信息到三维立体信息、从单一要素到多元分析及综合应用的阶段，并且从应用研究阶段进入了业务化运行阶段，美国、日本和法国等渔业发达国家代表着业务化应用的最高水平。

(2)海洋生物遥测及标志放流技术的渔业资源调查与鱼类行为研究。渔业资源调查与鱼类行为研究主要集成了海洋卫星通信、导航定位、海洋自动观测传感器等技术，具体包括超声波标志法、无线电探测技术、分离式卫星定位标志法、档案式存储探测技术和光学探测等新技术。美国、日本、欧洲等国家和地区近 10 年来组织了多次金枪鱼标志放流试验，在软硬件方面皆已非常成熟，有望进一步降低成本后大规模应用到渔业资源研究领域。

(3)信息技术的渔业管理应用。渔业管理应用主要是利用地理信息系统、专家系统、数据挖掘等信息技术，充分利用获取的包括遥感数据在内的各类多源时空数据进行渔业制图、水产养殖选址及规划、养殖环境容量评估研究，并开发建立业务化应用的渔业管理决策支持系统等。此外，信息技术中的渔业数据自动收集系统也从电子日志记录、船舶管理系统发展到手持输入系统、光学扫描自动识别等，有效地促进了渔业管理的现代化水平。

(4)近海渔业环境的遥感监测预警研究。近海水域渔业生态环境恶化，有机污染严重，赤潮灾害频繁发生，污染事故多发，采用卫星遥感手段对海洋及海岸带环境进行监测应用是解决这些问题的主要技术手段之一，其主要途径是结合地理信息系统、人工智能等信息技术集成应用，主要应用领域为赤潮遥感监测、海岸带渔业管理、渔业生境监测研究等。

1.2　大洋渔场遥感信息服务系统业务化运行情况

国外渔业发达国家大洋渔场遥感信息服务系统业务化应用工作主要有两种形式：一是以日本为代表的政府资助为主的公益性服务；二是以美国和法国为代表的半商业

化企业模式。

1)以日本为代表的政府资助为主的公益性服务

日本的渔场信息服务工作主要由专门的水产机构即日本渔业情报服务中心来完成。该机构专门从事渔场分析预报研究与运行，其业务化运行经费主要以政府资助为主，信息种类和信息服务海域多样，内容丰富。该中心信息服务内容主要包括以下几种：①渔获信息管理，主要是根据鱼汛季节不定期发布指导性报告；②卫星遥感海洋环境信息，如东海、黄海、日本海、西北太平洋海域准实时海表温度；③海渔况信息，主要包括中短期的水温预报；④速报信息，包括日本近海和远洋，共55种不同种类和海域的渔海况速报信息；⑤市场信息，主要是渔获产量市场动态和渔市场等信息；⑥海况情报信息，包括与渔业相关的温度、地质、地形信息；⑦试验海况信息，包括海表温度和30 m、50 m、100 m、200 m次表层温度信息以及3D信息；⑧资源动态信息，主要是根据实际情况不定期发布。

2)以美国和法国为代表的半商业化企业模式

该类模式通常以商业公司体系运作，渔场环境分析是其服务内容之一。这类公司建有完善的自主卫星对地观测体系，海洋渔业应用是其重要的应用领域之一，如美国的ROFFS公司、空间成像公司和法国的CATSAT公司。它们所提供的信息包括：①卫星反演海表温度(3~5天海表温度图)；②当前海流信息，主要由海面高度反演计算，反映水团及海流状况；③海表温度距平信息，反映多年平均状况的变化，100 m、200 m和300 m次表层温度信息，反映鱼类栖息水层温度情况；④混合层深度信息，反映鱼类栖息水层与垂直海水温度变化的关系；⑤海水叶绿素浓度信息，反映海洋生物量高低。

1.2.1 我国大洋渔场遥感信息服务系统业务化运行情况

我国从“六五”到“十一五”期间一直在持续推进针对卫星遥感大洋渔场应用的研究工作，经过30余年的建设，特别是在国家863计划支持项目“卫星遥感大洋渔场环境信息获取及处理技术开发”与国家发展和改革委员会的卫星应用产业化项目“卫星遥感大洋渔业高技术产业化示范工程”的支持下，结合渔业遥感应用及其研究发展趋势，针对大洋数据通信、现场环境信息获取和渔情预报的技术瓶颈，开发了大洋渔场卫星遥感技术及应用系统。该系统集成了自主卫星海洋环境信息反演技术和渔场环境信息深加工技术，建立了海洋环境信息综合生产加工平台；对现有金枪鱼、竹荚鱼预报模型进行改进，并将应用区域从太平洋拓展到印度洋和大西洋；结合近海水质和其他遥感信息，开发近海渔场预报技术；通过北斗导航卫星通信技术和广播卫星副载频技术，建立了数据双向传输链路，实现了渔场渔海况和渔场预报信息准实时发布及现场数据回传，并在远洋10个渔场区域和近海1个渔场区域开展产业化应用示范；最终针对三大洋 11 个海区形成了大洋渔场渔海况信息准实时生产、发布服务和导航服务能力，并在 100 艘远洋渔业生产船只上进行了产业化应用试验。

1. 2. 2　渔业遥感应用发展趋势

综合国内外研究及其应用现状，渔业遥感应用及其研究趋势表现在以下几个方面：①多海洋环境因子的应用。目前在渔情预报中使用的海洋环境因子多数为海表温度，今后的发展趋势将是海表温度、叶绿素浓度、海面高度、水温梯度、海洋锋面等众多环境因子的组合，从而提高预报精度；②海洋遥感的实时性进一步加强。目前，普遍采用的遥感因子时效性相对滞后，对渔情预报的精度，特别是在海洋环境易变的海域，影响较大；③渔情预报模型的精度进一步提高。传统的渔情预报通常是基于单因子的预报模型，在不同因子对中心渔场影响的权重及其时空影响方面研究较少，因此今后的发展趋势将是采用基于神经网络等专家系统，建立渔情预报模型，以提高预报精度；④基于在线的渔情预报系统。随着卫星通信技术的发展，日本等国家相继开发了在线渔情预报系统，实现了陆地—海上渔船的信息服务，为渔船高效寻找中心渔场和指导生产提供了科学依据。

1. 3　发展卫星遥感大洋渔场信息服务技术的意义

1. 3. 1　促进海洋渔业发展

联合国粮食及农业组织（Food and Agriculture Organization，FAO）发布的 2022 年版《世界渔业和水产养殖状况》指出，2020 年世界水生动物和藻类总产量为 2.14×10^8 t，其中水生动物产量为 1.78×10^8 t，直接供人食用的超过 1.57×10^8 t，占水生动物产量的 88%，水产食品年人均消费量达 20. 2 kg。渔业和水产养殖产品国际贸易额（出口总值）达1 510 亿美元，全球渔业和水产养殖初级产业就业总人数约 5 850 万人。渔业不仅为人类社会提供重要的食物来源，而且带来了巨大的财政收入和就业途径，为人类社会经济的持续和谐发展作出了重要贡献。

2020 年，世界水生动物总产量中，捕捞总产量为 0.90×10^8 t，其中海洋捕捞产量为 0.788×10^8 t，约占世界水生动物总产量的 44%。三大洋中又以太平洋渔业产量最高，约占三大洋渔业总捕捞产量的 45. 8%。因此，海洋捕捞业仍是渔业的主要支柱，海洋渔业资源的开发利用仍将是各渔业国家尤其是远洋渔业国家关注的重点。

我国大陆地区的远洋渔业开始于 20 世纪 80 年代中期，目前远洋渔船已经遍布三大洋。除我国台湾地区外，2020 年，我国远洋渔业生产渔船数为 2 705 艘，年产量

231.66×10^4 t，年产值239.19亿元。其中，从产量结构占比来看，目前我国远洋渔业主要以捕捞鱿鱼和金枪鱼为主。据资料统计，2020年我国远洋渔业鱿鱼产量为52.03×10^4 t，占远洋渔业总产量的22.46%；金枪鱼产量为32.74×10^4 t，占远洋渔业总产量的14.13%。远洋渔业的发展使我国跻身于世界重要远洋渔业国家之列，提高了我国在国际渔业中的地位，也为减轻近海渔业资源压力作出了重要贡献。

2020年，我国水产品人均占有量为46.39 kg，渔业为我国人民提供了约1/3的动物性蛋白质，是我国粮食安全的重要保障之一。随着我国经济的持续发展，人民对水产品的需求将进一步增加，渔业生产也将进一步发展。据预测，要保持现有人均水产品占有量，到2030年我国水产品需求量将达到$7\,260\times10^4$ t。远洋渔业是解决我国水产品需求的重要途径和实现渔业可持续发展的重大战略方向之一。

1.3.2 满足海洋渔业业务化应用需求

在新的世界海洋环境资源管理体制下，各国出于对自身海洋权益的维护，不断加强对其专属经济区内捕捞生产的管理，我国远洋渔业作业船只受到的限制越来越多，入渔作业成本越来越高，面临的风险也越来越大。我国远洋渔业正在由过洋性渔业向大洋性渔业转变，亟须解决的问题包括：①中心渔场位置在哪里，在何处下网捕鱼；②鱼汛、渔期如何变化，何时出航、多少船出航；③渔场环境如何变化，渔业捕捞船队向何处渔场转移；④如何为国际渔业谈判、渔业配额争取提供决策信息；⑤如何对渔船进行有效管理。

为实现我国远洋渔业可持续稳定发展，亟须依托信息技术等现代高新技术，构建我国大洋渔场渔情信息服务平台，为大洋渔业生产和管理提供全方位的信息服务。

1.3.3 显著的科学价值

1) 为我国海洋卫星信息提取技术提供基础性数据

海洋遥感是卫星遥感技术的重要应用领域，随着海洋权益日益重要，海洋遥感及应用具有重要的军事价值和经济价值。发展海洋遥感技术需要建立一套完整的技术体系，如星载传感器仪器现场定标、大气校正和接收获取系统等。开展海洋渔业生产卫星综合应用服务示范系统的建设可以充分运用我国大洋渔业生产动态信息网络进行渔场环境监测，获取一系列的海洋环境要素和光学要素等大洋监测信息，建立起我国大洋区域完整、科学的数据集，为海洋卫星定标、信息反演模式等提供基础性数据。

2) 促进相关学科深入发展及对全球环境变化响应的学术意义

大洋环流和水团复杂多变，类型多样，其变化对全球海-气交换、海洋生态系统等具有重要作用。目前，全球气候变化及物理海洋学研究的热点问题，如太平洋黑潮、厄尔尼诺-南方涛动(El niño-southern oscillation，ENSO)、西太平洋暖池、太平洋年代际涛动(Pacific decadal oscillation，PDO)等都是全球海洋环境变化研究的重要领域，这些事件及其变化对全球气候变化等影响巨大。因此，从渔场学、生物学及海洋生态系统动力学角度研究大洋渔业资源及其对全球环境变化的响应具有重要学术意义。

3)应用发展空间网格技术，保持我国海洋地理信息系统研究的领先地位

利用网格技术整合海洋和渔业部门的各种数据采集设备、计算机等处理设备、大型数据存储设备和各类软件，构建网络虚拟超级信息服务系统，实现信息资源一站式服务，进而抢占网格技术行业应用的先行权，促使我国在海洋地理信息系统产品研发能力、行业技术改造能力方面形成整体优势。

1.3.4 重要的政治、经济、战略意义

海洋在沿海国家的政治、经济、社会发展中占有特殊地位，国家的兴衰与对海洋的利用和管理直接相关，发达沿海国家的兴盛首先是注重了对海洋的开发和利用。以美国为代表的发达海洋强国或集团，就是不断强化或更新本国管辖海域的海洋环境监测系统及公海海域海洋环境和资源调查监测手段，不断推出海洋监测高技术产品，谋取国际市场的最大利益。

1)提高大洋渔场探测技术，促进我国远洋渔业稳定发展

为提高我国远洋渔业综合竞争力，发展远洋渔业监测信息服务系统势在必行。开展大洋渔业监测及信息服务的主要目的是对不同尺度的渔业资源和环境变化趋势作出预测，探明其变化规律，以克服渔业生产及管理决策的盲目性和主观性，提高决策的科学性和准确性。海洋渔业信息服务技术系统集成多源海洋环境、渔业、经济、人文和法规等数据，实现对多元信息的综合处理、分析、可视化和信息发布，以提供网络化应用服务。海洋渔业信息服务技术系统不仅可以缩短侦鱼时间，有效瞄准捕捞，降低捕捞成本，提高经济效益，有助于我国远洋渔业的持续快速发展，使我国跻身远洋渔业强国之列，而且还对海洋其他产业如深海矿产资源开发、航运、全球气象乃至军事等都有直接或间接作用。

2)加强科学决策，提高我国渔业现代化管理水平

目前，包括我国在内的各国渔业经过多年发展，绝大部分近沿海地区出现了过度捕捞、渔业资源衰退的局面。尤其近年来，随着中日、中韩、中越渔业协定的生效，我国近海捕捞能力严重过剩的情况更加突出。因此，发展大洋渔业环境监测技术系统有利于减轻近海捕捞压力，加强我国近海渔业资源及环境保护。可见，发展大洋渔业环境监测技术系统对我国渔业生产结构调整和远洋渔业稳定发展具有直接的生态意义和经济意义。

3)促进海洋强国战略实施，维护国家海洋权益

我国是一个海洋大国，但还不是海洋强国。建设海洋强国，是国家和民族发展的需要。《联合国海洋法公约》的实施，使海洋国家利益的效力空间发生了重要变化，涵盖了政治、经济和安全等多个方面，世界各国高度重视海洋权益。海洋渔业权益尤其是远洋渔业权益不仅是一个国家海洋权益的重要组成部分，而且也反映出一个国家的综合海洋实力和海洋战略价值取向。

在世界海洋开发及管理格局背景下，世界各国高度重视海洋权益，其中海洋渔业资源的开发和保护已成为各国普遍关注的问题。各沿海国一方面不断加强对其专属经济区渔业资源的管理；另一方面则不断加大在公海的捕捞量，以提高本国在公海的利益。为实现公海渔业的己方利益，在“存在就是权益”的国际公海权益竞争中，我国远洋渔业的每一步发展，都是国家权益的延伸。通过开展相关研究获取宝贵的科学数据，特别是海洋监测基础数据，一方面可改变我国目前在有关国际渔业组织谈判中的被动地位，有效提高我国作为负责任渔业大国的地位，争取更大的渔业权益；另一方面可有效促进我国海洋卫星遥感信息提取技术的提高。

4)发展全球海洋环境信息遥感获取处理技术，增强我国全球海域空间探测能力

开展全球海洋环境遥感监测及信息服务，建设海天一体化的全球海洋环境信息获取系统，在为海洋经济发展服务的同时，对我国的全球探测也起到重要辅助作用，特别是可以利用该系统建立的全球海洋环境监测网络包括卫星、渔船、信息船、调查船，获取各大洋的水文环境信息，填补我国空白，提高国家海洋安全保障。

发展全球海洋环境信息遥感获取处理技术，可提高我国对地观测信息获取与处理能力。面对全球空间技术及相关产业日益激烈的国际竞争和不断扩大的国际空间技术合作，进一步加强我国遥感卫星综合处理能力，突破定量化遥感反演的关键技术，实现面向全球的遥感观测和面向应用的动态监测，对于增强我国空间技术的应用水平，提高极地、全球海洋空间权益的综合保障能力和空间信息产业的国际竞争实力，促进国民经济社会信息化具有重要的现实意义和长远意义。

发展全球海洋环境信息遥感获取处理技术，是满足全球变化研究的迫切需要。目前，国际对地观测卫星委员会(Committee on Earth Observation Satellites，CEOS)已经和联合国粮农组织、全球气候观测系统(global climate observation system，GCOS)、全球海洋观测系统(global ocean observing system，GOOS)、全球陆地观测系统(global terrestrial observing system，GTOS)、国际科学理事会(International Council for Science，ICSU)、国际地圈生物圈计划(international geosphere-biosphere programme，IGBP)、国际基金集团(International Fund Group，IFG)、联合国教科文组织政府间海洋学委员会(Intergovernmental Oceanographic Commission，IOC)、联合国环境规划署(United Nations Environment

Programme，UNEP）、世界气候研究计划（World Climate Research Program，WCRP）和世界气象组织（World Meteorological Organization，WMO）形成了综合全球观测战略合作组织。遥感技术是全球变化研究目前正在部署和实现的重要组成部分，在保障全球环境数据获取方面起着举足轻重的作用。

遥感技术在全球变化研究中的应用由浅入深，逐步从辅助手段发展为主要手段，这也是遥感技术不断发展的结果，进一步挖掘遥感技术的应用领域并深化和提高其应用水平，才能更好地满足全球变化研究的迫切需要。极地和海洋是全球变化的重要研究领域，也是比较适合利用遥感技术进行监测的应用领域，将为全球变化研究提供基础数据支持。

第2章 大洋渔场卫星遥感技术及应用系统概述

2.1 系统建设背景及目标

2.1.1 系统建设背景

我国远洋渔业发展面临多重困难，一是200海里专属经济区的实施，国外入渔作业成本不断增加，我国远洋渔业发展由过洋性向大洋性公海渔业转变，面临的风险加大；二是我国既有远洋渔业的发展主要以增加船只数量的外延式发展为主，缺少以提高技术水平为主的内涵式增长，整体技术水平与远洋渔业发达国家相比存在较大差距，远洋渔业发展面临技术瓶颈。主要表现在：①远洋渔业捕捞装备与生产技术手段落后，渔场信息缺乏，渔场渔况不明；②对远洋渔业资源量、渔场和渔期的变化规律调查研究较少；③区域性的渔业信息服务有待完善，全球性的渔业信息服务系统缺乏等。

因此，为提高我国远洋渔业综合竞争力，发展远洋渔业监测信息服务系统，结合我国自主海洋遥感卫星、北斗导航卫星以及远洋渔业快速发展的形势，针对大洋数据通信、现场环境信息获取和渔情预报的技术瓶颈，整合多源海洋遥感卫星资源，提高利用效率，有效应对新时期海洋渔业信息化、数字化生产对渔场环境信息保障提出的高起点和新需求，支撑未来多星、大区域、高频率海洋渔业生产及规划和管理，国家卫星海洋应用中心联合国内优势单位开展了相关研究，研制了大洋渔场卫星遥感技术及应用系统，实现了综合应用我国自主海洋系列遥感卫星和北斗导航卫星通信技术服务于我国远洋渔业生产及近海渔业生产，提高了我国海洋渔业的国际竞争力。

2.1.2 系统建设目标

大洋渔场卫星遥感技术及应用系统主要建设目标是集成应用我国自主设计、研发和制造的海洋系列遥感卫星技术和北斗导航卫星通信技术，针对远洋渔业生产和近海渔业生产服务示范，开展海洋渔业生产应用服务示范系统研究。该系统构建海洋环境信息综合生产加工平台，形成集成HY-1和HY-2自主卫星数据处理以及结合国外海洋遥感卫星数据的多源遥感数据深加工处理的规模化海洋渔业环境信息处理平台，为远洋渔业生产和近海渔业生产提供海洋环境基础数据。在此基础上，建设渔情预报信息制作加工平台，发布渔场预报产品，为渔业生产提供指导。在远洋渔业生产服务示范方面，在集成大洋性柔鱼类、金枪鱼和竹荚鱼渔场预报技术的基础上，对金枪鱼和竹荚鱼渔情预报模型进行改进，提高其预报准确性，并将应用区域从太平洋拓展到印度洋和大西洋，实现覆盖全球的渔场预报。同时通过数据传输链路，实现渔场环境信息和渔场预报信息的准实时发布，在全球三大洋 10 个大洋渔场开展应用示范。在近海渔业生产服务示范方面，结合近海水质和其他遥感信息，开发近海渔场预报技术，并通过北斗导航卫星通信技术建立的数据双向传输链路，实现渔海况信息的准实时和现场数据的回传，并在近海渔场开展应用示范。

2.2 系统建设技术路线

针对自主海洋遥感卫星的技术特点和国家远洋渔业发展的重大战略需求，自主海洋遥感卫星数据信息获取与服务关键技术研究主要包括三部分内容。

(1)海洋渔场环境信息获取及处理技术。通过自主海洋遥感卫星全球渔场数据信息获取技术、HY-1A/B 和 HY-2A 自主海洋遥感卫星数据业务化处理技术、基于自主海洋遥感卫星的多源卫星综合处理技术和卫星遥感大洋渔场三维环境数值预报同化技术的研发，形成面向全球大洋渔场的环境信息快速报及环境信息专题产品。

(2)业务化全球海洋渔业生产综合信息共享服务技术。主要包括全球卫星遥感大洋渔场数据库技术、基于自主海洋遥感卫星的海洋渔业数据传输链路技术、网络发布平台研发、船载平台研发和业务化运行机制等内容，为渔海况数据的管理与发布提供平台和通信链路，实现岸基到现场作业渔船的双向、准实时的数据通信。

(3)渔情预报服务平台。主要是基于近实时卫星遥感获取的渔场环境信息，结合现场渔业生产船只提供的渔获量，依靠专家辅助决策系统建立高精度的渔场预报模型，实现渔场预报产品的制作，并经由发布平台在网络上发布，同时可由船载数据自动下载系统获取渔情预报信息产品。渔情预报信息产品覆盖西南大西洋阿根廷滑柔鱼渔场区、西北太平洋柔鱼渔场区、西太平洋金枪鱼围网渔场区、中大西洋金枪鱼延绳钓渔场区、中东太平洋金枪鱼延绳钓渔场区、印度洋-太平洋金枪鱼延绳钓渔场区和东南太平洋竹荚鱼拖网渔场区 7 个渔场海域。总体技术路线如图 2-1 所示，3 种研究捕捞对象和 7 个渔场研究海域如图 2-2 所示。

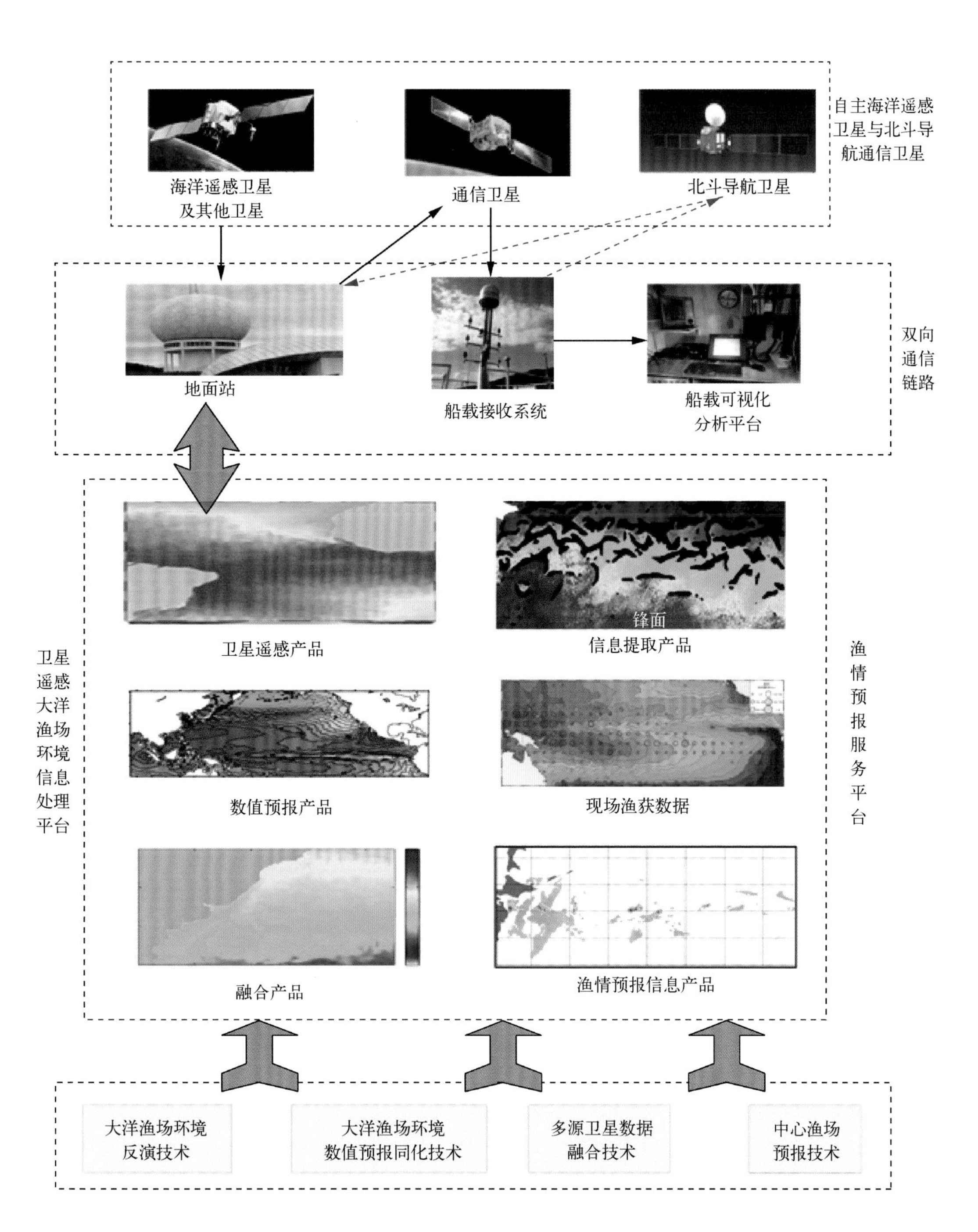

图 2-1　大洋渔场卫星遥感技术及应用系统技术路线

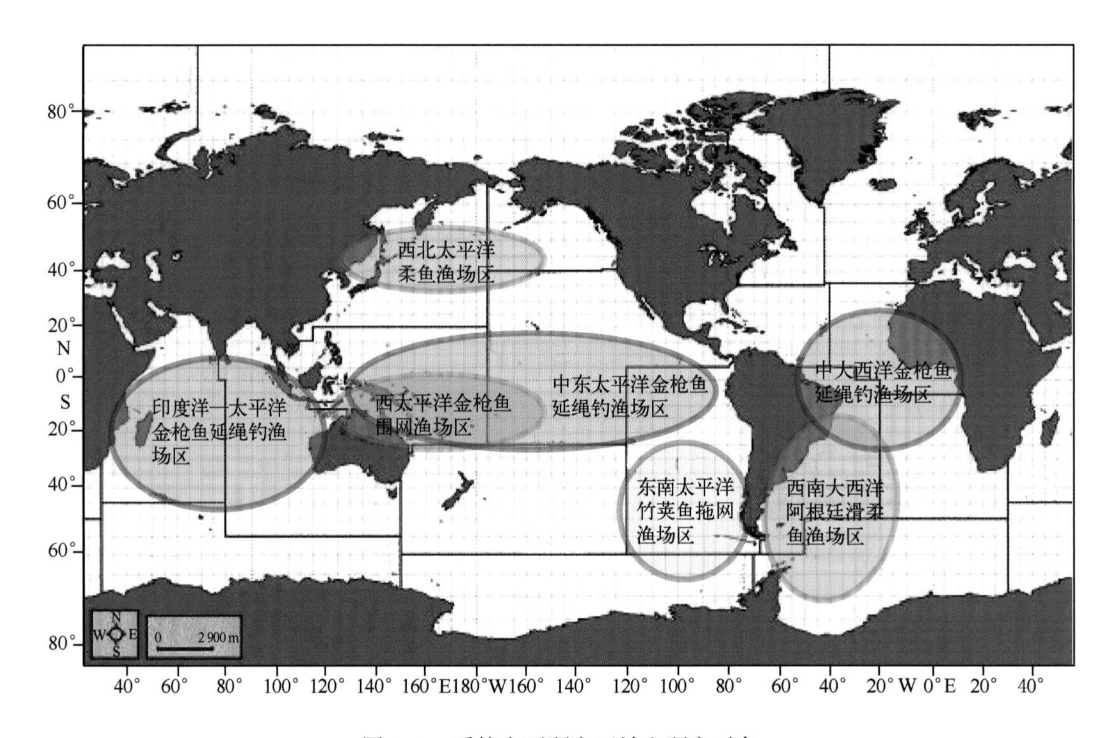

图 2-2　系统主要研究区域和研究对象

2.3　系统业务流程

围绕海洋渔业生产卫星综合应用服务的业务需求，大洋渔场卫星遥感技术及应用系统业务流程可划分为 5 个阶段，分别为海洋遥感卫星数据信息获取与处理阶段、海洋环境信息产品生产阶段、渔情预报信息产品生产阶段、产品发布与产品服务阶段和应用示范阶段。各阶段内容分别为：对海洋遥感卫星原始数据进行接收、预处理和处理，生成 0 级、1 级、2 级数据产品；根据自主海洋遥感卫星 2 级数据产品和国外同类型卫星 2 级数据产品，完成 3 级海洋环境数据产品生产；根据海洋环境数据产品，生产 4 级渔情预报信息产品；通过数据分发服务实现产品对外发布；通过产品应用示范，在近海和远洋渔船开展应用示范。

大洋渔场卫星遥感技术及应用系统业务流程如图 2-3 所示。

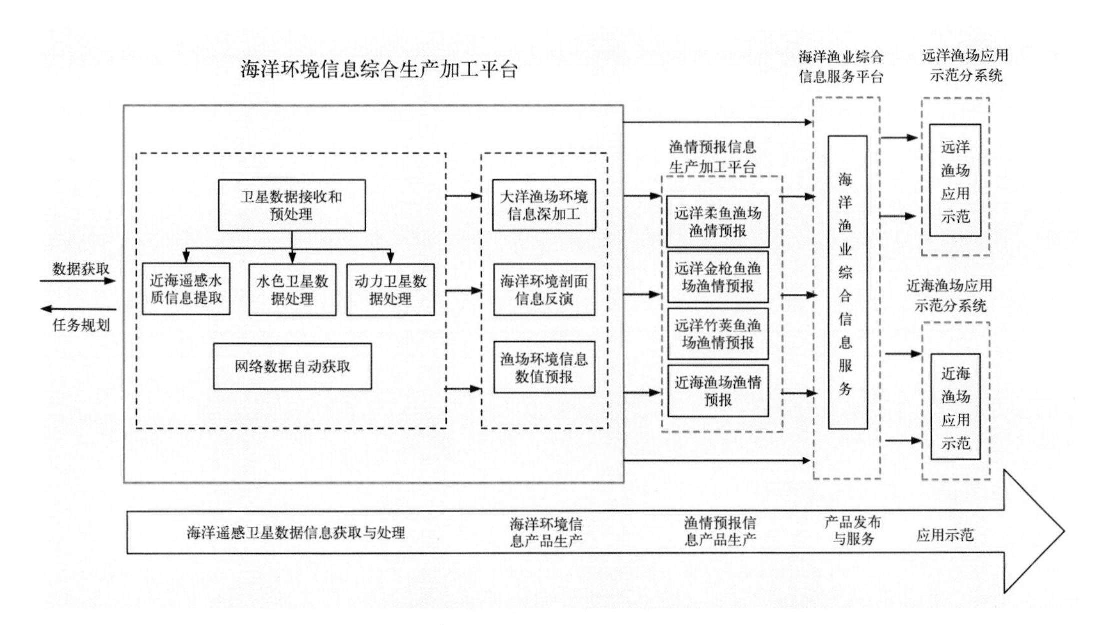

图 2-3　大洋渔场卫星遥感技术及应用系统业务流程图

2.4　系统主要关键技术及应用

2.4.1　系统关键技术

大洋渔场卫星遥感技术及应用系统项目围绕自主海洋遥感卫星海洋环境数据信息获取和大洋渔场渔情速报等方面的技术需求，有针对性地自主研发了一批关键技术。

(1)基于海洋遥感卫星、北斗导航卫星及通信卫星在远洋渔业产业化中的集成应用关键技术。针对远洋渔业生产特点，研究人员突破了海洋遥感卫星、北斗导航卫星及通信卫星综合集成应用技术，解决了远洋渔船实时获取遥感大数据量信息和船只渔业生产信息及现场环境信息实时回传的瓶颈问题。

(2)基于多遥感因子的栖息地模型。以 7 个重点渔场区 10 余年的生产统计和遥感环境数据为基础，应用栖息地适宜性指数和地理信息系统等理论和方法，建立了基于多遥感因子的栖息地模型，实现了中心渔场信息的预报，精度超过 80%。

(3)基于北斗导航卫星和通信卫星的大洋渔场双向非对称通信链路。首次在远洋渔业生产中提出并实现基于北斗导航卫星和通信卫星的双向非对称通信链路，突破了海洋渔业生产信息传输链路的瓶颈。综合应用我国自主海洋遥感卫星和北斗导航卫星技术，解决了海洋渔业卫星数据传输系统架构、数据编码、帧同步技术、自适应解调技术和远程控制技术等数据传输关键技术，结合海洋渔业生产特点，在西北太平洋柔鱼渔场采用通信卫星实现大数据量的下传，采用北斗导航卫星实现小数据量的现场数据回传，在其他海域采用卫通 FB 站通信的方式，打通了陆地到海洋渔业生产现场的数据双向、非对称、准实时传输链路，国内首次形成了向现场渔业生产作业船只提供准实时渔海况信息服务和现场作业信息准实时回传的能力。

(4)基于多时空滤波的多源卫星遥感数据融合方法。基于我国自主海洋遥感卫星数据源以及全球其他卫星数据源，通过对相关数据融合算法的研究，研究人员提出了采用多时空滤波方法确定海洋环境参数的空间和时间相关尺度的多源卫星遥感数据融合方法，实现了全球大洋渔场海表温度、叶绿素浓度、海面风场、海面高度、有效波高等数据的融合，形成了一批具有自主知识产权的技术成果，形成了全球无缝覆盖的大洋渔场网格化卫星遥感海洋环境数据产品，真正满足了业务化海洋渔业生产信息保障需求。

(5)基于卫星遥感资料的数值预报同化技术。系统建立了基于集合、同化方法的海洋模式，分析现场观测资料和卫星遥感资料不同的观测误差及分布情况，针对海表面观测和剖面观测时间窗口的差异，创新性地建立了方差估计方法，有效地提高了大洋渔场局地三维海洋环境预报产品的精度。

2.4.2 系统应用

通过大洋渔场卫星遥感技术及应用系统上述技术的进一步完善，可在以下方面取得较好的市场应用。

(1)建立一个综合应用我国自主海洋遥感卫星、北斗导航卫星和通信卫星的海洋渔业服务系统，开拓商业化服务市场。通过系统建设，可完善位于北京的海洋环境信息综合生产加工平台，负责渔场海洋环境实况信息和预报；完善位于上海的渔情预报信息生产加工平台，以负责渔情预报和渔船生产指导及研究。在成都建立卫星通信信息中心站，以负责北斗导航卫星信息接收和通信卫星数据下传；在杭州建立海洋渔业综合信息服务平台，以负责渔船应用推广及管理，搜集来自北京平台、上海平台的资料信息及其他信息，通过成都卫星通信信息中心站面向渔船开展服务。由此形成一个综合应用我国海洋遥感卫星、北斗导航卫星和广播通信卫星的海洋渔业服务系统，开拓商业化服务市场，并通过浙江丰汇远洋渔业有限公司在远洋和近海渔业捕捞行业进行全球 11 个渔场的 100 艘船只规模的示范应用，实现综合应用我国自主研发海洋遥感卫星和北斗导航卫星技术，服务于我国远洋渔业生产和近海渔业生产，开拓商业化服务市场，提高我国海洋渔业的国际竞争力。

(2)研发一套船载信息化终端，实现产业化推广应用。该系统将建成一套船载信息化终端，集数据下载、信息回传、视频播放和电视收看功能于一体，可在渔船上通过“亚洲 5 号”“亚洲 7 号”等广播通信卫星收看广播电视，同时接收杭州平台发送的海洋环境渔海况、渔情信息及其他资讯。通过北斗短信功能，将渔船渔捞日志、现场实测资料传回杭州平台，可在船上通过渔情分析系统实现渔情信息的自主分析。设备研制成功后，由浙江丰汇远洋渔业公司负责开展产业化推广应用，实现在近海 30 条渔船上安装运行。

(3) 有望逐步取代国外相关渔业生产服务系统。目前，我国渔船主要采用日本和法国提供的渔场信息服务系统。大洋渔场卫星遥感技术及应用系统成果将具备与国外渔场信息服务系统相当的渔场信息服务能力，同时由于该系统综合应用我国自主海洋遥感卫星、北斗导航卫星和通信卫星等技术，具备系统集成度高、时效性好、时空覆盖率高、使用成本低等优势。以法国凯撒渔场信息服务系统为例，安装其系统每艘船需要 20 万美元，而安装我国研发的系统每艘船仅需要 10 万元人民币。该系统建成后，将有望逐步取代国外相关渔业生产服务系统。

第3章 卫星遥感数据源及其预处理技术

3.1 卫星遥感数据源

目前，国际上正在运行的许多卫星都可用于海洋渔业遥感，大部分卫星系统已形成业务运行能力，是促进海洋渔业生产强有力的高技术信息手段之一。可用于海洋渔业遥感的卫星及其载荷主要分为光学和微波两大类：星载光学载荷中，利用可见光传感器可以获取海水叶绿素浓度等海洋水色环境信息，利用红外传感器可以获取海表温度，这类光学载荷如美国的 EOS/MODIS、欧空局的 Envisat/MERIS 和我国的 HY-1/COCTS；星载微波载荷中，利用散射计可以获取海面风场，利用高度计可以获取海面高度数据，利用辐射计可以获取海表温度、海面风速等海洋动力环境信息，这类微波载荷如 MetOp/ASCAT、Jason-2/Poseidon-3、DMSP/SSMIS 和我国的 HY-2 等。表 3-1 和表 3-2 分别列出了部分光学载荷和微波载荷的主要技术参数。

表 3-1 部分光学载荷主要技术参数

卫星/载荷名称	国家/组织机构	运行时间	波段设置	空间分辨率	刈幅宽度
NOAA-19/AVHRR	美国	2009年2月6日至今*	6个波段(630~12 500 nm)	1.1 km	2 900 km
TERRA/MODIS		1999年12月18日至今	36个波段(620~14 385 nm)	波段1~2：250 m；波段3~7：500 m；波段8~36：1.0 km	2 330 km
AQUA/MODIS		2002年5月4日至今			
Envisat/MERIS	欧空局	2002年3月1日至2012年4月8日	15个波段(390~1 040 nm)	300 m	1 150 km
HY-1A/COCTS	中国	2002年5月15日至2004年3月31日	10个波段(402~12 500 nm)	1.1 km	1 126 km
HY-1B/COCTS		2007年4月11日至2016年2月13日	10个波段(402~12 500 nm)	1.1 km	1 830 km
HY-1C/COCTS		2018年9月7日至今	10个波段(402~12 500 nm)	1.1 km	2 900 km
HY-1D/COCTS		2020年6月11日至今	10个波段(402~12 500 nm)	1.1 km	2 900 km

* 至今：指截至本书正式定稿时间 2022 年 12 月，后全书同。

表 3-2　部分微波载荷主要技术参数

<table>
<tr><th>卫星/载荷名称</th><th>国家/组织机构</th><th>运行时间</th><th>波段设置</th><th>主要观测要素</th><th>刈幅宽度</th></tr>
<tr><td>QuikSCAT/SeaWinds</td><td>美国</td><td>1999 年 6 月 19 日至 2009 年 11 月 23 日</td><td>13. 4 GHz</td><td>风场</td><td>1 800 km</td></tr>
<tr><td>MetOp-A/ASCAT</td><td rowspan="2">欧空局、欧洲气象卫星组织</td><td>2006 年 10 月 19 日至今</td><td rowspan="2">5. 255 GHz</td><td rowspan="2">风场</td><td rowspan="2">两个 550 km 的条带</td></tr>
<tr><td>MetOp-B/ASCAT</td><td>2012 年 9 月 17 日至今</td></tr>
<tr><td>Jason-2/Poseidon-3</td><td>法国</td><td>2008 年 6 月 20 日至今</td><td>双频(5. 3 GHz 和 13. 58 GHz)</td><td>海面高度、有效波高、风速</td><td>30 km 分辨率</td></tr>
<tr><td>DMSP-F18/SSMIS</td><td rowspan="2">美国</td><td>2009 年 10 月 18 日至今</td><td rowspan="2">19. 35~183. 31 GHz 共 21 个频率、24 个通道</td><td rowspan="2">海表温度、海面风速、大气水蒸气含量和降雨量</td><td rowspan="2">1 700 km</td></tr>
<tr><td>DMSP-F19/SSMIS</td><td>2014 年 4 月 3 日至今</td></tr>
<tr><td>Coriolis/WindSat</td><td>美国</td><td>2003 年 1 月 6 日至今</td><td>6. 8~37 GHz 共 5 个频率、22 个通道</td><td>海表温度、海面风场、大气水蒸气含量、降雨量和土壤湿度</td><td>前视刈幅 1 000 km；后视刈幅 400 km</td></tr>
<tr><td>HY-2A/BSCA</td><td rowspan="6">中国</td><td rowspan="4">A 星：2011 年 8 月 16 日至今
B 星：2018 年 10 月 25 日至今</td><td>13. 25 GHz</td><td>海面风场</td><td>1 700 km</td></tr>
<tr><td>HY-2A/BALT</td><td>双频(5. 25 GHz 和 13. 58 GHz)</td><td>海面高度、有效波高及风速</td><td></td></tr>
<tr><td>HY-2A/BSMR</td><td rowspan="2">6. 8~37 GHz 共 5 个频率、9 个通道</td><td rowspan="2">海表温度、海面风场、大气水蒸气含量、云中水含量、海冰和降雨量</td><td rowspan="2">1 830 km</td></tr>
<tr><td>HY-2C/D SCA</td></tr>
<tr><td rowspan="2">HY-2C/D ALT</td><td rowspan="2">C 星：2011 年 8 月 16 日至今
D 星：2018 年 10 月 25 日至今</td><td>13. 25 GHz</td><td>海面风场</td><td>1 700 km</td></tr>
<tr><td>双频(5. 25 GHz 和 13. 58 GHz)</td><td>海面高度、有效波高及风速</td><td></td></tr>
</table>

我国第一颗海洋卫星于 1997 年开始研制，属于探测水色的试验型业务卫星，定名为“海洋一号 A”(HY-1A)卫星，并于 2002 年 5 月 15 日在太原卫星发射中心成功发射，从此结束了我国没有海洋卫星的历史。2004 年 3 月 31 日，HY-1A 卫星出现故障，卫星无法正常使用，卫星研制、测控和用户部门通力合作进行了紧急抢救，4 月 15 日第一阶段抢救工作结束，确认卫星太阳能帆板故障，导致整星供电中断，7 月初卫星研制

部门停止卫星抢救工作，卫星总计在轨 686 天。

“海洋一号 B”(HY-1B)卫星作为 HY-1A 卫星的接替星，于 2004 年进入工程研制阶段，2007 年 4 月 11 日发射升空，2016 年 2 月 13 日停止运行。相比 HY-1A 卫星，HY-1B 卫星在卫星轨道、有效载荷部分性能和卫星工作模式等方面都有调整和提高。HY-1B 卫星在卫星应用上也突破了 HY-1A 卫星单纯的应用示范研究，开展了绿潮、海冰、海表温度和海洋渔业的业务化监测，定期发布相关卫星应用产品。

2018 年 9 月 7 日和 2020 年 6 月 11 日，我国在太原卫星发射中心用“长征二号丙”运载火箭分别成功发射了 HY-1C 卫星和 HY-1D 卫星。HY-1C/D 卫星装载了海洋水色水温扫描仪(China ocean color and temperature scanner，COCTS)、海岸带成像仪(coastal zone imager，CZI)、紫外成像仪、星上定标光谱仪和船舶自动识别系统 5 个有效载荷，其中，海洋水色水温扫描仪主要用于探测海洋水色要素和海表温度场，海岸带成像仪用于获取海陆交互作用区域的实时数据并对近海、海岛、海岸进行监测，紫外成像仪用于提高海洋水色水温扫描仪近岸高浑浊水体大气校正精度，星上定标光谱仪用于监测水色水温扫描仪可见近红外谱段和紫外成像仪在轨辐射稳定性，船舶自动识别系统可为海洋防灾减灾和远洋渔业生产活动等提供服务。

HY-1C 卫星与 HY-1D 卫星采用上下午卫星组网，可增加观测次数，提高全球覆盖能力。与 HY-1A 卫星和 HY-1B 卫星相比，HY-1C/D 卫星观测精度、观测范围、使用寿命均有大幅度提升。此外，HY-1C/D 卫星还增加了紫外观测波段和星上定标系统，提高了近岸浑浊水体的大气校正精度和水色定量化观测水平；加大了海岸带成像仪的覆盖宽度并提高了空间分辨率，以满足实际应用需要；增加了船舶监测系统，获取船舶位置和属性信息。HY-1C/D 卫星主载荷 COCTS 和 CZI 的技术指标见表 3-3 和表 3-4。

表 3-3 HY-1C/D 卫星 COCTS 波段设置及主要用途

序号	波段设置/nm	主要用途
1	402~422	黄色物质、水污染
2	433~453	叶绿素吸收
3	480~500	叶绿素、海冰、水污染
4	510~530	叶绿素、水深、水污染、悬浮泥沙
5	555~575	叶绿素、植被
6	660~680	荧光、悬浮泥沙、大气校正、气溶胶
7	730~770	悬浮泥沙、大气校正、植被
8	845~885	大气校正、水汽
9	10 300~11 300	海表温度
10	11 500~12 500	海表温度

表 3-4　HY-1C/D 卫星 CZI 波段设置及主要用途

序号	波段设置/nm	主要用途
1	420~500	悬浮泥沙、水污染、植被、海冰
2	520~600	污染、植被、水色、海冰
3	610~690	土壤、大气校正、水汽
4	760~890	土壤、大气校正、水汽

“海洋二号 A”(HY-2A)卫星作为我国第一颗海洋动力环境卫星于 2011 年 8 月 16 日在太原卫星发射中心成功发射。2018 年 10 月 25 日，太原卫星发射中心用“长征四号乙”运载火箭成功发射 HY-2B 卫星。HY-2B 卫星装载了雷达高度计、微波散射计、扫描微波辐射计、校正微波辐射计、数据收集系统和船舶自动识别系统 6 个有效载荷，其中，雷达高度计主要用于测量海面高度、有效波高、海流和重力场参数，微波散射计用于观测全球海面风场，扫描微波辐射计用于观测海表温度、水汽含量、液态水和降雨强度等参数，校正微波辐射计用于为雷达高度计提供大气湿对流层路径延迟校正服务，数据收集系统用于接收我国近海及其他海域的浮标测量数据，船舶自动识别系统可为海洋防灾减灾和大洋渔业生产活动等提供服务。与 HY-2A 卫星相比，HY-2B 卫星在观测精度、数据产品种类和应用效能方面均有大幅提升。HY-2B 卫星观测要素产品精度指标见表 3-5，各传感器的主要技术参数见表 3-6 至表 3-9。

表 3-5　HY-2B 卫星观测要素产品精度指标

观测参量	测量精度	有效测量范围
风速	2 m/s 或 10%，取大者	2~24 m/s
风向	20°	0~360°
海面高度	约 5 cm	—
有效波高	0.5 m 或 10%，取大者	0.5~20 m
海表温度	±1.0℃	-2~35℃
水汽含量	±3.5 kg/m^2	0~80 kg/m^2
云中液态水含量	±0.05 kg/m^2	0~1.0 kg/m^2

表 3-6 HY-2B 卫星雷达高度计主要技术参数

名称	技术参数
工作频率	13.58 GHz，5.25 GHz
脉冲有限足迹	≤2 km
测高精度	≤4 cm(星下点)

表 3-7 HY-2B 卫星微波散射计主要技术参数

名称		技术参数
工作频率		13.25 GHz
极化方式		水平(HH)极化，垂直(VV)极化
地面足迹		优于 50 km
刈幅	H 极化	优于 1 350 km
	V 极化	优于 1 700 km
风速测量精度		2 m/s
风速测量范围		2~24 m/s
风向测量精度		20°

表 3-8 HY-2B 卫星扫描微波辐射计主要技术参数

名称	技术参数				
工作频率/GHz	6.6	10.7	18.7	23.8	37.0
极化方式	VH	VH	VH	V	VH
扫描刈幅/km	优于 1 600				
地面足迹/km	100	70	40	35	25
灵敏度/K	优于 0.5				优于 0.8
动态范围/K	3~350				
定标精度/K	1.0(180~320)				

表 3-9 HY-2B 卫星校正微波辐射计主要技术参数

名称	技术参数		
工作频率/GHz	18.7	23.8	37.0
极化方式	线极化		
灵敏度/K	0.4	0.4	0.4
定标精度 /K	1.0(180~320)		
动态范围 /K	3~300		

3.2　HY-1/COCTS 数据预处理

3.2.1　地理定位

定位计算实际上是卫星轨道计算和几何坐标转换问题。极轨卫星轨道在宇宙空间运行，它的运动轨迹是个椭圆，考虑到轨道高度在 800 km 左右，在卫星轨道计算中仅仅考虑地球引力场非球形摄动影响，其他摄动影响忽略不计(如大气阻力、日月引力等)，轨道计算理论采用布劳威尔-李丹近似分析解模型轨道理论。根据地球摄动理论修正生成精确轨道参数，利用 GPS 定位数据修正卫星位置和速度，结合卫星姿态参数，对地面扫描点进行地理定位，计算出每条扫描线上固定点的经纬度。

地心位于卫星椭圆轨道的一个焦点上，常用的 6 个轨道参数为 Ω、i、ω、a、e、t_0，其中轨道升交点赤经 Ω 表示从春分点到卫星轨道升交点的角度；轨道倾角 i 表示赤道平面与卫星轨道平面间的夹角；轨道近地点幅角 ω 表示轨道平面内升交点到近地点的角度；a 为半长轴；e 为轨道偏心率；t_0 为过近地点的时刻。

卫星轨道在空间运行中，受到各种摄动影响，如地球非球形摄动、大气阻力等。轨道一般不是平面曲线，这 6 个轨道根数是时间的函数。由于轨道高度在 798 km，星下点分辨率 1 km，所以仅仅考虑地球引力场非球形摄动即可。

某观测时刻的瞬时轨道根数的确定：由已知初始轨道参数，经过布劳威尔-李丹近似分析解模型计算外推得到。

卫星位置矢量与轨道根数的几何关系式如下：

$$\boldsymbol{r} = \begin{pmatrix} X \\ Y \\ Z \end{pmatrix} = r\begin{pmatrix} \cos u \cos \Omega - \sin u \sin \Omega \cos i \\ \cos u \sin \Omega + \sin u \cos i \cos \Omega \\ \sin u \sin i \end{pmatrix} \tag{3-1}$$

式中，$u = \omega + \theta$，即近升距 ω 与真近点角 θ 之和；r 为卫星至地心的距离，$r = a(1-e\cos E)$。扫描点的地理经纬度的计算包括卫星轨道计算和坐标几何转换两个方面。从卫星星体坐标转换到卫星质心轨道坐标系，从地心轨道坐标系转换到地心惯性坐标系，从地心惯性坐标系转换到地固坐标系，再根据瞬时扫描角计算对应扫描点地理经纬度。最后，通过极坐标与直角坐标转换关系，即可计算出观测点的纬度和经度。地理定位过程如图 3-1 所示。

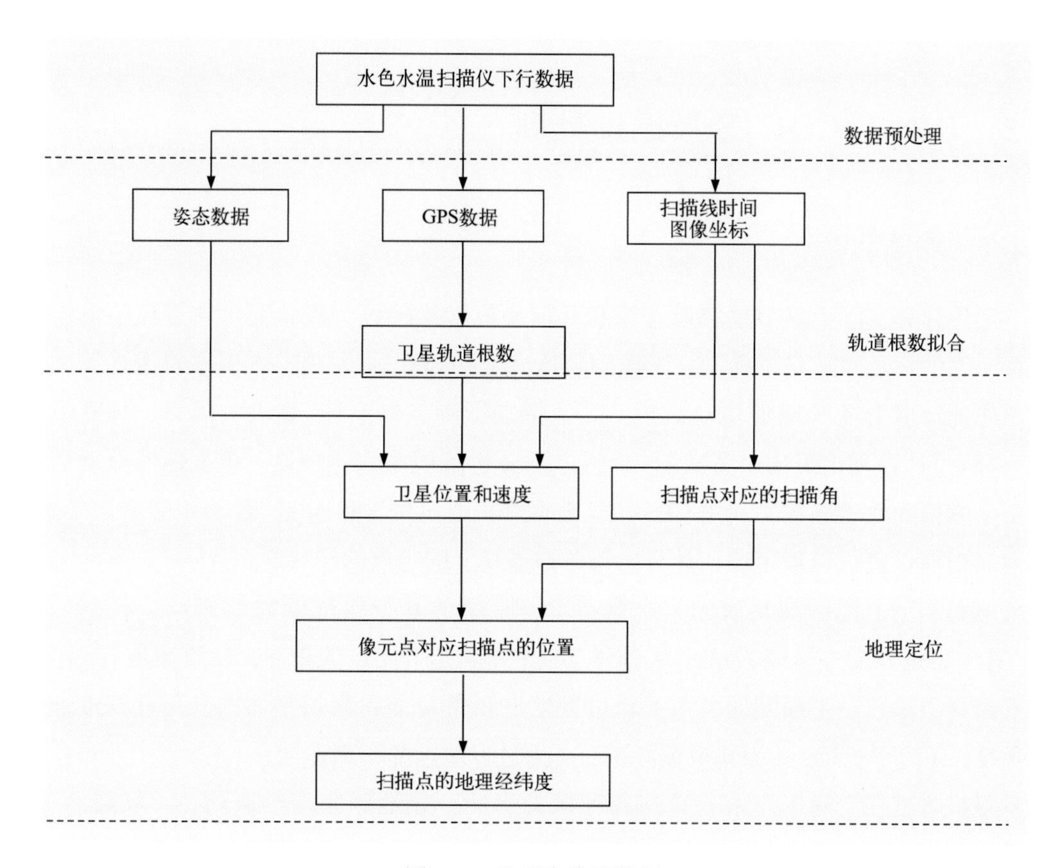

图 3-1　地理定位流程图

3.2.2　辐射定标

辐射测量精度是卫星海洋水色遥感最重要的关键技术之一。在卫星轨道高度，真正含水色信息的离水辐射只占遥感器测量总辐射的 5%~10%，因此遥感器的辐射测量精度就显得极为关键。通常只有满足离水辐亮度测量相对误差小于 5%时，才有可能保证一类水体叶绿素反演精度达到 30%。要达到这个测量精度，唯一的方法是进行遥感器在轨定标，而实现水色遥感器在轨定标的途径有两种：一种是利用海上准同步测量进行定标；另一种是利用在轨的具有高测量精度的卫星遥感器测量结果实现在轨定标，又称为“交叉定标”。

交叉定标是一种较为重要的替代定标方法，卫星发射升空之后，一般采用交叉定标方法对卫星遥感器的辐射定标系数变化进行长期监测，以保证遥感器的观测数据真实、可信。下面以 HY-1B/COCTS 为例，简要阐述交叉定标的方法原理和实施步骤。

1) *方法原理*

理论上，当两个卫星遥感器在相同的观测条件下对同一地面目标观测，则测量到的辐射量应该相同。利用这一原理，就可以通过比较两个遥感器测得的辐射量，用已知同时在轨的高精度的遥感器对一个未知辐射测量精度的遥感器进行辐射定标。中分辨率成像光谱仪(moderate-resolution imaging spectroradiometer，MODIS)测量的离水辐射率精度为 5%(绝对误差)，其他水色卫星遥感器可以用 MODIS 来定标。

尽管 COCTS 与 MODIS 的几何观测条件有所差异，包括观测时的太阳天顶角、遥感器观测天顶角及两者相对方位角，但仍可用 MODIS 来对 COCTS 定标。分别将 COCTS 和 MODIS 的观测几何记为$(\theta_0，\theta_v，\Delta\phi)^{COCTS}$和$(\theta_0，\theta_v，\Delta\phi)^{MODIS}$，首先，用 MODIS 数据在$(\theta_0，\theta_v，\Delta\phi)^{MODIS}$条件下经大气校正反演得到水体归一化离水辐亮度，确定大气气溶胶类型；然后，利用由 MODIS 数据得到的归一化离水辐射率和气溶胶类型，模拟得到在观测条件$(Q_0，Q_v，\Delta\phi)^{COCTS}$下 COCTS 的接收总辐亮度；最后，通过比较 COCTS 实验室定标得到的接收总辐亮度和模拟得到的接收总辐亮度，建立两者的相关关系，从而实现对 COCTS 在轨交叉定标，具体的交叉定标原理如图 3-2 所示。

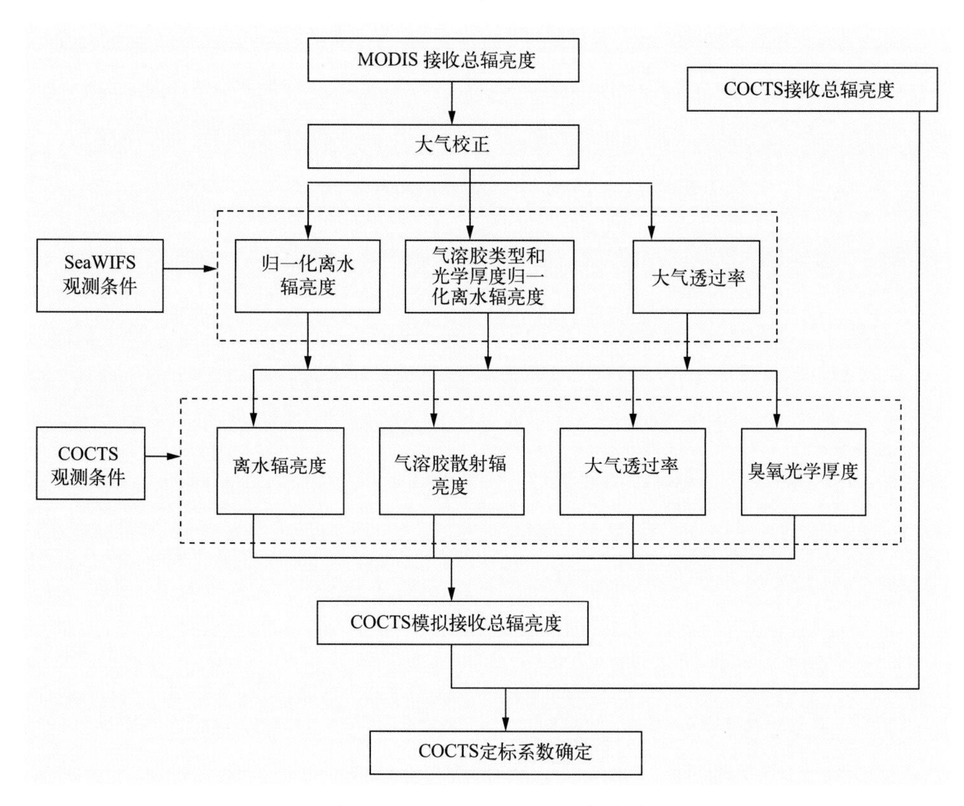

图 3-2　COCTS 交叉定标原理

2) 实施步骤

首先，利用 MODIS 数据的大气校正算法，计算 865 nm 波段气溶胶单次散射反射率$[\rho_{as}(865)]^{MODIS}$和 MODIS 各波段归一化离水辐亮度$[L_{wn}]^{MODIS}$。进而根据$[\rho_{as}(865)]^{MODIS}$

和$[L_{wn}]^{MODIS}$反推模拟得到COCTS观测条件$(\theta_0, \theta_v, \Delta\phi)^{COCTS}$下的总辐亮度，模拟算法具体如下介绍。

(1)计算COCTS臭氧层下行透过率和上行透过率。

(2)计算瑞利散射反射率$[\rho_r]^{COCTS}$。

(3)计算气溶胶多次散射反射率$[\rho_r]^{COCTS}$。

根据气溶胶单次散射计算公式

$$\rho_{as} = \frac{(\tau_a \widetilde{\omega}_a P_a)}{(4 \cos\theta_0 \cos\theta_v)} \tag{3-2}$$

计算$(\theta_0, \theta_v, \Delta\phi)^{COCTS}$观测条件下的865 nm波段气溶胶单次散射反射率$[\rho_{as}(865)]^{COCTS}$，计算公式为

$$[\rho_{as}(865)]^{COCTS} = \frac{[\rho_{as}(865)]^{MODIS} P_a(\theta_0, \theta_v, \Delta\phi)^{COCTS} (\cos\theta_0 \cos\theta_v)^{MODIS}}{P_a(\theta_0, \theta_v, \Delta\phi)^{MODIS} (\cos\theta_0 \cos\theta_v)^{MODIS}} \tag{3-3}$$

式中，由于准同步观测，可以认为COCTS观测时的气溶胶类型和光学厚度与MODIS观测时相同。MODIS其他波段在$(\theta_0, \theta_v, \Delta\phi)^{COCTS}$观测几何条件下的气溶胶单次散射反射率可以通过$[\rho_{as}(865)]^{COCTS}$计算得到，进而计算得到相应的气溶胶多次散射反射率$[\rho_a]^{COCTS}$。

(4)计算$(\theta_0, \theta_v, \Delta\phi)^{COCTS}$观测几何条件下的大气下行透过率$[t_sol]^{COCTS}$和上行透过率$[t_sen]^{COCTS}$。

(5)根据归一化离水辐射率的关系式

$$L_{wn} = \frac{L_w}{t\_sol \cdot t\_oz\_sol \cdot \cos(\vartheta_0)} \tag{3-4}$$

其中，$(\theta_0, \theta_v, \Delta\phi)^{COCTS}$观测几何条件下的离水辐亮度$[L_w]^{MODIS}$可以由下式计算：

$$[L_w]^{COCTS} = [L_{wn}]^{MODIS} \times [t\_sol]^{COCTS} \times [t\_oz\_sol]^{COCTS} \times \cos(\vartheta_0) \tag{3-5}$$

(6)进行臭氧吸收和遥感器带宽效应修正

$$\begin{cases} [\rho_r^*]^{COCTS} = [\rho_r]^{COCTS} [t\_oz\_sol]^{COCTS} [t\_oz\_sen]^{COCTS} \beta_r \\ [\rho_a^*]^{COCTS} = [\rho_a]^{COCTS} [t\_oz\_sol]^{COCTS} [t\_oz\_sen]^{COCTS} \beta_a \\ [L_w^*]^{COCTS} = [L_w]^{COCTS} [t\_oz\_sen]^{COCTS} \beta_w \end{cases} \tag{3-6}$$

式中，β_r、β_a和β_w分别是$[\rho_r]^{COCTS}$、$[\rho_a]^{COCTS}$和$[L_w]^{COCTS}$的带宽效应修正系数，这是因为将整个波段响应的反射率作为波段中心的反射效率。

(7)利用样条插值和SeaWiFS各波段中心波长处的$[\rho_r^*]^{COCTS}$、$[\rho_a^*]^{COCTS}$、$[L_w^*]^{COCTS}$和$[t_sen(\lambda_i)]^{COCTS}$值，得到在400~900 nm以0.5 nm为光谱分辨率的$[\rho_r^*(\lambda)]$、$[\rho_{am}^*(\lambda)]$、$[L_w^*(\lambda)]$和$[t_sen(\lambda)]$值。因为COCTS波段带宽较小，因此，利用插值方法可以满足精

度要求。

(8)最后，根据下式模拟出 COCTS 的接收总辐亮度：

$$\langle L_t \rangle = \langle L_r \rangle + \langle L_a \rangle + \langle tL_w \rangle \tag{3-7}$$

式中，$\langle L_r \rangle$、$\langle L_a \rangle$和$\langle tL_w \rangle$分别为

$$\begin{cases} \langle L_r \rangle = \dfrac{\int \{ [\rho_r^*(\lambda)] \times F_0(\lambda) \times \cos(\theta_0)/\pi \} \times S(\lambda) d\lambda}{\int S(\lambda) d\lambda} \\ \langle L_a \rangle = \dfrac{\int \{ [\rho_a^*(\lambda)] \times F_0(\lambda) \times \cos(\theta_0)/\pi \} \times S(\lambda) d\lambda}{\int S(\lambda) d\lambda} \\ \langle tL_w \rangle = \dfrac{\int [L_w(\lambda)] \times [t\_sen(\lambda)] \times S(\lambda) d\lambda}{\int S(\lambda) d\lambda} \end{cases} \tag{3-8}$$

其中，F_0 是大气层外的太阳辐照度；S 是 COCTS 的波段响应函数。

由以上卫星交叉定标的方法可知，合理选择 COCTS 和 MODIS 准同步观测区域是一个十分重要的问题。选择观测区域的原则如下：①无云、低气溶胶浓度和水体光学特性相对均匀的海区；②在 COCTS 和 MODIS 观测期间，该区域的大气气溶胶相对稳定；③定标区域最好位于星下点周围区域；④COCTS 和 MODIS 观测时间间隔在 3 小时以内；⑤选择的区域尽可能多，至少两个，或者有两天以上同一区域的数据。

3.2.3 云检测技术

利用红外辐射计的遥感资料反演海表温度，当辐射计的瞬时视场被云全部覆盖时，得到的则是云顶的放射辐射，而当瞬时视场部分被云覆盖时，得到的则是地表或海洋表面目标物与云顶放射辐射的综合值。由于云顶温度通常低于海表温度，当使用这些被云污染的遥感数据进行海表温度反演时，得到的海表温度则低于真实的海表温度。为了得到精确的卫星遥感海表温度，需要对接收到的卫星数据进行云检测，排除那些受到云污染的卫星遥感数据。在开阔大洋上，云检测方法受两个因素影响：①云比海洋表面冷且反射率较强；②在 100 km 的空间尺度，海洋表面在温度和反射率上近似均匀一致。

下面主要以 HY-1/COCTS 遥感器为例，介绍几种常用的云检测算法和流程。

(1)可见光反射率阈值法。除在太阳耀斑区，海面的反射率一般都低于 10%，而绝大多数云的反射率都高于 20%。因此，可以据此确定反射率的某一阈值来排除卫星遥感数据中那些受到云污染的数据。在白天，如果卫星天顶角小于 65°时，就先采用此方

法，利用 COCTS 第八通道的反射率数据进行一次粗云检测。

(2) 热红外通道亮温均匀性检测法。

$$|T_{bj} - T_{bi}| \leq C_i \quad (3-9)$$

式中，T_{bi} 为被检验的探测点的亮温；T_{bj} 为相邻视场的探测点的亮温；C_i 为常数，针对 HY-1 卫星红外通道的特点，C_i 取 3 比较合适。当被检验的探测点亮温满足上述条件时，即认为是晴空的。

(3) 多年海表温度截断法。观测表明，海表温度有明显的年周期变化特征，而且某一特定月份海表温度的水平分布特征逐年基本相同。这是因为对某一固定月份而言，太阳辐射、海陆分布及地形、季风环流等这几个影响海温的主要因素相同或者相似，再加上海表温度有着较强的保守性，逐日变化缓慢。利用这个特点可以将多年平均海表温度与卫星遥感反演的海表温度逐点进行比较，当反演的海表温度满足 $|T_{sat}-T_{mean}|<C$ 时就认为此卫星观测点的数据是晴空的，反之则认为观测数据受到云的污染。T_{sat} 和 T_{mean} 分别表示卫星反演海表温度和多年平均海表温度，C 为常数。

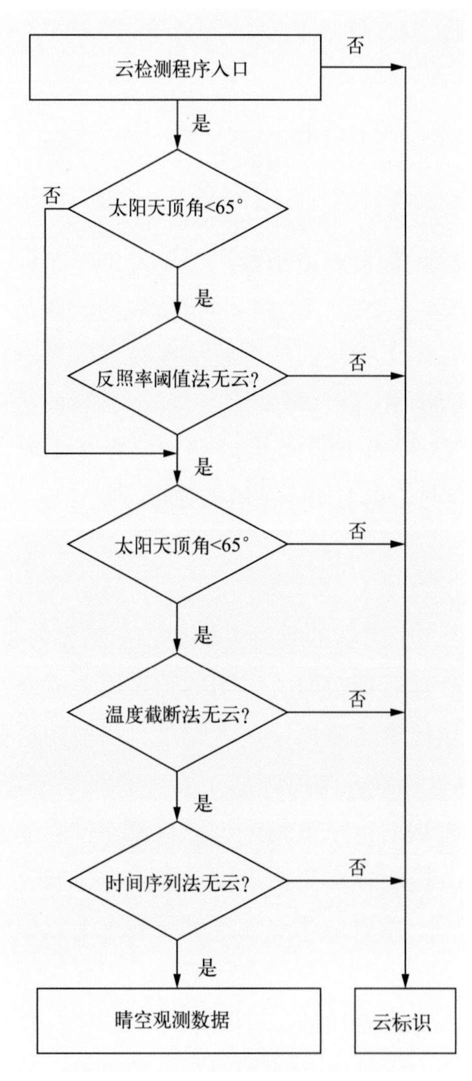

图 3-3　HY-1 卫星 COCTS 传感器云检测流程图

(4) 时间序列分析法。由于海水温度有着较强的保守性，逐日变化缓慢，因此在较短的时间段内，海表温度的变化是很小的，而云则是动态变化的。对某一特定地点而言，前一时刻卫星的观测数据可能受到云的影响，后一时刻卫星的观测数据就有可能是晴空条件下的，或者反之。利用这一特点，将多幅时间序列的同一区域内的卫星观测数据进行分析，排除那些受到云影响的观测数据，将这些时间序列上的同一区域内的晴空观测数据按等权或不等权加权平均，就可以得到晴空条件下的某一时间段内的卫星遥感观测数据。

总结 HY-1 卫星 COCTS 传感器的云检测流程如图 3-3 所示。

3.3　HY-2 卫星扫描微波辐射计数据预处理

星载扫描微波辐射计是通过观测地球辐射亮温进行海表温度反演的。受仪器设计和观测方式的影响，辐射计接收到的是天线温度，需要通过一系列数据处理，转化为海面同步观测亮温，才能进行海表温度的反演。

3.3.1　天线温度计算

星载扫描微波辐射计为获取地面二维图像数据，在海洋表面影响大的频段多采用入射角固定的圆锥扫描方式进行观测，由抛物面反射天线、冷空反射天线和接收馈源组成。微波扫描辐射计采用高低端两点定标的设计，热源为恒温的辐射黑体，冷源为冷空天线反射的宇宙背景辐射。通过主反射器和馈源的同轴旋转，馈源依次接收到主反射面反射的地球辐射、冷空反射器反射的宇宙背景辐射和热源直接进入馈源的辐射量，实现微波扫描辐射计对地观测和星上在轨两点事实定标，获得天线的观测温度 T_A：

$$T_A = \text{count} \times SI + Of \tag{3-10}$$

$$SI = (T_{AH} - T_{AC})/(C_H - C_C) \tag{3-11}$$

$$Of = T_{AH} - C_H(T_{AH} - T_{AC})/(C_H - C_C) \tag{3-12}$$

式(3-10)至式(3-12)中，C_C 为冷空观测电压值；C_H 为热源观测电压值；T_{AH}为天线热源温度；T_{AC}为宇宙背景辐射，一般为 2.7 K；T_A 为辐射计天线温度；count 为对地观测的电压值；SI 为比例因子；Of 为偏移量。通过不同极化和频率馈源接收到的电压值，即可计算辐射计对地观测的天线温度。

3.3.2　观测面元匹配

被动扫描微波辐射计能够监测海洋大范围的变化，相对于主动微波遥感，其传感器体积和功耗小，在没有暴雨的情况下，仪器几乎能全天候透过云层对海洋表面进行观测，是获取大气、海面和陆地等多领域环境信息的重要手段。但微波辐射计受自身系统的限制，其空间分辨率依赖扫描天线的尺寸，并与频率相关，受卫星有效载荷体积和质量的限制，星载扫描微波辐射计无法配装大型天线，不同频率的馈源共用一个反射面天线，导致各通道观测的入射角度不同，对应的地面观测位置、覆盖范围和分辨率也不相同。在进行扫描微波辐射计海洋参数反演时，需要用到多通道亮温进行综合计算，这要求多通道地面观测位置和面元要一致，因此星载扫描微波辐射计多采用降低分辨率的多通道分辨率匹配技术进行地面像元重构，将同一时刻所有通道的观测值统一到同一位置和分辨率。

BG 反演算法是由 Stogryn 将 Backus-Gilbert 矩阵反演方法引入星载扫描微波辐射计系统提出的。根据 Stogryn(1978)，用 $G(\rho_A, \rho)$ 表示地球坐标系下中心位置在 ρ_A 的增益方向图 ρ 位置的有效天线增益，是采样积分时间 τ 和瞬时传感器方向图 G_I 的函数

$$G(\rho_A, \rho) = \frac{1}{\tau}\int_{-\frac{\tau}{2}}^{\frac{\tau}{2}} \mathrm{d}t G_I[\hat{s}_0(t), \hat{\boldsymbol{s}}(t)]\left[\frac{-\hat{\boldsymbol{s}}(t)\cdot\hat{\rho}}{s^2(t)}\right] \tag{3-13}$$

式中，$\hat{s}_0(t)$ 表示 t 时刻的天线视线方向；$\hat{\boldsymbol{s}}(t)$ 表示传感器到位置 ρ 的单位矢量。ρ_A 对应的有效天线指向为

$$\hat{s}_A = \frac{1}{\tau}\int_{-\frac{\tau}{2}}^{\frac{\tau}{2}} \hat{s}_0(t)\,\mathrm{d}t \tag{3-14}$$

则第 i 次观测亮温则是地球表面亮温在天线增益上的积分，

$$T_{Bi}(\rho_{Ai}) = \int_E G(\rho_{Ai}, \rho)\, T_B(\rho)\,\mathrm{d}A \tag{3-15}$$

BG 反演算法是寻找相邻观测值 T_{Bi} 一组最优的线性组合，重构出一个最接近于真实的测量值 T_{BC}，

$$T_{BC} = \sum_{i=1}^{N} a_i T_{Bi} = \int_E \mathrm{d}A\left[\sum_{i=1}^{N} a_i G(\rho_{Ai}, \rho)\right] T_B(\rho) \tag{3-16}$$

根据最小二乘法原理，使重构亮温与参考亮温最为接近必须满足 3 个条件，首先是 G 为归一化，即 a_i 的总和为 1。第二个约束条件，Stogryn 将之称为分辨率价值函数：

$$Q_r = \iint_E \mathrm{d}A\left[G_r(\rho_r, \rho) - \sum_{i=1}^{N} a_i G(\rho_{Ai}, \rho)\right]^2 J(\rho_r, \rho) \tag{3-17}$$

这里 J 为补偿函数，用来产生理想的天线方向图，通常将 J 设置为 1。第三个约束条件是重构观测亮温的噪声最小，实际观测亮温中叠加了随机噪声信号，噪声的方差为 $(\Delta T_i)^2$，则重构亮温的方差为

$$e^2 = (\Delta T_i)^2 = \boldsymbol{a}^{\mathrm{T}}\boldsymbol{E}\boldsymbol{a} \tag{3-18}$$

式中，$\boldsymbol{a}$ 是元素 a_i 的列向量；$\boldsymbol{E}$ 是误差协方差矩阵。

为了在噪声和重构分辨率之间寻求解，Stogryn(1978)和 Farrar 等(1992)建立了分辨率噪声权衡函数

$$Q = Q_0\cos\gamma + e^2 w\sin\gamma \tag{3-19}$$

式中，w 为尺度因子，用于确保 Q_0 和 e^2w 在量级上接近；γ 为平滑参数，一般取值在 0~π/2。在归一化条件 $\int_E \sum_{i=1}^{N} a_i G(\rho_i)\,\mathrm{d}A$ 下，可获得使 Q 最小化的权重系数，表示为

$$\boldsymbol{a} = Z^{-1}\left[\cos\gamma v + \frac{1-\cos\gamma u^{\mathrm{T}}Z^{-1}v}{u^{\mathrm{T}}Z^{-1}u}u\right] \tag{3-20}$$

式中，

$$Z = \boldsymbol{G}\cos\gamma + \boldsymbol{I}w\sin\gamma \tag{3-21}$$

其中，$\boldsymbol{I}$ 为单位矩阵；$\boldsymbol{G}$ 为 $\boldsymbol{N}\times\boldsymbol{N}$ 对称矩阵，表示参与采样足印面元的重叠度，

$$\boldsymbol{G}_{ij} = \iint_E G_i(\rho)\,G_j(\rho)\,\mathrm{d}A \tag{3-22}$$

$$u_i = \iint_E G_i(\rho)\,\mathrm{d}A \tag{3-23}$$

$$v_i = \iint_E G_i(\rho)\,G_{\mathrm{r}}(\rho)\,\mathrm{d}A \tag{3-24}$$

3.4　HY-2 卫星雷达高度计数据预处理

3.4.1　对流层路径延迟校正算法

雷达高度计是通过测量发射脉冲的双程传输时间进而转化为海面高度的。脉冲在传播过程中受到对流层大气的折射效应造成了测高误差。这些误差可通过计算干对流层、湿对流层路径延迟量进行修正。该部分工作主要包含 3 个部分：干对流层校正模型算法、湿对流层校正模型算法和大气逆压校正算法。

1) 干对流层校正模型算法

干对流层路径延迟校正采用一个与海面气压和星下点纬度有关的模型算法，该方法与目前国际上主流高度计 TOPEX/Poseidon (T/P)、Jason-1、Jason-2 所采用的方法相同。

干对流层路径延迟量

$$PD_{\mathrm{dry}} = 0.227\,7P_0(1 + 0.002\,6\cos 2\phi) \tag{3-25}$$

式中，PD_{dry} 的单位为 cm；P_0 为海面大气压(SLP)，单位为 mbar(注：1 mbar＝100 Pa)；ϕ 为星下点地面纬度。

2) 湿对流层校正模型算法

湿对流层校正模型算法采用美国国家环境预报中心(National Centers for Environmental Prediction, NCEP)提供的大气和海面物理参数来计算得到路径延迟量，该方法与目前国际上主流高度计 T/P、Jason-1、Jason-2 所采用的方法相同。湿对流层路径延迟包括两部分：水蒸气导致的路径延迟和云液态水导致的路径延迟。

水蒸气导致的路径延迟：

$$PD_{\mathrm{V}} = 1.763 \times 10^{-3}\int_{0}^{H}(\rho_{\mathrm{V}}/T)\,\mathrm{d}z \tag{3-26}$$

云液态水导致的路径延迟：

$$PD_{\mathrm{L}} = 1.6L_{z} = 1.6\int_{0}^{H}\rho_{\mathrm{L}}(z)\,\mathrm{d}z \tag{3-27}$$

总的湿对流层路径延迟：

$$PD_{\mathrm{W}} = PD_{\mathrm{L}} + PD_{\mathrm{V}} \tag{3-28}$$

式(3-26)至式(3-28)中，PD_{V}、PD_{L} 和 PD_{W} 分别为水蒸气、云液态水和总的路径延迟，单位为 cm；ρ_{V}、ρ_{L} 和 T 分别为水蒸气、云液态水的密度剖面和大气温度剖面数据，单位分别为 g/cm^3、g/cm^3 和 K；H 为卫星高度，单位为 cm。

其中，位势剖面数据转化为卫星到海面的高度，温度和相对湿度剖面数据用下式转化为水蒸气密度剖面数据：

$$\rho_{\mathrm{V}} = 1.739 \times 10^{9} \times RH \times \theta^{5} \times \exp(-22.64\theta) \tag{3-29}$$

其中，RH 为相对湿度；$\theta=300/T$。

3) 大气逆压校正算法

大气逆压校正采用一个与海面气压和全球海面平均气压有关的模型方法进行校正，即大气逆压校正量：

$$-0.9948(p_{\mathrm{a}} - \bar{p}_{\mathrm{a}}) = IB = -\frac{1}{\rho_{\mathrm{w}}g}(p_{\mathrm{a}} - \bar{p}_{\mathrm{a}}) \tag{3-30}$$

式中，IB 的单位为 cm；ρ_{w} 为海水密度，取值 1.025 g/cm^3；g 为重力加速度，取值 980.6 cm/s；p_{a} 为海面大气压(SLP)，单位为 mbar；$\bar{p}_{\mathrm{a}}$ 为加权的当前循环的全球海面平均气压，即 $\bar{p}_{\mathrm{a}}=0.5(\bar{p}_{\mathrm{G}}+1\,013.3)$，单位为 mbar。

3.4.2 电离层路径延迟校正算法

电磁波经过电离层时会发生折射，大气中的电离层折射是由与存在的自由电子有关的上层大气的介电特性决定的。大气电离层折射引起的误差范围通常在 0.2~40 cm，而针对卫星雷达高度计 5 cm 的测高精度，需要对电离层路径延迟进行校正。

将雷达高度计测高值和实际值的差表示为大气路径延迟或距离校正，可表示为

$$\Delta H = H' - H = \frac{c}{2}t_{1/2} - \int_{0}^{t_{1/2}}\frac{c}{2\eta}\mathrm{d}t = \frac{c}{x}\int_{0}^{t_{1/2}}\frac{\eta - 1}{\eta}\mathrm{d}t \tag{3-31}$$

式中，$t_{1/2}$ 为信号双程传播往返时间；η 为大气折射率的实部，在自由空间取值为 1。对电离层这样的色散介质来说，$\eta<1$，这意味着电磁辐射相速度大于电磁传播的群速度，因式(3-31)中 η 必须用电离层群折射率 η' 替换，且电离层群速度满足 $\eta'=\mathrm{d}(f\eta)/\mathrm{d}t$。对非色散折射介质来说，$\eta$ 与频率无关，其值大于 1，且 $\eta'=\eta$。

此时，电离层引起的路径延迟ΔH_{ion}可表示为

$$\Delta H_{ion} = \frac{c}{2}\int_0^{t_{1/2}} \frac{\eta' - 1}{\eta'} dt \tag{3-32}$$

定义 $N = 10^6(\eta' - 1)$，$dz = c/\eta' dt$，则电离层路径延迟可表示为

$$\Delta H_{ion} = \frac{10^{-6}}{2}\int_0^{2H} N(z) dz = 10^{-6}\int_0^{H} N(z) dz \tag{3-33}$$

电离层折射率的实部 η 与电磁辐射频率 f 的关系为

$$\eta = \mathrm{real}(\eta_{ion}) = \left(1 - \frac{f_p^2}{f^2}\right)^{1/2} \approx 1 - \frac{f_p^2}{2f^2} \tag{3-34}$$

式中，f 为雷达的载波频率；f_p 为电离层中等离子体的特征频率或自然频率，$f_p = 80.6 \times 10^6 n_e$，其中，$n_e$ 为电子密度(el/m^3)，在 250~400 km 高度时，中纬度白天的电子密度最大值约为 $n_e = 10^6$ el/m^3，对应$f_p \approx 9$ MHz 的等离子体频率。电磁波频率大于f_p 才能在电离层传播(折射)。T/P 双频高度计上 Ku 波段(13.6 GHz)和 C 波段(5.3 GHz)的$f \gg f_p$。

则可以获得

折射率实部：
$$\eta \approx 1 - \frac{40.3 \times 10^6 n_e(z)}{f^2} \tag{3-35}$$

群折射率：
$$\eta' \approx 1 + \frac{40.3 \times 10^6 n_e(z)}{f^2} \tag{3-36}$$

群折射能力：
$$N(z) \approx \frac{40.3 \times 10^6 n_e(z)}{f^2} \tag{3-37}$$

可以看出，电离层折射率实部小于 1，群折射率大于 1，最终得到

$$\Delta H_{ion} = \frac{40.3}{f^2}\int_0^{h_0} n_e(z) dz = \frac{A}{f^2} I \tag{3-38}$$

式中，$n_e(z)$是自由电子密度，单位是 el/m^3；I 为自由电子总含量(TEC)，1 TEC = 10^{16}el/m^3，即底面积为 1 m^2 贯穿整个电离层柱体内所含的电子数；A 为常量，其值为 40.3 m^3/(el · s^2)。如果频率单位为 GHz 时，得到 ΔH_{ion}单位是 cm。可以看出，计算电离层折射引起的路径延迟，关键需要计算大气中的自由电子总含量。

从计算电离层路径延迟的公式可以看出，高度计中电离层路径延迟与电离层中的离子密度成正比，而电离层中的离子密度与温度、纬度、昼夜、日照强度、太阳活动周期等很多因素有关，从而产生很大的波动。而随着电磁波频率的增加，电离层路径延迟量级迅速减小。同时，其被水蒸气、云和氧气衰减的就越多(上限频率为 15 GHz)。电离层路径延迟随电子总含量和频率的变化曲线如图 3-4 和图 3-5 所示。

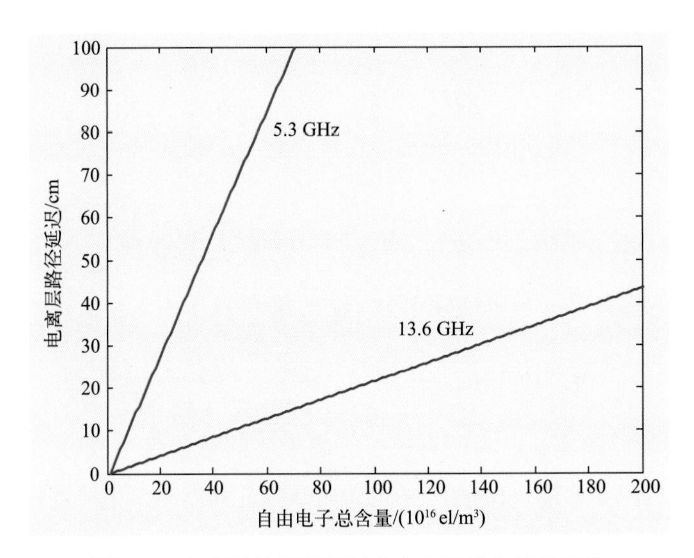

图 3-4 电离层路径延迟随自由电子总含量的变化

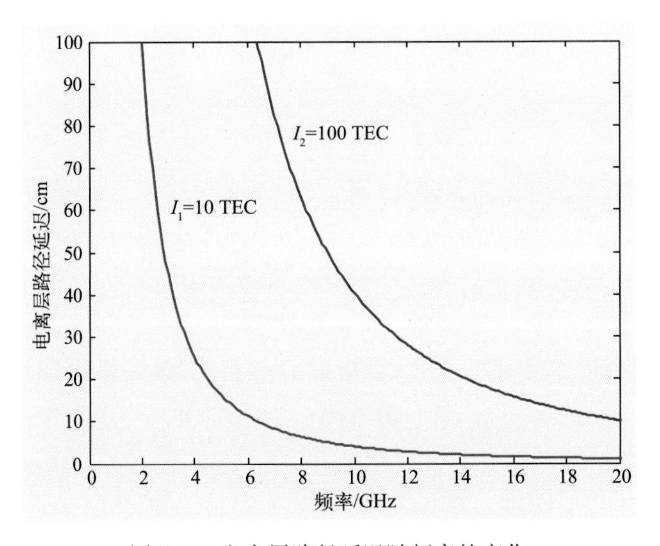

图 3-5 电离层路径延迟随频率的变化

雷达高度计的 Ku 波段载频为 13.58 GHz，每个离子密度单位 1 TEC = 10^{16} el/m^3 对应约 0.218 cm 的偏差。当电离层离子密度达到 100 TEC 时，误差为 21.8 cm。在太阳风暴活动高潮期电离层离子密度可达 180 TEC，引起的误差可达 40 cm。因此，对 13.58 GHz 频段来讲，电离层误差校正范围是 0.2~40 cm。

HY-2 卫星高度计工作在 Ku 波段和 C 波段，满足二次相位误差的限制条件，所以高阶频率的色散影响可以完全忽略。设 Ku 波段和 C 波段的测量值分别为 h_{Ku}和 h_C，则

$$\begin{cases} h_{Ku} = h_0 + A_{Ku} I / f_{Ku}^2 + b_{Ku} + c \\ h_C = h_0 + A_C I / f_C^2 + b_C + c \end{cases} \tag{3-39}$$

当忽略高阶频率色散影响时，$A=A_{\mathrm{Ku}}=A_{\mathrm{C}}$，都等于 40.3 $\mathrm{m}^3/(\mathrm{el}\cdot\mathrm{s}^2)$，$b_{\mathrm{Ku}}$和 b_{C} 表示其他与频率相关的误差校正项(如电磁偏差)；变量 c 是与频率无关的其他误差。设给定 b_{Ku}和 b_{C}，可以利用 h_{Ku}和 h_{C} 来计算电离层误差和电离层总电子含量，通过式(3-39)可得

$$I=\frac{(h_{\mathrm{C}}-h_{\mathrm{Ku}}+b_{\mathrm{Ku}}-b_{\mathrm{C}})}{A\left(\dfrac{f_{\mathrm{Ku}}^2}{f_{\mathrm{C}}^2}-1\right)} \tag{3-40}$$

令 $K=(f_{\mathrm{Ku}}/f_{\mathrm{C}})^2$，得

$$I=\frac{f_{\mathrm{Ku}}^2(h_{\mathrm{C}}-h_{\mathrm{Ku}}+b_{\mathrm{Ku}}-b_{\mathrm{C}})}{A(K-1)} \tag{3-41}$$

$$\Delta h_{\mathrm{ion}}=\frac{A}{f^2}I=\begin{cases}\dfrac{h_{\mathrm{C}}-h_{\mathrm{Ku}}+b_{\mathrm{Ku}}-b_{\mathrm{C}}}{K-1} & (f=f_{\mathrm{Ku}})\\[2ex] \dfrac{K(h_{\mathrm{C}}-h_{\mathrm{Ku}}+b_{\mathrm{Ku}}-b_{\mathrm{C}})}{K-1} & (f=f_{\mathrm{C}})\end{cases} \tag{3-42}$$

对于 HY-2 卫星高度计，$f_{\mathrm{Ku}}=13.58$ GHz、$f_{\mathrm{C}}=5.25$ GHz，则 $K=6.69$。

3.4.3　海况偏差校正算法

电磁偏差、斜偏差和跟踪偏差统称为海况偏差(sea state bias，SSB)，其典型值位于有效波高(significant wave height，SWH)的-4%～-1%。海况偏差在总均方根(root mean square，RMS)中所占的比重非常大。理论推导的海况偏差模型并不适用于高度计的海况偏差校正。本书中采用 Gaspar 描述的海况偏差经验模型算法。对高度计数据推导的相对于参考椭球面的海面高度(sea surface height，SSH)与反演得到的风速(U)和有效波高进行交叉点插值，得到交叉点不符值 ΔSSH、ΔU 和 ΔSWH。利用这三组数据进行线性回归得到最佳的海况偏差经验参数模型。最终利用 HY-2 卫星高度计的有效波高和风速值求出海况偏差，并对高度进行校正。

1) 交叉点数据提取

进行海况偏差校正参数化模型算法研制的基本数据是高度计相对于参考椭球面的海面高度数据。未校正的海面高度测量值SSH'_{m}为

$$SSH'_{\mathrm{m}}=SSB+h_{\mathrm{g}}+h_{\mathrm{d}}+\varepsilon' \tag{3-43}$$

式中，ε'为除海况偏差之外的所有测高误差之和；h_{g} 为大地水准面高度；h_{d} 为海面动力高度。

大地水准面是数据中最大的信号，其大小在 1 m 至数十米的量级。该信号可以通过对交叉点处测量值数据进行插值得到交叉点不符值而被消除。采用不同时间的独立测量交叉点之间的不符值可直接表示为

$$\Delta SSH'_{m} = \Delta SSB + \varepsilon \tag{3-44}$$

$\Delta SSH'_{m}$称为测量的不符值，它消除了数据中的任意时间不变量部分，如大地水准面、动力地形的定常部分等。

进行海况偏差校正参数化模型算法研制最基础的工作是提取高度计交叉点的数据。在高度计交叉点位置处很难存在升轨和降轨两个实际的高度计实测点，必须通过计算得到交叉点位置的经纬度，并根据此经纬度利用周围实测点的数据进行插值得到所需要的交叉点数据。交叉点数据的提取大体可以分为三部分：确定概略位置、确定精确位置和插值提取交叉点数据。

2)模型系数确定

高度计经验模型可以表示为

$$SSB = \sum_{i=1}^{p} a_i X_i + \varepsilon_{SSB} \tag{3-45}$$

式中，ε_{SSB}为海况偏差的非模型部分；a_i 为与海况偏差有关的 X_i 变量的参数；X_i 为有效波高、风速和波龄相关的量[$\rho=(rSWH/U^2)^{-0.5}$]或者它们的任意组合。则测量的不符值变为

$$\Delta SSH'_{m} = \sum_{i=1}^{p} a_i \Delta X_i + \Delta\varepsilon_{SSB} + \Delta\eta + \Delta\varepsilon_{h'_{a}} \tag{3-46}$$

将所有误差合为零平均噪声(ε)和偏差(a_0)的和，则可重新表示为

$$\Delta SSH'_{m} = \sum_{i=0}^{p} a_i \Delta X_i + \varepsilon \tag{3-47}$$

其中，ΔX_0 假定为单位变量，那么此问题成为一个典型的多元线性回归问题。给定($\Delta SSH'_{m}$，ΔX_i)的 x 个观测值，参数的标准线性最小二乘估计为

$$\hat{a} = (\Delta X^{T}\Delta X)^{-1}\Delta X^{T}\Delta SSH'_{m} \tag{3-48}$$

如果 ΔX 与 ε 不相关，则估计量无偏。

根据实际情况将经验模型定为有效波高和风速以及这两个变量的各种组合形成的泰勒展开式。根据实际情况把展开式限制在二次，得到如下形式的经验算法模型：

$$SSB_{m}/SWH = a_1 + a_2 SWH + a_3 U + a_4 SWH^2 + a_5 U^2 + a_6 SWH \cdot U \tag{3-49}$$

式中，SSB_{m}/SWH 为相对海况偏差，各组参数模型保留常数项 a_1，可以得到 1 个常数模型、5 个双参数模型、10 个三参数模型、10 个四参数模型、5 个五参数模型和 1 个六参数模型，共计 6 组 32 种形式。

3.4.4 潮汐校正算法

潮汐校正主要包括海洋潮汐与负荷潮、固体潮、极潮，以及平衡长周期海洋潮与非平衡长周期海洋潮等潮汐校正。有关工作包括平均海平面、海洋深度/陆地高程与表

面类型、用于大气逆压补充的海面高频振荡等的计算，以及平均海平面、两个海洋潮汐模型的插值标记。

1）海洋潮汐与负荷潮

（1）GOT00.2 模型是一种海洋潮汐经验模型，它是 Jason-1 卫星的潮汐订正模型之一。GOT00.2 模型应用了 T/P 卫星高度计 286 个 10 天周期数据，同时增加了浅海和极地海洋（纬度高于 66°）上空 ERS-1 和 ERS-2 卫星高度计的 81 个 35 天周期数据。该模型由 8 个潮汐分量的独立的拟全球估计组成。该模型的网格为 0.5°×0.5°，可用于计算海洋潮汐和负荷潮，计算原理如下：

$$\zeta(\theta,\ \varphi,\ t) = \sum_{i=1}^{N} f_i H_i \cos\left[\widetilde{\omega}_i t + (V_0 + u_i)_{\text{格}}\right] \tag{3-50}$$

式中，θ 为经度；φ 为纬度；f_i 和 u_i 分别为第 i 个分潮的交点因子和交点订正角，可由具体表达式计算出；ω_i 为第 i 个分潮的角频率；H_i 为第 i 个分潮的振幅；

$$(V_0 + u_i)_{\text{格}} = n180 + n_1 S_{0G} + n_2 h_{0G} + n_3 p_{0G} + n_4 p_{10G} + n_5 90 + u_i \tag{3-51}$$

其中，S_{0G}、h_{0G}、p_{0G} 和 p_{10G} 为世界时零时的天文变量值，

$$\begin{aligned} S_{0G} &= 277.025° + 129.384\,81°(y - 1900) + 13.176\,40°(D + Y) h_{0G} \\ &= 280.190° + 0.238\,72°(y - 1900) + 0.985\,65°(D + Y) p_{0G} \\ &= 334.385° + 40.662\,49°(y - 1900) + 0.111\,40°(D + Y) p_{10G} \\ &= 281.322\,1° + 0.017\,18°(y - 1900) + 0.000\,047\,1°(D + Y) \end{aligned} \tag{3-52}$$

式中，y 为年份；D 是从 y 年 1 月 1 日起算的日期，如 1 月 2 日，$D=1$，1 月 3 日，$D=2$；Y 为 $\frac{1}{4}(y-1901)$ 的整数部分。下面给出主要分潮的 $(f_i,\ u_i)$ 的计算公式。

$$\begin{cases} f_{\mathrm{Mm}} = 1.000\,0 - 0.130\,0 \cos N + 0.001\,3 \cos 2N, \\ u_{\mathrm{Mm}} = 0; \\ f_{\mathrm{Mf}} = 1.042\,9 - 0.413\,5 \cos N + 0.004\,0 \cos 2N, \\ u_{\mathrm{Mf}} = -23.74° \sin N + 2.68° \sin 2N - 0.38° \sin 3N; \\ f_{\mathrm{K_1}} = 1.006\,0 + 0.115\,0 \cos N + 0.008\,8 \cos 2N + 0.000\,6 \cos 3N, \\ u_{\mathrm{K_1}} = -8.86° \sin N + 0.68° \sin 2N - 0.07° \sin 3N; \\ f_{\mathrm{O_1}} = 1.008\,9 + 0.187\,1 \cos N - 0.014\,7 \cos 2N + 0.001\,4 \cos 3N, \\ u_{\mathrm{O_1}} = 10.80° \sin N - 1.34° \sin 2N + 0.19 \sin 3N; \\ f_{\mathrm{V_1}} = 1, \\ u_{\mathrm{V_1}} = 0; \\ f_{\mathrm{Q_1}} = f_{\mathrm{O_1}}, \\ u_{\mathrm{Q_1}} = u_{\mathrm{O_1}}; \end{cases} \tag{3-53}$$

$$\begin{cases} f_{M_2} = 1.0004 - 0.0373\cos N + 0.0002\cos 2N, \\ u_{M_2} = -2.14°\sin N; \\ f_{S_2} = 1, \\ u_{S_2} = 0; \\ f_{N_2} = f_{M_2}, \\ u_{N_2} = u_{M_2}; \\ f_{K_2} = 1.0241 + 0.2863\cos N + 0.0083\cos 2N - 0.015\cos 3N, \\ u_{K_2} = -17.74°\sin N + 0.68°\sin 2N - 0.04°\sin 3N \end{cases}$$

其中，$N = N_{OG} + \omega_N t_m$（$N$ 为月球轨道升交点的经度），t_m 为中间时刻。

$$N_{OG} = 259.157° - 19.32818°(y - 1900) - 0.05295°(D + Y),$$

$$\omega_N = \frac{360}{24 \times 365.25 \times 18.6129} = 0.00220641°/h \tag{3-54}$$

（2）FES2004 模型是一个基于全球有限元网格的水动力系列模型 FES 的最新版本。该模型是在 FES2002 水动力模型基础上，同化了验潮站数据和再处理后的 T/P、ERS 卫星高度计交叉数据后得到的（同化的数据包括 671 个验潮站、337 个 T/P 和 1 254 个 ERS 卫星高度计交叉点数据），包含半日分潮 M_2、S_2、N_2、K_2、$2N_2$ 和全日分潮 K_1、O_1、Q_1、P_1，还包含了由纯水动力模型计算的 4 个水动力长周期分潮 M_m、M_f、M_{tm} 和 M_{sqm}，以及非线性的浅水分潮 M_4 分潮和大气潮 S_1。计算结果包括海洋潮、负荷潮、平衡长周期潮和非平衡长周期潮。

FES2004 模型对于任意一个天文潮汐分量的复合潮汐方程组可以拟线性化为

$$j\omega\alpha + \nabla\cdot Hu = 0$$

$$j\omega u + \boldsymbol{f} \times u = -g\nabla\cdot(\alpha + \delta) + g\nabla\Pi = Du \tag{3-55}$$

式中，$j = \sqrt{-1}$；ω 为潮汐频率，单位为 rad/s；δ 为大洋底部辐射转移；α 为大洋潮高；Π 为总潮汐势能；D 为阻力张量；$\boldsymbol{f}$ 为地球转动矢量，$\boldsymbol{f} = 2\Omega k$；$g$ 为重力加速度，一般取常量。

对于非线性成分，我们可以得到相似的形式，潮位能强制项设为零并且由天文潮波提供的非线性项来替代。举例来说，M_4 分潮的线性化方程为

$$j\omega\alpha + \nabla\cdot Hu = -\nabla\cdot\phi_c(\eta_{M_2}, u_{M_2})$$

$$j\omega u + \boldsymbol{f} \times u = -g\nabla\cdot(\alpha - \delta) - Du - \phi_m(u_{M_2}, \nabla u_{M_2}) \tag{3-56}$$

式中，$\phi_c(\eta_{M_2}, u_{M_2})$ 和 $\phi_m(u_{M_2}, \nabla u_{M_2})$ 分别为连续性方程和动量方程中在 M_4 频率的 M_2 分量的复合分量的非线性强制函数。

通过使用 P_2-拉格朗日差值以及格林公式可以将波动方程离散化

$$\langle S[\alpha], \beta_n \rangle = \int_\Omega (\mathrm{i}\omega\alpha + \nabla\beta_n \cdot M\nabla\alpha)(x)\,\mathrm{d}s = \int_\Omega \nabla\beta_n \cdot MF(x)\,\mathrm{d}s \tag{3-57}$$

式中，β_n 表示与节点 n 联系的 P_2-拉格朗日差值。

在模型有限元网格的选择上，FES2004 模型没有采用空间分辨率不均匀的 GFEM-1(global finite element model-1)网格，而采用了重新设计的 GFEM-2 网格，其分辨率为 0.125°×0.125°，为了改进潮流解在斜坡地区的急速升降引用一个新的几何约束：

$$\lambda_{u} = \frac{2\pi}{15} \frac{H}{|\nabla H|} \tag{3-58}$$

式中，λ_u 为有限元的边长；H 为当地的海深；$|\nabla H|$ 为当地海深散度的模。这个准则会增大陆架坡折地区的模型解，加速火山脊附近解的升降，整个 GFEM-2 网格大约有 500 000 个有限元和 1 000 000 个计算节点。

数据同化采用 CADOR 同化软件，基于 representer 方法，运用调和海拔数据。FES2004 模型定义了对应可使用的海面调和数据 d_k 的线性观测算子：

$$L_{k}(\alpha) = \int_{\Omega} \mu_{k}^{*}(x)\alpha(x)\,ds \tag{3-59}$$

式中，α 为海洋复合潮高；μ_k 等于观测算子的核。考虑全部同化数据，模型的误差向量可以表达为：$\boldsymbol{e}=d-L[\alpha]=\{d_k-L_k[\alpha]\}$。同化问题就是求解基于 L_2 标准的代价函数达到最小的解，代价函数定义如下：

$$J(\alpha) = \boldsymbol{e}^{*}\boldsymbol{C}_{\varepsilon}^{-1}\boldsymbol{e} + \int_{\Omega} \partial\psi^{*}(x)\,C_{i}^{-1}[\partial\psi](x)\,ds + \int_{\partial\Omega_0} \partial\alpha_0^{*}(x)\,C_0^{-1}[\partial\alpha_0](x)\,dl + \int_{\partial\Omega_c} \partial\boldsymbol{\Phi}^{*}(x)\,C_c^{-1}[\delta\boldsymbol{\Phi}](x)\,dl \tag{3-60}$$

式中，$\boldsymbol{C}_{\varepsilon}$ 为观测数据的误差协方差矩阵；C_i、C_0 和 C_c 分别为内部强制误差、开边界条件误差和刚性边界条件误差的协方差算子。第一项确定 α 解与数据之间的误差，后三项作为一个内压(internal forcing)和边界条件的函数确定 α 与预先解之间的误差。

2)固体潮

采用 IERS 中的固体潮计算模型。IERS 采用的固体地球潮模型为

$$h_{solid} = \Delta h_{m} + \Delta h_{s} + \Delta h_{e} \tag{3-61}$$

式中，Δh_m 为月球分量(包括永久形变)；Δh_s 为太阳分量(包括永久形变)；Δh_e 为地球分量(包含永久分量)。各个分量可以分别表示为

$$\begin{cases} \Delta h_{m} = h_2 \dfrac{M_m}{M_e} \dfrac{A_e^2}{D_m^3}\left(\dfrac{3}{2}\cos^2\theta_m - \dfrac{1}{2}\right) \\ \Delta h_{s} = h_2 \dfrac{M_s}{M_e} \dfrac{A_e^2}{D_s^3}\left(\dfrac{3}{2}\cos^2\theta_s - \dfrac{1}{2}\right) \\ \Delta h_{e} = 0.202 h_2 \left(\dfrac{3}{2}\sin^2\psi - \dfrac{1}{2}\right) \end{cases} \tag{3-62}$$

式中，h_2 为二阶洛夫数，是潮高与引潮位势的比值；M_e 为地球质量；M_m 为月球质量；M_s 为太阳质量；A_e 为地球平均半径；D_m 为地球到月球的距离；D_s 为地球到太阳的距离；θ_m 为地心到星下点的连线与地心到月球中心连线的夹角；θ_s 为地心到星下点连线与地心到太阳连线的夹角；ψ 为星下点处的地心纬度。

3) 极潮

极潮是通过极轴运动的离心效应而产生的，通过势能刻画如下：

$$\Delta V(r, \theta, \lambda) = -\frac{\Omega^2 r^2}{2}\sin^2\theta(m_1\cos\lambda + m_2\sin\lambda) = -\frac{\Omega^2 r^2}{2}\sin^2\theta \mathrm{Re}[(m_1 - im_2)\mathrm{e}^{i\lambda}] \tag{3-63}$$

由 ΔV 导致的径向位移 S_r 和水平位移 S_θ，S_λ 可以通过潮汐洛夫数获得

$$S_r = h_2\frac{\Delta V}{g}, \quad S_\theta = \frac{l_2}{g}\partial_\theta \Delta V, \quad S_\lambda = \frac{l_2}{g}\frac{1}{\sin\theta}\partial_\lambda \Delta V \tag{3-64}$$

式(3-64)中采用洛夫数值(h=0.602 7，l=0.083 6)，同时地球半径 $r=a=6.378\times 10^6$ m，则式(3-64)可变为

$$\begin{cases} S_r = -32\sin^2\theta(m_1\cos\lambda + m_2\sin\lambda) \\ S_\theta = -9\cos^2\theta(m_1\cos\lambda + m_2\sin\lambda) \\ S_\lambda = 9\cos\theta(m_1\sin\lambda - m_2\cos\lambda) \end{cases} \tag{3-65}$$

S_r、S_θ、S_λ 的单位皆为 mm，摆动变量(m_1，m_2)和极轴运动变量(x_p，y_p)之间的关系式为

$$m_1 = x_p - \bar{x}_p, \quad m_2 = -(y_p - \bar{y}_p) \tag{3-66}$$

其中，($\bar{x}_p$，$\bar{y}_p$)为极轴平均位置，它由 IERS 提供，可从相关网站下载，也可以通过线性关系近似出极轴路径。以下估计公式同样由 IERS 提供：

$$\bar{x}_p(t) = \bar{x}_p(t_0) + (t - t_0)\hat{x}_p(t_0), \quad \bar{y}_p(t) = \bar{y}_p(t_0) + (t - t_0)\hat{y}_p(t_0) \tag{3-67}$$

式中，$\bar{x}_p(t_0)$= 0.054，$\hat{x}_p(t_0)$= 0.000 83；$\bar{y}_p(t_0)$= 0.357，$\hat{y}_p(t_0)$= 0.003 95；t_0=2 000。$\bar{x}_p$ 和$\bar{y}_p$ 的单位为 rad · s，速率单位为(rad · s)/a。

HY-2 卫星极潮校正采用的极轴平均位置参考 T/P 卫星的经验参数：$\bar{x}_p$=0.042，$\bar{y}_p$=0.293，极轴位置 x_p 和 y_p 由 IERS 提供。

3.4.5 平均海平面模型

平均海平面采用 MSS_CNES_CLS_10 模型计算，该模型采用了 10 年的 T/P 卫星高度计数据(初始轨道)、3 年的 T/P 串接数据、8 年的 ERS-2 数据、ERS-1 的大地测量任务数据(两个 168 天的阶段)、7 年的 GFO 数据、7 年的 Envisat 数据和 7 年的 Jason-1

数据，是目前为止最新且使用高度计数据最多最全的全球平均海平面计算模型，其分辨率为 2′×2′，采用双线性插值。

3.4.6　海洋深度/陆地高程与表面类型

海洋深度/陆地高程采用 ETOPO1 模型计算，该模型可提供水与陆地两种表面类型。ETOPO1 模型通过将各种全球和区域的数据统一到同一基准上，然后经过各种处理后而得到，是拥有 1′ 网格精度的全球地形模型。

3.4.7　高频振荡校正

传统的大气逆压校正基于海面变化与大气压的简单线性关系进行计算，但忽略了大气压力动态变化和海面风的影响。相关研究指出，海平面在高频波段和中高纬度地区对于大气压力具有明显的动力响应，且在 10 天左右的周期内存在海面风的影响。逆气压改正中的海面高频振荡主要来源于大气压力动态部分和海面风等，采用 MOG2D-G 全球正压模型计算。该模型采用有限元方法进行空间离散，在地形起伏剧烈区域和浅海区适当增加空间分辨率，其有限元网格大小从开阔海域的 400 km 到近岸的 20 km 不等。动力大气改正模型（DAC 模型）由 CLS 联合 MOG2D-G 模型的高频部分（小于 20 天）得到，其有效时间自 1992 年起，空间分辨率为 0.25°×0.25°，每天提供 0:00、6:00、12:00 和 18:00 的模型计算值，其他时间通过内插得到。我们采用基于 DAC 数据插值得到高度计观测点的 DAC 校正值，然后从 DAC 值中去除大气逆压校正值（IB）的方法得出海面高频振荡。

3.4.8　固体地球算法

大地水准面数据是计算海面动力高度的重要参数之一，计算大地水准面数据主要包括两方面的内容：一是由地球重力场模型计算大地水准面网格数据；二是以计算的网格数据为基础数据，编程实现插值计算功能。

1）5′×5′大地水准面计算

大地水准面网格数据选用最新的全球重力场模型 EGM2008 进行计算，该模型分辨率能够达到 5′×5′，因此确定计算 5′×5′大地水准面网格数据。

计算的 5′×5′大地水准面网格数据参考椭球为 HY-2 卫星参考椭球，参数为：a = 637 813 6.3 m；GM = 398 600.441 5 km^3/s^2；ω = 729 211 5×10^{-11}；f = 1/298.257。

2）网格数据插值计算

在 HY-2 卫星雷达高度计数据处理中，考虑到数据处理速度，将网格数据作为基础数据存储，每个测高点的大地水准面高度都由网格数据插值得到。

3.5 HY-2卫星微波散射计数据预处理

微波散射计数据预处理主要包括几何定位算法和雷达后向散射系数的计算。星载微波散射计数据的地理定位是计算遥感器观测点在地球坐标系中坐标的处理过程。地理定位需要考虑仪器扫描几何、空间位置、天线指向、地球曲率和旋转等因素。传统的遥感数据定位方法依赖于卫星轨道，定位精度难以保障，HY-2A 卫星搭载了 GPS 传感器，提供 1 s 间隔的卫星平台定位数据，据此建立传感器观测几何与地面面元之间的几何模型，通过模型的解获得观测面元中心的地理坐标，并计算观测面元的方位角和入射角等参数，随后采用参量代换法从雷达回波信号中计算后向散射系数。

3.5.1 几何算法

1) 坐标系的定义

(1) 卫星局部直角坐标系。卫星局部直角坐标系定义如图 3-6 所示：原点为卫星质心(s/c)，S 轴指向 T 和 U 构成的平面，T 轴指向 U 和 v 构成的平面；其中，v 是卫星的惯性速度，U 和 T 是卫星局部直角坐标系的坐标轴，U 指向地心，T 垂直于 U 和 v 构成的平面。如果卫星轨道的偏心率为 0，则 S 轴与速度 v 重合。

(2) 卫星本体坐标系。卫星本体坐标系定义如图 3-7 所示：原点为卫星质心(s/c)，X_b 轴指向卫星的正前方，Y_b 轴指向卫星的右侧，Z_b 轴指向卫星的天底方向。

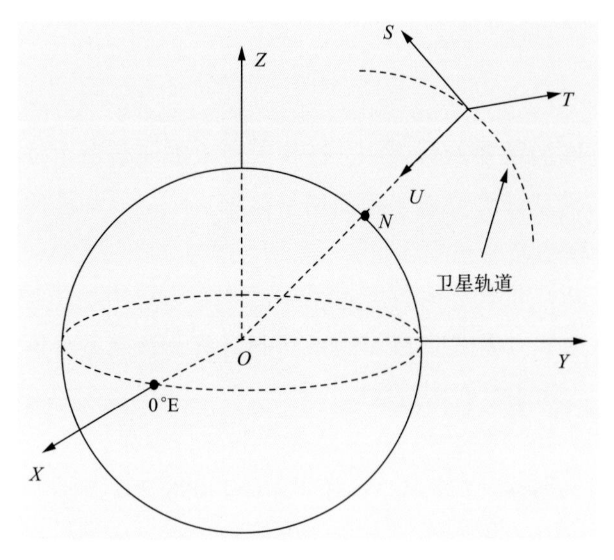

图 3-6 地心坐标系及卫星局部直角坐标系示意图

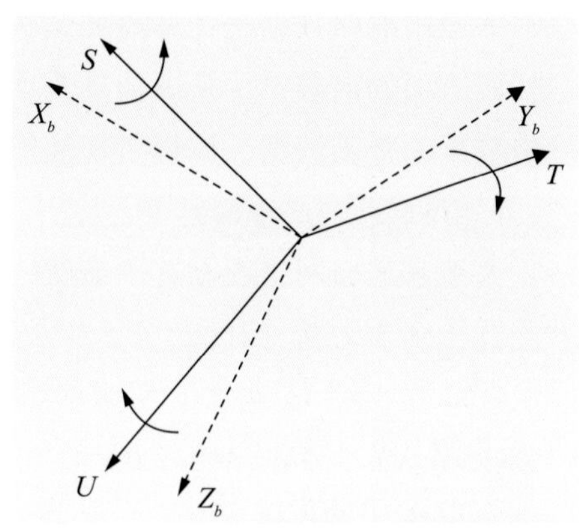

图 3-7 卫星本体坐标系定义示意图

如果侧滚、俯仰和偏航量都为0，则卫星的本体坐标系与局部直角坐标系重合。卫星的本体坐标系与局部直角坐标系可以通过围绕 T、S、U 轴旋转 P、R 和 Y 角度(即俯仰、滚动、偏航)而互相转换。

(3)地心直角坐标系。地心直角坐标系定义为：原点为地球质心，X 轴为指向0°经线，Y 轴为垂直于 X 轴，Z 轴为垂直于 $X-Y$ 轴构成的平面。

2)面元中心定位

面元中心定位是指确定散射计扫描矢量与地面交点构成的面元中心的地理坐标，假设地球为椭球体，散射计扫描矢量与椭球体构成入射角 I，$\boldsymbol{s}$ 为观测方向的单位矢量，S 为斜距，n 为法向量，$\boldsymbol{L}$ 为散射计位置矢量，$\boldsymbol{R}$ 为面元中心点位置矢量。根据图3-6所示的几何关系，可得

$$X^2 + Y^2 + Z^2/(1 - e^2) = a^2 \tag{3-68}$$

$$\boldsymbol{L} + S \times \boldsymbol{s} = \boldsymbol{R} \tag{3-69}$$

上述两式中，X、Y、Z 为面元中心坐标；e 为偏心率；a 为半长轴；$\boldsymbol{L}$ 为散射计系统在地心直角坐标系下的坐标，$\boldsymbol{L}=(x, y, z)$；$\boldsymbol{s}$ 为观测方向上的单位矢量，$\boldsymbol{s}=(s_1, s_2, s_3)$；$S$ 为斜距。将上面两个公式整理后得

$$C_1 \times S^2 + 2 \times C_2 \times S + C_3 = 0 \tag{3-70}$$

其中，

$$C_1 = s_1^2 + s_2^2 + s_3^2/(1 - e^2) \tag{3-71}$$

$$C_2 = x \times s_1 + y \times s_2 + z \times s_3/(1 - e^2) \tag{3-72}$$

$$C_3 = x^2 + y^2 + z^2/(1 - e^2) - a^2 \tag{3-73}$$

因此，利用式(3-71)至式(3-73)计算 C_1、C_2 和 C_3，求解二次方程式(3-70)，得到 S 后再利用式(3-69)求解 $\boldsymbol{R}$。

$\boldsymbol{s}$ 矢量是散射计观测方向，也就是天线最大增益方向，每一个脉冲发射时刻天线的最大增益方向可以由天线的方位角和观测视角来确定，$\boldsymbol{s}$ 计算公式如下：

$$F(1) = \sin(L) \cdot \cos(A) \tag{3-74}$$

$$F(2) = \sin(L) \cdot \sin(A) \tag{3-75}$$

$$F(3) = \cos(L) \tag{3-76}$$

式中，L 为天线视角；A 为天线方位角。

这里需要注意的是，此时的 $\boldsymbol{s}$ 处的坐标系为卫星本体坐标系，因此先要将其转换到卫星局部直角坐标系，再转换到地心直角坐标系。

$\boldsymbol{L}$ 是卫星的位置矢量，HY-2卫星自带了GPS接收机，实时记录卫星在WGS-84坐标系下的三维坐标，记录频率为1 s/次，HY-2卫星微波散射计的脉冲重复周期(PRF)为5.52 ms，因此为获取每个脉冲发射时刻卫星的位置，需要利用GPS位置数据

进行插值处理，通常采用三次样条函数插值法。

3）定位精度分析

采用对比后向散射系数分布情况与海岛边界的方式对定位精度进行估算。研究选用海南岛作为评估区域，后向散射系数分布如图 3-8 中每个点的位置对应散射计测量脉冲的指向位置，颜色对应后向散射系数的大小。从图 3-8 中可以看出，HY-2 卫星微波散射计后向散射系数分布在海陆边界，变化趋势明显，定位精度小于交轨向相邻两个脉冲之间的距离。在地图上测量可获得沿天线扫描方向相邻两点间距约为 17 km，据此可估算出定位精度为 5~8 km。

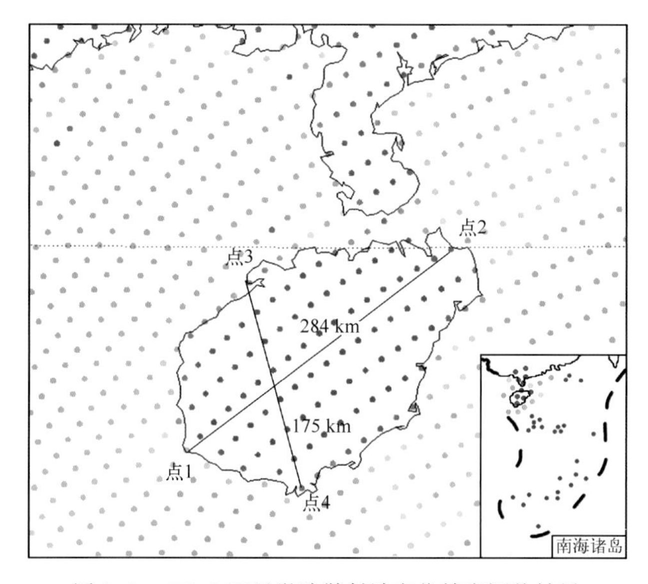

图 3-8　HY-2 卫星微波散射计定位精度评价结果

4）计算波束入射角

波束入射角定义为地球表面局部法向矢量与卫星到面元中心方向矢量之间的夹角。面元中心处的局部法向矢量为

$$\boldsymbol{n} = (2X/a^2,\ 2Y/a^2,\ 2Z/b^2) \tag{3-77}$$

式中，a 为地球的半长轴；b 为地球的半短轴。入射角可由下式计算：

$$I = 180 - \arccos\left[\frac{\boldsymbol{s} \cdot \boldsymbol{n}}{|n|}\right] \tag{3-78}$$

式中，$\boldsymbol{s}$ 为矢量($\boldsymbol{R}-\boldsymbol{r}$)的单位矢量，其中 $\boldsymbol{r}$ 为卫星的位置矢量。

5）计算观测方位角

观测方位角是指天线波束的主瓣方向与观测面元中心所在经线构成的角度，在实际计算中，首先根据地球椭球体参数方程确定面元中心点的切平面方程，然后将面元中心点所在的经线、纬线以及观测方向单位矢量投影到该切平面，此时就可以根据投影方向矢量在投影经纬线上的分量计算观测方位角。

3.5.2 物理量计算

1）信号通道测量值

HY-2 卫星微波散射计“信号通道”测量值是对数据快速傅里叶变换（fast Fourier transform，FFT）后，2 MHz 带宽内均分 8 块模平方累加的结果，每个数对应 1 个子带的能量值，按 3 dB 波束足迹计算，HY-2 卫星微波散射计回波对应的信号带宽为 630 kHz，地面信号处理时需从信号通道 8 个测量值中选取对应的数累加（相邻 3 个数），得到足迹对应的回波能量。选取方法为根据在轨卫星轨道高度确定足迹近端斜距和远端斜距，计算足迹近端回波和足迹远端回波对应的频率。

计算公式为

$$f_{\text{signal\_n}} = -k \cdot \frac{2R_{\Delta}}{c} = -k \cdot \frac{2(R_{\text{n}} - R_0)}{c} \tag{3-79}$$

$$f_{\text{signal\_f}} = -k \cdot \frac{2R_{\Delta}}{c} = -k \cdot \frac{2(R_{\text{f}} - R_0)}{c} \tag{3-80}$$

式（3-79）和式（3-80）中，$f_{\text{signal_n}}$和$f_{\text{signal_f}}$分别为足迹近端和足迹远端回波对应的频率；k 为发射线性调频信号调频斜率；R_{n} 和 R_{f} 分别为足迹近端和足迹远端对应的斜距；R_0 为设计的参考斜距。根据$f_{\text{signal_n}}$和$f_{\text{signal_f}}$的具体数值来确定信号通道需要累加的 3 个切片能量值，从而得到信号通道的总能量值。

2）雷达后向散射系数 σ^0 的计算

根据雷达方程，输入到散射计接收机的回波功率可表示为

$$P_{\text{s}} = \sigma^0 \frac{\lambda^2}{(4\pi)^3} \frac{P_{\text{t}}}{L_{\text{a}}^2 L_{\text{w}}^2} \int \frac{G_{\text{t}}(\theta, \phi) G_{\text{r}}(\theta, \phi)}{R^4} \mathrm{d}A \tag{3-81}$$

令 $I = \int \frac{G_{\text{t}}(\theta, \phi) G_{\text{r}}(\theta, \phi)}{R^4} \mathrm{d}A$，则有

$$P_{\text{s}} = \sigma^0 \frac{\lambda^2}{(4\pi)^3} \frac{P_{\text{t}}}{L_{\text{a}}^2 L_{\text{w}}^2} I \tag{3-82}$$

其中，λ 为波长；P_{t} 为雷达发射功率；L_{a} 为单程大气损耗；L_{w} 为单程波导损耗；$G_{\text{t}}(\theta, \phi)$为发射天线增益；$G_{\text{r}}(\theta, \phi)$为接收天线增益；$R$ 为雷达到被测目标的距离；I 为天线方向图在观测面元内的积分项。

根据式（3-81），σ^0 可表示为

$$\sigma^0 = \frac{(4\pi)^3 L_{\text{a}}^2 L_{\text{w}}^2}{\lambda^2 I} \cdot \frac{P_{\text{s}}}{P_{\text{t}}} = \frac{(4\pi)^3 L_{\text{a}}^2 L_{\text{w}}^2}{\lambda^2 I} \cdot \frac{P_{\text{os}} L_{\text{f}}}{P_{\text{os,c}}} \cdot \frac{G_{\text{c}}}{G_{\text{e,AGC}}} \tag{3-83}$$

式中，P_{os}为接收通道输出端测得的回波信号功率；L_f 为内定标回路损耗系数；$P_{os,c}$为接收通道输出端测得的内定标信号功率；G_c 为内定标时接收机自动增益控制值；$G_{e,AGC}$为回波测试时实时对应的接收机自动增益控制值。

HY-2 卫星获得的一轨雷达后向散射系数分布如图 3-9 所示，从图中可以看出，海表、陆地以及南北两极的雷达后向散射系数呈现各自特征，后续的反演工作将在此基础上展开，如海面风场反演、陆地土壤水分反演和极地海冰反演等。

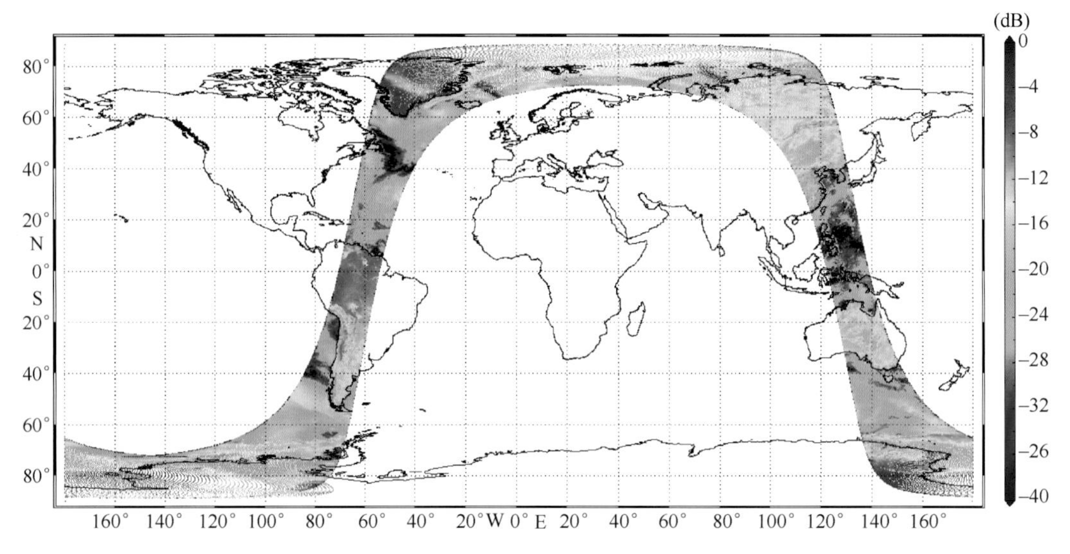

图 3-9　HY-2 卫星微波散射计观测所得的雷达后向散射系数全球分布

第4章 卫星遥感渔场环境信息提取技术

4.1 海表温度

海表温度是一个重要的海洋环境参数，几乎所有的海洋过程都直接或间接地与温度有关。海洋锋面、涡流、全球气候变化、海-气交换、厄尔尼诺和拉尼娜现象等都与海水温度密切相关，生物种群分布、洄游和繁殖等生命过程都受到海水温度的影响和制约。因此，海表温度广泛应用于海洋动力学、气象预报、环境监测和渔业经济等领域。

传统的海表温度获取手段主要是通过船只、浮标和观测站进行测量，这些方式在海表温度大面积同步观测数据获取上存在不足，借助卫星遥感手段可以更方便快捷地获取全球大面积海表温度数据。目前，卫星遥感监测海表温度包括热红外和被动微波辐射计两种方式，这两种方式各有优缺点：热红外辐射计具有较高的地面分辨率和观测精度，但受大气影响较多，需要进行大气校正，并且在有云的情况下无法观测到有效的结果；微波辐射计观测精度和地面分辨率较差，但穿透云层的能力很强，对大气的影响则不甚敏感，仅在降雨时受到影响。无论是热红外遥感还是被动微波辐射计测量，都各有利弊，因此，要充分利用两者的优势，综合使用两种方法进行海表温度观测。

4.1.1 被动微波辐射计海表温度提取

微波辐射计主要观测物体的微波辐射，微波的波长在 0.1~100 cm，能够穿透云层，具有全天时、全天候的工作特点。被动微波辐射计观测到的是物体表面的亮温，用瑞利-金斯辐射定律表达，它通常是发射辐射和传播途中媒介的影响复合产生的结果。星载微波辐射计观测海面时，接收到的亮温是海面发射辐射通过大气衰减，进入辐射计天线面元的辐射通量，因此大气和海洋参数不能独立产生，为了获取其中任何一个参数，都要将全部的参数解出，或者对部分参数进行近似估算替代，然后计算其余参数。进行微波辐射计海表温度提取，需要了解整个辐射传输过程，建立完善的辐射传输模型，消除其余因素的影响，以获取最终的海表温度。

1）辐射传输模型

对于被动微波遥感来说，最重要的量是单色辐照度 $L(\theta, \phi)$，其定义为在球面坐标系下，沿(θ, ϕ)方向传播的单位频率、单位立体角的辐射通量密度，单位为 $J/(s \cdot m^2 \cdot sr \cdot Hz)$。此外，还要考虑辐射计的极化方式。通常把传输信号分解成为水平极化和垂直极化两部分，用 H 和 V 表示，在以后的表达式中用 p 表示。根据比尔（Beer）定律，沿路径 ds 的辐射衰减（消光）与沿路径的质量密度 ρ 成正比，即

$$dL = -k_e \rho L ds \tag{4-1}$$

式中，k_e 为质量消光系数，$k_e = k_a + k_s$，其中 k_a 为质量吸收系数，k_s 为质量散射系数，当使用体消光、吸收和散射系数时，分别乘以密度即可。与辐射衰减相对应的是辐射的热发射和散射。根据基尔霍夫（Kirchhoff）定律，物质的热辐射和吸收系数与普朗克（Planck）函数 $B(t)$ 成正比：

$$B(t) = \frac{2h\nu^3}{c^2(e^{h\nu/kt} - 1)} \tag{4-2}$$

式中，t 为热力学温度；c 为光速；h 为普朗克常量；k 为玻耳兹曼（Boltzmann）常数。由于散射引起的辐射增强可以表示为单次散射反照率 $\omega = k_s/k_e$ 和辐照度 L 对立体角的加权平均值的乘积，权为 $r(\theta, \phi; \theta', \phi')$。通过以上定义，完整的辐射传输方程（radiative transport equation，RTE）表示为

$$dL(\theta, \phi) = k_e \left[(1-\omega)B(t) - L(\theta, \phi) + \frac{\omega}{4\pi}\iint r(\theta, \phi; \theta', \phi')L(\theta, \phi)\sin\theta \, d\theta d\phi \right] ds \tag{4-3}$$

对于微波辐射，应用瑞利-金斯近似，L 可以用亮温 T_B 表示：

$$T_B = \frac{\lambda^4 B(t)}{2kc} \tag{4-4}$$

当辐射通过大气传输时，会受到大气的影响，辐射传输偏微分方程可以表示为

$$\frac{\partial T_B}{\partial s} = -\alpha(s)[T_B(s) - T(s)] \tag{4-5}$$

式中，s 为大气中的传输距离；$\alpha(s)$ 为 s 处的吸收系数；$T(s)$ 为 s 处的大气温度。此方程简单表示了微波辐射到达 s 处经过衰减和吸收后 T_B 的变化，可以令 $s=0$ 表示地球表面，$s=S$ 表示大气顶层的冷空间。微波辐射计接收的上行亮温 $T_{B\uparrow}$ 是直接的表面发射和经粗糙表面散射的大气下行辐射的总和（Peake，1959；Wentz et al.，2000）：

$$T_{B\uparrow}(k_i, 0) = E(k_i)T_s + \frac{\sec\theta_i}{4\pi}\int_0^{\frac{\pi}{2}}\sin\theta_s d\theta_s \int_0^{\frac{\pi}{2}} d\phi_s T_{B\downarrow}(k_s, 0)[\sigma_{0,c}(k_s, k_i) + \sigma_{0,x}(k_s, k_i)] \tag{4-6}$$

式中，T_B 的下角标代表传播方向，传播路径为 s，单位传输矢量 k_s 和 k_i 分别代表上行和下行辐射传播方向：

$$k_i = [\cos\phi_i \sin\theta_i,\ \sin\phi_i \sin\theta_i,\ \cos\theta_i] \tag{4-7}$$

$$k_s = -[\cos\phi_s \sin\theta_s,\ \sin\phi_s \sin\theta_s,\ \cos\theta_s] \tag{4-8}$$

式(4-6)中，第一项是海表面辐射，由海表温度 T_s 和海面发射率 $E(k_i)$ 决定。第二项是下行辐射 $T_{B\downarrow}(k_s)$ 散射到 k_i 方向上的辐射积分，积分是对 2π 弧度球面的上半部分进行积分，粗糙海面的散射特性用分置归一化雷达散射截面 $\sigma_{0,c}(k_s,\ k_i)$ 和 $\sigma_{0,x}(k_s,\ k_i)$ 表示，代表了由 k_s 方向散射进入 k_i 方向的部分能量，c 和 x 分别代表了同极化(入射和出射极化相同)和交叉极化(入射和出射极化垂直)，后向散射截面同时决定了表面反射率：

$$R(k_i) = \frac{\sec\theta_i}{4\pi}\int_0^{\frac{\pi}{2}} \sin\theta_s \mathrm{d}\theta_s \int_0^{\frac{\pi}{2}} \mathrm{d}\phi_s [\sigma_{0,c}(k_s,\ k_i) + \sigma_{0,x}(k_s,\ k_i)] \tag{4-9}$$

由基尔霍夫定律，表面发射率 $E(k_i)$ 可以表示为

$$E(k_i) = 1 - R(k_i) \tag{4-10}$$

对于大气顶层来自宇宙的背景辐射 T_C 基本为常量(2.7 K)。

综合上述，即可得到大气顶层微波辐射计接收到的亮温为

$$T_{B\uparrow}(k_i,\ S) = T_{BU} + \tau[ET_s + T_{B\Omega}] \tag{4-11}$$

式中，T_{BU} 是上行大气辐射贡献；$T_{B\Omega}$ 为式(4-6)中的表面散射的积分；E 为海面发射率；τ 为海面到大气顶层的辐射传输透过率。

微波辐射在大气中两点之间传输发生的变化可以用传输方程来表示(Wentz et al., 2000)：

$$\tau(s_1,\ s_2) = \exp\left[-\int_{s_2}^{s_1} \alpha(s)\mathrm{d}s\right] \tag{4-12}$$

式(4-12)代表了点 s_1 与 s_2 之间的传输透过率。对海洋观测，$\tau=\tau(0,\ S)$，表示由海面到大气顶层的辐射传输透过率。因此，大气的上行辐射亮温和下行辐射亮温可以表示为

$$T_{BU} = \int_0^s \alpha(s)T(s)\tau(s,\ S)\mathrm{d}s \tag{4-13}$$

$$T_{BD} = \int_0^s \alpha(s)T(s)\tau(0,\ S)\mathrm{d}s \tag{4-14}$$

天空辐射的散射积分表示为

$$T_{B\Omega} = \frac{\sec\theta_i}{4\pi}\int_0^{\frac{\pi}{2}} \sin\theta_s \mathrm{d}\theta_s \int_0^{\frac{\pi}{2}} \mathrm{d}\phi_s (T_{BD} + \tau T_c)[\sigma_{0,c}(k_s,\ k_i) + \sigma_{0,x}(k_s,\ k_i)] \tag{4-15}$$

已知大气中各个点的温度 T_s 和吸收系数 α，联合表面收发装置的散射截面分布，即可严格计算出 T_B。但实际情况下，无法获取整个大气空间温度和吸收系数的三维数

据，而且为了简化算法模型，假设了统一的地平线，即吸收仅与高度有关，从而使得吸收系数的积分变量由 ds 变为 dh，注意到对球形的地球：

$$\frac{\partial s}{\partial h} = \frac{1 + \delta}{\sqrt{\cos^2\theta + \delta(2 + \delta)}} \tag{4 - 16}$$

式中，θ 为 θ_s 或 θ_i；$\delta = h/r_E$，其中 r_E 是地球半径。在对流层 $\delta \ll 1$，在 $\theta < 60°$时可以近似表示为

$$\frac{\partial s}{\partial h} = \sec\theta \tag{4 - 17}$$

根据统一地平线的假设，上面的方程可以简化为

$$\tau(h_1, h_2, \theta) = \exp\left[-\sec\theta \int_{h_2}^{h_1} \alpha(h)\mathrm{d}h\right] \tag{4 - 18}$$

$$\tau = \tau(0, H, \theta_i) \tag{4 - 19}$$

$$T_{BU} = \sec\theta_i \int_0^H \alpha(h) T(h) \tau(h, H, \theta_i)\mathrm{d}h \tag{4 - 20}$$

$$T_{BD} = \sec\theta_s \int_0^H \alpha(h) T(h) \tau(0, h, \theta_s)\mathrm{d}h \tag{4 - 21}$$

这样，仅需大气中 $\alpha(h)$、$T(h)$ 的垂直廓线和海面散射截面分布，通过辐射传输模型即可计算微波辐射计接收到的亮温。反过来，在获得了微波辐射计观测的海面亮温后，根据微波辐射传输模型，消除大气吸收和粗糙海面的影响，即可获得真实的海表温度。微波辐射计工作原理如图 4-1 所示。

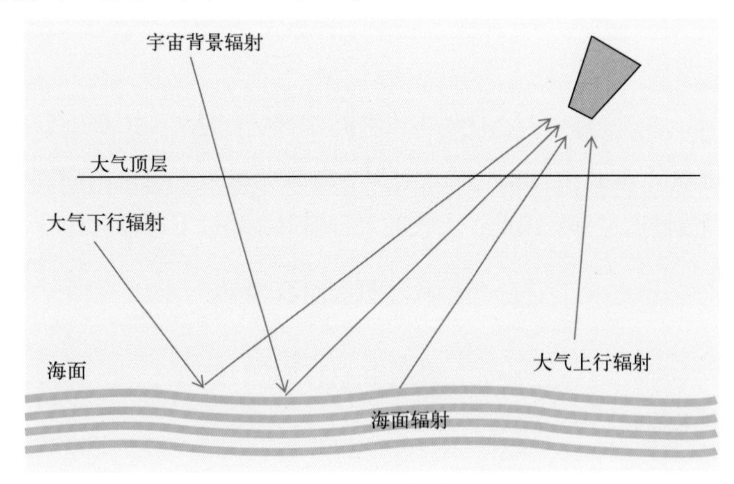

图 4-1　微波辐射计工作原理图

2) 大气传输的影响

对于低于 100 GHz 的微波谱段，大气吸收主要由三部分组成：氧气吸收、水蒸气吸收和液态水吸收(Waters，1976)。总的大气吸收系数可以表示为三种吸收系数的总和：

$$\alpha(h) = \alpha_o(h) + \alpha_V(h) + \alpha_L(h) \tag{4-22}$$

假设大气中各参数的垂直积分吸收系数：

$$A_I = \int_0^H \mathrm{d}h\alpha_I(h) \tag{4-23}$$

式中，h 代表高度，下标代表 3 种参数，则总的大气透过率可以表示为

$$\tau = \exp\left[-(A_o + A_V + A_L)\sec\theta\right] \tag{4-24}$$

大量研究表明，氧气和水蒸气的吸收系数与频率、温度、压力及水蒸气密度有关，大气的垂直积分氧气含量在全球范围几乎是常量，仅随大气温度有微小变化。Wentz 等(2000)根据无线电探空数据，给出了在高级微波扫描辐射计(advanced microwave scanning radiometer，AMSR)的观测频率上大气氧气吸收与大气下行辐射之间的近似关系，大气的垂直积分氧气吸收可以由有效大气下行辐射推算出：

$$A_o = a_{o1} + a_{o2}(T_D - 270) \tag{4-25}$$

该近似在 23.8 GHz 以下频率，误差小于 0.000 3 Np；在 36.5 GHz 时，误差也仅有 0.000 8 Np，0.001 Np 的差别对应于亮温约为 0.5 K 的变化，基本可以忽略。

对水蒸气，在 22.235 GHz 有一个强的吸收峰，因为 22 GHz 吸收峰发生在水蒸气而不是液态水，通过这个尖峰的存在与否可以从液态水中识别水蒸气。因此，为校正微波辐射在大气传输中受水蒸气的影响，被动微波辐射计一般要同时包含 22 GHz 通道对水蒸气含量的观测。微波辐射大气水蒸气吸收系数与大气中水蒸气含量基本是线性关系(Wentz et al.，2000)：

$$A_V = a_{V1}V + a_{V2}V^2 \tag{4-26}$$

在 6.9 GHz 和 10.7 GHz，此近似的均方根误差小于 0.000 2 Np，基本可忽略。

大气中液态水的影响则相对复杂，由于在微波波段，波长与分子尺度相比大得多，云水滴对微波辐射的散射作用相对吸收可以忽略不计，因此在无雨的情况下，可以用瑞利散射定律近似表示(Wentz et al.，2000)：

$$\alpha_L = \frac{6\pi\rho_L(h)}{\lambda\rho_0}\mathrm{Im}\left[\frac{1-\varepsilon}{2+\varepsilon}\right] \tag{4-27}$$

式中，ρ_0 为水的密度；$\rho_L(h)$ 为大气中云液态水的密度，是高度 h 的函数；ε 是介电常数。

式(4-27)转换成大气中垂直积分云液态水含量表示：

$$A_L = \frac{0.6\pi L}{\lambda}\mathrm{Im}\left[\frac{1-\varepsilon}{2+\varepsilon}\right] \tag{4-28}$$

其中，

$$L = 10\int_0^H \rho_L(h)\,\mathrm{d}h \tag{4-29}$$

当出现降雨时，则需要用米氏散射理论来描述大气液态水吸收。当降雨率未超过

2 mm/h 时，6~37 GHz 下，米氏散射计算可以实现下面的近似(Wentz et al.，2000)：

$$A_r = \alpha_{L3}[1 + \alpha_{L4}(T_L - 283)]Hr^{\alpha_{L5}} \tag{4-30}$$

这里用到雨滴的尺寸分布模式，其中雨的高度可以近似表示为

$$H = 1 + 0.14(T_s - 273) - 0.0025(T_s - 273)^2 \quad (T_s < 301) \tag{4-31}$$

$$H = 2.96 \quad (T_s \geqslant 301) \tag{4-32}$$

其中，T_s 代表海表温度，而雨率 R 与液态水密度 L 有关。

3)海面粗糙度的影响

在海洋表面，风产生波和泡沫，这两项都会影响海面的发射率，因此我们将海面分为两部分考虑：风生海面和平静海面。总的海面发射率可以看作风生海面发射率和平静海面发射率的和(王振占等，2005)。

$$e = e_{clear} + e_w + \Delta e \tag{4-33}$$

式中，Δe 为风向引起的发射率变化，假设在辐射计足印里的海面可以分为泡沫覆盖区和没有泡沫的覆盖区，且整个表面被泡沫覆盖的区域为 f，则总的发射率可以表示为

$$e = (1-f)e_{clear} + fe_w + \Delta e \tag{4-34}$$

对于反射率，可以简化表示：

$$R = \Omega(1-e) \tag{4-35}$$

式中，Ω 表示粗糙表面引起的反射率变化的校正系数。

(1)平静海面发射率。在不考虑大气中各种离子的贡献时，微波辐射计探测到的海面亮温 T_B 与海表温度 T_s 具有简单的关系，根据瑞利-金斯定理，可以表示为

$$T(f, \theta, \phi, T_{SST}) = e(f, \theta, \phi)T_{SST} \tag{4-36}$$

式中，$T(f, \theta, \phi, T_{SST})$ 为微波辐射计探测的海面亮温；T_{SST} 为海表面热力学温度；$e(f, \theta, \phi)$ 为海面发射率。

根据基尔霍夫定律，平静海面的发射率 e 与菲涅耳反射率 ρ 之间的关系是

$$e_{H,V}(f, \theta, \phi) = 1 - \rho_{H,V}(f, \theta, \phi) \tag{4-37}$$

式中，下角标 H 和 V 分别表示水平极化和垂直极化；f 为频率；θ 为观测的入射角，即卫星的观测方向与海面法线之间的夹角；ϕ 为方位角，代表辐射计观测与风向的夹角。平静海面的菲涅耳反射率表达式：

$$\rho_H(\theta) = |R_H(\theta)|^2 = \left|\frac{\cos\theta - \sqrt{-\sin^2\theta}}{\cos\theta + \sqrt{-\sin^2\theta}}\right|^2 \tag{4-38}$$

$$\rho_V(\theta) = |R_V(\theta)|^2 = \left|\frac{\varepsilon_r\cos\theta - \sqrt{-\sin^2\theta}}{\varepsilon_r\cos\theta + \sqrt{-\sin^2\theta}}\right|^2 \tag{4-39}$$

式中，$R_H(\theta)$ 和 $R_V(\theta)$ 分别代表水平极化和垂直极化状态下的菲涅耳反射系数，它的绝

对值平方等于菲涅耳反射率 ρ；ε_r 为复相对电容率，海水的复相对电容率可由德拜方程(Debye equation)计算：

$$\varepsilon_r(\omega, T_s, S_s) = \varepsilon_\infty + \frac{\varepsilon_s - \varepsilon_\infty}{1 - i\omega\tau} + i\frac{\sigma}{\omega\varepsilon_0} \tag{4-40}$$

其中，ω 为电磁波的频率；T_s 为海表温度；S_s 为海面盐度；ε_∞ 为无限高频相对电容率；ε_s 为静态相对电容率；τ 为张弛时间；σ 为离子电导率；ε_0 为真空中的电容率。

(2)风生海面发射率。风影响海面发射率取决于海面粗糙度，平静海面的发射是高度极化的，当海表面变粗糙时，海面发射率增加，极化变小。影响海面发射率变化的因素主要有三个方面：比混合了垂直极化和水平极化微波波长要长的表面波改变了局部入射角，这种现象就相当于许多小的镜面反射的结合；混合了空气和水的泡沫增加了两种极化方向的发射率；比辐射波波长小的表面波发生了衍射。

以上三种效果可以参数化为大尺度粗糙度的均方根坡度、泡沫覆盖率和小尺度波的均方根高度，每一项都与风速有关。Wentz(1975，1983)基于泡沫、衍射模型与风速的关系，计算了粗糙海面发射率，与观测结果基本吻合。除了受风速影响，大尺度均方根坡度和小尺度均方根高度还与风向有关，海表面坡度的概率密度函数在顺风方向和垂直风向是不同的。

风生海面发射率有多种近似的计算方法，海面泡沫覆盖率(Monahan et al.，1980)：

$$f = 1.95 \times 10^{-5} u^{2.55} \tag{4-41}$$

王振占等(2009)将风生海面发射率表示为海面风速的函数：

$$e_w = a_1 w^2 + a_2 w + a_3 \tag{4-42}$$

海面反射率的校正系数对于垂直极化和水平极化可以表示为

$$\Omega = \frac{1 - \tau^\Theta}{1 - \tau} \tag{4-43}$$

$$\Theta = a_0 + a_1\sigma + a_2\sigma^2 + \ln A(b_0 + b_1\sigma + b_2\sigma^2) + \ln^2 A(c_0 + c_1\sigma + c_2\sigma^2) \tag{4-44}$$

式中，A 为大气光学厚度，$A = -\ln\tau/\sec\theta$；σ 为海面坡度方差，是风速的线性函数，而且随着频率 f(单位为 GHz)的变化而变化，其表达式为(Wilheit，1979)：

$$\sigma(f) = \begin{cases} (0.3 + 0.02f)(0.00512W_{10} + 0.003) & (f < 35\ \text{GHz}) \\ 0.00512W_{10} + 0.003 & (f \geq 35\ \text{GHz}) \end{cases} \tag{4-45}$$

风向引起发射率的变化表示为

$$\Delta e = a\cos\theta + b\cos 2\theta \tag{4-46}$$

且微波辐射计接收到的亮温中风向信号 ΔT：

$$\Delta T = \tau[T_s - \Omega(T_{BD} + \tau T_{BC})](a\cos\phi + b\cos 2\phi) \tag{4-47}$$

4)微波辐射计海表温度反演算法

目前，微波辐射计反演海表温度主要有统计算法和半经验统计算法。统计算法主要是建立海表温度与同步观测辐射计亮温之间的统计关系，反演表达式简洁，计算简便，但缺乏对其他影响辐射亮温的物理量进行分析，且由于海表温度现场观测高海况出现的频率小，缺乏统计算法建立的样本数量。此类算法一般适用于区域、通常情况下的海表温度反演，无法推广到全球海域，且会反演出高海况下的海表温度。基于辐射传输模型模拟结果的半经验统计算法，针对各参数对辐射亮温的贡献有比较明确的分析，充分考虑了各种海况下环境参数的影响，应对全海况有较高的反演精度，是目前海表温度反演的主流算法。

美国最早于1962年用Mariners装载2通道微波辐射计探测金星，这是人类第一次应用星载微波辐射计进行观测应用。最早应用于海洋的微波辐射计为1972年美国发射的Nimbus-5卫星上搭载的电子微波扫描辐射计(electrically scanning microwave radiometer, ESMR)，它包含一个19 GHz通道，交叉轨迹扫描，之后的微波辐射计均采用圆锥扫描。美国在1978年发射的Seasat-A海洋卫星上搭载的多通道微波扫描辐射计(scanning multichannel microwave radiometer, SMMR)传感器为第一台圆锥扫描辐射计，该辐射计虽然在海表温度测量上存在很大的误差，但是在微波辐射计观测海表温度的可行性上作出了卓越贡献。随后发射的专用微波传感器成像仪(special sensor microwave imager, SSM/I)是美国国防气象卫星上搭载的微波辐射计。相比SMMR，SSM/I拥有一个额外的校准系统，提供了稳定可靠的观测数据，但是由于最低频率为19.35 GHz，没有低频，无法有效地反演海表温度。1997年，日本和美国合作发射的热带降雨测量任务(tropical rain mapping mission, TRMM)卫星上搭载的微波成像仪(TRMM microwave imager, TMI)，其低频到10.7 GHz，使之成为第一个能穿透云层准确测量海表温度的辐射计，第一次提供了真实反演海表温度的机会。由于轨道限制，TMI的观测范围为40°N—40°S的区域。2002年，NASA发射的对地观测系统(EOS)搭载了高级微波扫描辐射计(AMSR-E)，AMSR-E是早先发射的运行周期较短的AMSR的改良版本，其频率覆盖了6.9~89 GHz，能同时观测海表温度、大气参数和海冰，通道全部有垂直和水平双极化观测模式，拥有一个更大的抛物面反射器。2012年，日本发射的全球水环境变化观测任务(global change observation mission-water 1, GCOM-W1)卫星上搭载了先进的AMSR-2，提高了观测分辨率和精度，海表温度反演精度达到了0.5℃。

我国的微波辐射计起步较晚，2002年发射的“神舟4号”飞船上搭载了一台多波段微波辐射计，实现了我国星载微波辐射计的突破。该微波辐射计频率包括6.6 GHz、13.9 GHz、19.3 GHz、23.8 GHz和37 GHz，在轨运行期间获取了大量的科学数据，为我国微波辐射计发展积累了非常多的经验。2008年，我国发射了新一代极轨气象卫星

“风云三号”，所搭载的微波成像仪 MWRI 成为我国第一个在轨运行的星载微波遥感器，其低频到 10. 65 GHz，可进行海表温度反演。2011 年发射的 HY-2 卫星也搭载了微波扫描辐射计，频率覆盖范围为 6. 9～37 GHz，共 9 个通道，实现了海表温度、海面风场和部分大气参数的同时观测，其回归周期为 14 天，两天即可实现对全球 90%以上的海面进行观测(图 4-2)。

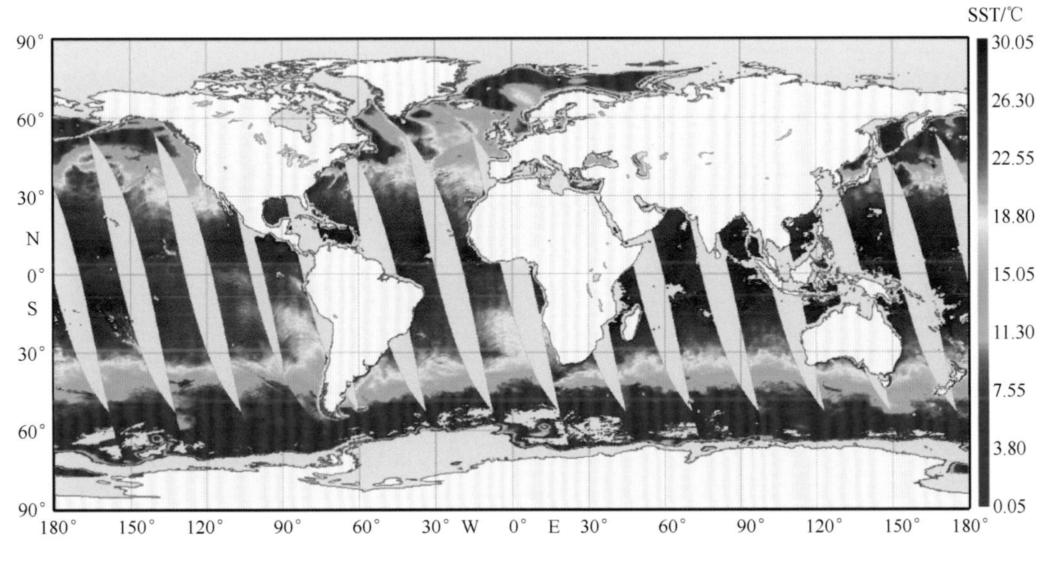

图 4-2　HY-2 卫星微波扫描辐射计海表温度反演结果

(1)D-矩阵算法。D-矩阵算法最早是 SMMR 海表温度反演的一种统计算法，后来也被用于 SSM/I 等多种微波辐射计的海表温度反演。该算法是通过辐射计观测亮温与浮标观测数据匹配建立的统计反演算法(殷晓斌等，2006)：

$$\boldsymbol{SST} = [D_0, D_1, D_2, D_3, D_4, D_5]\begin{bmatrix} 1 \\ T_B(19.4V) \\ T_B(19.4H) \\ T_B(22.2V) \\ T_B(37V) \\ T_B(37H) \end{bmatrix} \tag{4-48}$$

通过大量的现场观测浮标数据，进行匹配后，可计算系数 D_j 的值，进行海表温度反演。

(2)多元线性回归算法。该算法是目前微波辐射计海表温度反演常见的业务化反演算法，现已用于 AMSR-E 等微波辐射计的海表温度业务运算(Wentz et al.，1999)，通过准确可靠的辐射传输模型，实现多种地球物理参数的反演。

考虑一个列向量 $\boldsymbol{X}$ 作为一组输入，列向量 $\boldsymbol{Y}$ 作为一组输出的线形过程，这个过程

通过矩阵 $\boldsymbol{A}$ 把 $\boldsymbol{Y}$ 和 $\boldsymbol{X}$ 联系起来：

$$\boldsymbol{Y} = \boldsymbol{A}\boldsymbol{X} \tag{4-49}$$

$\boldsymbol{Y}$ 的测量值通常包括噪声 $\boldsymbol{\varepsilon}$，表示为

$$\boldsymbol{Y}' = \boldsymbol{Y} + \boldsymbol{\varepsilon} = \boldsymbol{A}\boldsymbol{X} + \boldsymbol{\varepsilon} \tag{4-50}$$

反演就是用给定的 $\boldsymbol{Y}'$来估算 $\boldsymbol{X}$。估算 $\boldsymbol{X}$ 最常使用的方法是找到 $\boldsymbol{X}$ 的值使 $\boldsymbol{Y}$ 和 $\boldsymbol{Y}'$之间的方差最小。通常使用最小二乘法解决这个问题：

$$\hat{\boldsymbol{X}} = (\boldsymbol{A}^{\mathrm{T}}\boldsymbol{\Xi}\boldsymbol{A})^{-1}\boldsymbol{A}^{\mathrm{T}}\boldsymbol{\Xi}\boldsymbol{Y}' \tag{4-51}$$

式中，$\boldsymbol{\Xi}$ 是误差向量 $\boldsymbol{\varepsilon}$ 的相关矩阵。如果误差是不相关的，那么 $\boldsymbol{\Xi}$ 就是对角矩阵。

对于遥感应用而言，系统输入向量 $\boldsymbol{X}$ 是一系列地物参数 P，输出向量 $\boldsymbol{Y}$ 是一系列 T_{B} 测量值。注意到 $\boldsymbol{X}$ 和 $\boldsymbol{Y}$ 是 P 和 T_{B} 的非线性函数，不违反 $\boldsymbol{X}$ 和 $\boldsymbol{Y}$ 之间线性度的要求。例如，T_{B} 和大气参数 V、L 可以近似表示为

$$T_{\mathrm{B}} \approx T_{\mathrm{E}}\{1 - R\exp[-2\sec\theta_{\mathrm{i}}(A_{\mathrm{o}} + a_{\mathrm{V}}V + a_{\mathrm{L}}L)]\} \tag{4-52}$$

式中，T_{E} 是海洋-大气系统的有效温度，是一个相对常量，那么

$$\ln(T_{\mathrm{E}} - T_{\mathrm{B}}) = \ln(RT_{\mathrm{E}}) - 2\sec\theta_{\mathrm{i}}(A_{\mathrm{o}} + a_{\mathrm{V}}V + a_{\mathrm{L}}L) \tag{4-53}$$

由此可以看出，通过把 $\boldsymbol{Y}=T_{\mathrm{B}}$ 变形为 $\boldsymbol{Y}=\ln(T_{\mathrm{E}}-T_{\mathrm{B}})$ 就可以把 T_{B} 和 V、L 之间的关系线性化。Wilheit 等(1980)使用了这种方法，并且令 $T_{\mathrm{E}}=280$ K，进一步展开，$\boldsymbol{Y}$ 就会包括高次项(如 T_{B}^2 等)。

同理，输入 $\boldsymbol{X}$ 也可以成为地物参数 P 的非线性转化。例如，T_{B} 对风速的变化量 $\frac{\partial T_{\mathrm{B}}}{\partial W}$ 随着风速增加而增加。这种关系可用下面的多个线性关系表示：

$$W' = W \quad (W < W_1) \tag{4-54}$$

$$W' = W + M_1(W - W_1)^2 \quad (W_1 \leqslant W \leqslant W_2) \tag{4-55}$$

$$W' = M_2W - M_3 \quad (W > W_2) \tag{4-56}$$

这样，线性度的要求在形式上就有所改变，一个总的线性统计回归算法可以表示为

$$P_j = R\left[c_{0j} + \sum_{i=1}^{I} c_{ij}\Im(T_{\mathrm{B}i})\right] \tag{4-57}$$

其中，R 和 $\Im$ 是线性函数。下标 i 代表辐射计的通道，下标 j 代表要反演的参数。

从原理上来讲，如果给出矩阵 $\boldsymbol{A}$ 和误差相关矩阵 $\boldsymbol{\Xi}$，系数 c_{ij}就可以从式(4-57)得出。然而，即使使用线性化的函数之后，$\boldsymbol{Y}$ 和 $\boldsymbol{X}$ 之间还不是严格的线性关系，矩阵 $\boldsymbol{A}$ 的元素还不是常数，而是随 P 变化的变量。当然我们可以导出一个 $\boldsymbol{Y}$ 与 $\boldsymbol{X}$ 的近似线性关系式，然后再用式(4-57)导出系数 c_{ij}。

针对 AMSR-E，Wentz 等(2000)根据全球的探空和浮标数据，得到全球不同区域和时期的海水盐度、海表温度、海面风速、风向、水汽含量和液态水含量的组合，利用 RTM 模型计算各个观测通道的亮温值，然后根据最小二乘回归找到反演参量和物

理模型计算亮温的线性经验方程的系数，线性经验方程如下：

$$SST = c_0 + \sum_{i=1}^{I} c_i F_i \tag{4-58}$$

式中，c_i 是反演系数；$F_i(i=1, 2, 3, \cdots)$分别由各个通道的亮温数据转换而来

$$F_i = T_{Bi} \quad (\text{对于 6.6 GHz 和 10.7 GHz}) \tag{4-59}$$

$$F_i = -\ln(290 - T_{Bi}) \quad (\text{对于 18.7 GHz、23.8 GHz 和 37 GHz}) \tag{4-60}$$

在国内，刘松涛等(2006)、伍玉梅等(2007)基于该算法建立了 AMSR-E 的海表温度反演算法。王雨等(2011)利用 TMI 的观测数据，通过模拟计算，建立了适用于非降水条件下的海表温度反演算法，通过与浮标观测数据的比较，反演精度达到了 0.66 K。孙立娥等(2012)利用 FY-3B MWRI 亮温与 TAO 浮标建立多元线性回归海表温度反演算法，验证后的海表温度反演精度达到0.81 K。王振占等(2014)也基于该算法，建立了 HY-2 卫星微波扫描辐射计海表温度反演算法，能够分别在有雨及无雨的情况下进行海表温度反演。

(3)非线性迭代算法。Wentz 等(2000)基于辐射传输模型，提出了一种更加严格的非线性迭代反演算法。根据辐射传输模型，微波辐射计观测的亮温可以表示为各物理环境参数的函数：

$$T_{Bi} = F_i(P) + \varepsilon_i \tag{4-61}$$

式中，i 为观测通道；ε_i 为测量噪声。利用牛顿迭代法，通过泰勒公式展开：

$$T_{Bi} = F_i(\bar{P}) + \sum_{j=1}^{4} (P_j - \bar{P}_J) \left.\frac{\partial F_i}{\partial P_j}\right|_{\bar{P}} + o^2 + \varepsilon_i \tag{4-62}$$

其中，$F_i(\bar{P})$为首项；o^2 表示展开式中的高阶项，将方程组用矩阵的形式表示：

$$\Delta \boldsymbol{T}_B = \boldsymbol{A}\Delta \boldsymbol{P} + o^2 + \boldsymbol{\varepsilon} \tag{4-63}$$

$\boldsymbol{A}$ 为 $i \times j$ 的矩阵，$\Delta \boldsymbol{T}_B$、$\Delta \boldsymbol{P}$ 和 $\boldsymbol{\varepsilon}$ 为行向量，

$$A_{ij} = \left.\frac{\partial F_i}{\partial P_j}\right|_{\bar{P}} \tag{4-64}$$

$$\Delta T_{Bi} = T_{Bi} - F_i(\bar{P}) \tag{4-65}$$

$$\Delta P_j = P_j - \bar{P}_j \tag{4-66}$$

忽略高阶项，则方程的解为

$$P = \bar{P} + (\boldsymbol{A}^T \boldsymbol{\varXi}^{-1} \boldsymbol{A}) \boldsymbol{A}^T \boldsymbol{\varXi}^{-1} \Delta \boldsymbol{T}_B \tag{4-67}$$

式中，$\boldsymbol{\varXi}$ 是误差相关矩阵，通过调整初始值使计算值无限接近测量的真实值。以 P 代替 $\bar{P}$ 不断重复，对于无噪声的情况，方程可以得到确切的解；对于有噪声的情况，$\Delta \boldsymbol{T}_B$ 达到最小值时，得到方程的解。获得最终的参数值，初值的选取非常重要，但并不影响最终结果。由于此算法在部分情况下无法有效收敛，因此没有在业务算法中推广开来。

(4)神经网络反演算法。神经网络反演算法是一种模仿人类大脑神经元网络特征，

通过不断调节内部节点之间的关系，逐步迭代完善的一种统计算法。神经网络算法目前应用广泛，在微波辐射计反演方面应用较广的神经网络模型主要是BP网络模型，该模型主要包括一个或多个输入层，一个或多个中间层，一个输出层，每个层包含一个或者多个节点，一般输入信号先传播到相应的隐含节点，经过特征为sigmoid的特征函数，把隐含节点的输出信号传播到相应的输出节点，进而得到数据的结果。神经网络的训练过程包括正向和反向两部分，在正向传播过程中，输入数据从输入层开始，经过隐含层逐层处理，最后传播给相应的输出层。如果输出层的输出值与期望值存在较大的差异，则转入反向传播，即将误差信号沿原来的链路返回，修改各层神经元的权值，通过反复修正，使误差信号不断减小至最小。如果隐含层单元数太多，则会迅速增加网络的训练时间，甚至出现过学习的情况，误差达不到最小；若隐含层单元数太少，则无法将网络训练好，同时容错性也会比较差，因此，针对具体的系统而言，需要选取最优的隐含层单元，卢勇夺(2012)针对FY-3 MWRI的亮温数据，应用神经网络算法进行了海表温度的反演，选择最优的隐含层单元数方法如下：

$$H = 0.5 \times (I + J) + k \tag{4-68}$$

式中，H为隐含节点数；I为输入层节点数；J为输出层节点数；k是1~10的整数，此处设置为10，且当H小数位为0.5时进1位。研究分别采用不含89 GHz和含89 GHz两种神经网络算法进行反演，反演结果与NDBC实测数据进行了比较，海表温度反演精度分别为1.42 K和1.48 K（图4-3）。

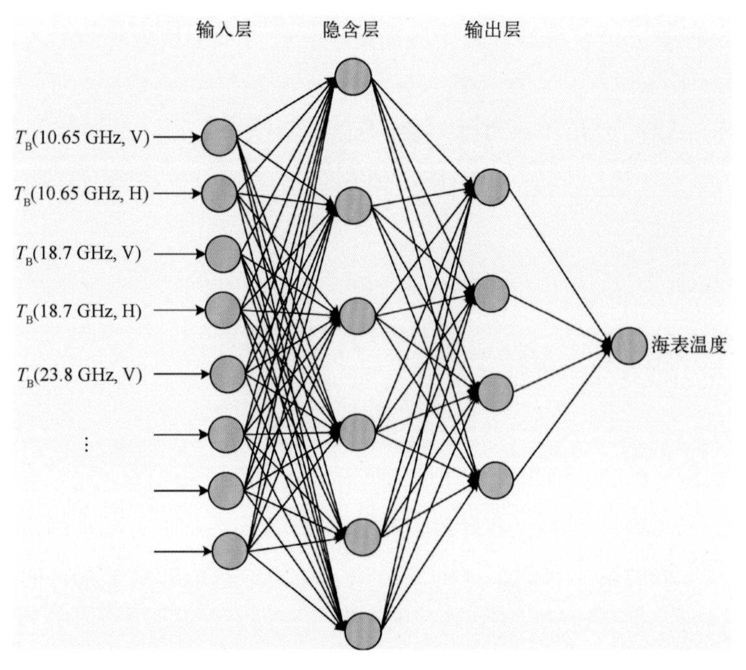

图4-3　神经网络模型结构图

4.1.2　热红外辐射计

1)热红外遥感海表温度

热红外遥感海表温度是最早从卫星上获取的海洋环境参数。海表温度通常为海表皮层温度，指海表微米量级海水层的温度。

热红外遥感海表温度主要是利用自然状态下的海水发射的表面热辐射来确定海表温度。热红外传感器对到达其上的某一窄波段的电磁辐射非常敏感，产生电压信号，通过放大处理和定标，可以将传感器获得的辐射通量变成辐射温度。

红外波段测温的物理基础是普朗克辐射定律。温度 T(K)的黑体辐射率由普朗克函数给出：

$$M(\lambda,\ T)\mathrm{d}\lambda = \frac{2\pi c_0^2 h}{\lambda^5[\exp(hc_0/\lambda kT) - 1]}\mathrm{d}\lambda \tag{4-69}$$

式中，c_0 为光速，$c_0 = 2.997\ 9\times10^8$(m/s)；h 为普朗克常数，$h = 6.625\times10^{-34}$(Ws^2 或 Js)；k 为玻耳兹曼常数，$k = 1.38\times10^{-23}$(J/K)。不同温度下的黑体辐射谱如图 4-4 所示。

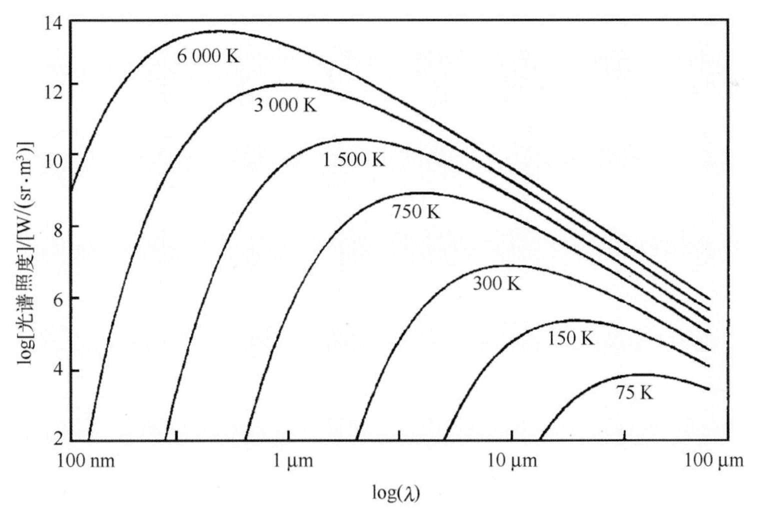

图 4-4　黑体辐射谱

2)常用反演方法

目前利用热红外遥感技术反演海表温度的研究已经有了很大进步，主要的反演方法有以下几种。

(1)单通道直接反演方法。根据大气的辐射传输方法，如果能得到大气的温度和湿度垂直廓线，利用一定的大气模式计算大气辐射和大气透过率，就可从遥感传感器所测得的辐射亮度值计算得到海面的真实温度。直接反演海表温度需要精确的大气廓线数据，大气廓线数据可以通过星载大气垂直探测仪器、地面探空或气象数据得到，精确的实测大气廓线数据一直比较难获取，因此实际运用中很少采用。

(2)单通道统计方法。单通道统计方法就是从大气辐射传输方程出发，考虑大气含水量和传感器视角天顶角的影响，建立遥感亮温与海表温度的经验公式，通过同步实测资料回归经验系数关系。Smith 等(1988)提出了一个用中红外波段计算海表温度的公式：

$$T_s = T_B + \left[a_0 + a_1\left(\frac{\theta}{60°}\right)\right]\ln\frac{100}{310 - T_B} \quad (210\ \mathrm{K} \leqslant T_B \leqslant 300\ \mathrm{K},\ \theta \leqslant 60°) \tag{4-70}$$

式中，$a_0=1.13$；$a_1=0.82$；θ 为传感器的视角天顶角；T_B 为亮温。

GMS 静止卫星反演海表温度的大气校正统计方法比较成熟，Machimura(1992)提出了一个简单的 GMS 单通道海表温度大气校正公式：

$$T_s = T_B + \sec\theta\left\{0.189W + \left[1 - \frac{1\,400}{1\,400 + (310 - T_B)^2}\right] \times 4\right\} \tag{4-71}$$

式中，θ 为传感器的视角天顶角；T_B 为亮温；W 为大气总水汽含量。

处理 NOAA 第五通道的简单海表温度反演经验公式为

$$T_s = (T_B - C)\exp(-\tau D) \tag{4-72}$$

$$D = \alpha/H \tag{4-73}$$

其中，

$$\alpha = [(h + H)^2 - (h + H)^2\sin^2\theta] - [R^2 - (H + R)^2\sin^2\theta]^{1/2} \tag{4-74}$$

式中，C 为待定的回归系数；τ 为大气光学厚度；R 为地球半径；H 为卫星高度；h 为大气上限高度；θ 为传感器的视角天顶角；T_B 为亮温；α 为地表像元到传感器的光学路径；T_s 为海表温度；D 为一个比值。

(3)多通道遥感反演方法。因为大气对不同波长不同时间的红外遥感有不同的影响效应，根据大气对不同波段的电磁辐射的影响不同，可以用不同波段测量的线性组合来消除大气的影响，从而得到海表温度，这种方法被称为多通道技术。大气水蒸气对红外吸收的影响利用多通道观测的线性组合可以精确地予以修正。

自从 NOAA/AVHRR 发射以来，多通道遥感反演技术迅速发展，现已成功应用于美国国家环境卫星数据和信息服务(national environmental satellite data and information services，NESDIS)业务系统中，可以连续提供较高精度和较高分辨率的海表温度场。多通道遥感反演方法又称为分裂窗方法，McMilin 最早提出这种方法，其依据是大气在 AVHRR 第四通道和第五通道相邻的两个波谱窗口具有不同的吸收特性，假设：①海水近似为黑体，发射率等于 1；②大气窗口的水汽吸收很弱，大气的水汽吸收系数可以看作常数；③大气温度与海表温度相差不大，黑体辐射公式可以采用线性近似。海表温度可以表示为两个通道的亮温组合：

$$T_s = A_0 + A_1 T_4 + A_2 T_5 \tag{4-75}$$

不同的处理方法所得到的系数略有不同，美国 NOAA－NESDIS 业务系统采用 McClain 等(1985)给出的数据，其算法精度均方根误差为±0.65 K。假设

$$dt_\lambda \approx k_\lambda \rho_e(z) dz \tag{4-76}$$

$$B_\lambda(T_s) - B(T_z) \approx (T_s - T_z)\left(\frac{\partial B_\lambda}{\partial T}\right)_{T_s} \tag{4-77}$$

可以推导出

$$T_s - T_B = k_\lambda \int_0^z \rho_w(z)\ (T_s - T_z) dz = k_\lambda f(a) \tag{4-78}$$

式中，$\rho_w(z)$ 为水汽密度的高度函数；k_λ 为水汽的吸收系数；T_B 为亮温；$f(a) = \int_0^z \rho_w(z)(T_s - T_z) dz$ 是一个与大气状况有关而与波长无关的变量。

对于气象卫星 NOAA/AVHRR 的第四通道和第五通道，则分别有

$$T_s - T_4 = k_4 f(a) \tag{4-79}$$

$$T_s - T_5 = k_5 f(a) \tag{4-80}$$

其中，T_4 和 T_5 分别为第四通道和第五通道的亮温；k_4 和 k_5 分别为第四通道和第五通道的水汽吸收系数。由方程组得

$$\frac{T_s - T_4}{T_s - T_5} = \frac{k_4}{k_5} \tag{4-81}$$

k_4/k_5 是一个可看作近似与大气状况无关的函数，因此通过两个热红外通道的亮温即可计算得到海表温度，这种海表温度分裂窗口法，证明了大气效应间接校正法的有效性。

(4)多角度遥感反演方法。多角度遥感反演方法的原理在于，不同的视角观测目标所经过的大气吸收路程不同，因而所受大气的影响不同，因此可以利用目标吸收热红外辐射的差异来消除大气效用的影响，Chédin 等(1982)提出用静止卫星和极轨卫星对同一覆盖地区时间最接近但视角不同来反演海表温度。

(5)多通道统计模型反演。鉴于很难确定当时当地的海洋－大气状况，特别是水蒸气垂直分布状况，为此人们通常采用非线性回归方法，公式如下：

$$T_s = aT_4 + bT_{env}(T_4 - T_5) + c(T_4 - T_5)(\sec\theta - 1) + d \tag{4-82}$$

式中，T_s 为海表温度；a、b、c 和 d 为模型系数，可由回归分析得到；T_4 和 T_5 分别为第四通道和第五通道的亮温；θ 是传感器的视角天顶角；T_{env} 为海表温度的预先估计值，可以通过实测或估计得到。通过多通道算法进行估计的计算公式如下：

$$T_s = aT_4 + b(T_4 - T_5) + c(\sec\theta - 1) + d \tag{4-83}$$

式中，卫星的视角天顶角 θ 可以通过卫星的位置计算：

$$\theta = \arcsin\left(\frac{R+h}{R}\sin\phi_i\right) \tag{4-84}$$

$$\phi_i = -55.4 + \frac{55.4i}{1\ 024}$$

其中，θ 为卫星观测角；R 为地球半径；h 为卫星高度；ϕ 为卫星扫描角；i 为某像元在扫描行中的扫描序号；a、b、c 和 d 为模型系数。

MODIS 反演海表温度的计算公式为

$$MODIS_{SST} = k_0 + k_1 T_{31} + k_2(T_{31} - T_{32}) + k_3(T_{31} - T_{32})(\sec\theta - 1) \tag{4-85}$$

式中，T_{31}和 T_{32}分别为第 31 通道和第 32 通道的亮温；k_0、k_1、k_2 和 k_3 为回归系数；θ 为传感器的视角天顶角。

反演处理中，根据不同的海区和不同的季节，对模型中使用的常数进行回归校正，以降低各种因素带来的系统误差。

(6)多角度与多通道相结合的反演方法。Sobrino 等(1996)提出过用多通道和多角度相结合的反演方法反演海表温度，这种方法同时利用多通道和多角度数据中所包含的大气信息来消除大气的影响，具有较好的前景。

此外，海表温度的反演方法还有实验法、谱分析法、时间序列相空间反演法及星星比对法。不同的反演方法对不同的海洋环境有一定的适用性，经过对比后选择比较好的方法会使反演精度提高。

3)云检测

热红外辐射计通常在 3~5 μm 和 8~13 μm 这两个大气窗口来测定辐射强度，这两个波段都不能穿透云层，并且受气溶胶和大气水蒸气的影响，所以热红外遥感反演海表温度，主要是消除传输过程中的大气影响，即大气校正和云检测。

利用红外辐射计的遥感资料反演海表温度，当辐射计的瞬时视场被云全部覆盖时，得到的是云顶的放射辐射；而当瞬时视场部分被云覆盖时，得到的则是海洋和云顶放射辐射的综合值。由于云顶温度通常低于海表温度，当使用这些被云污染的遥感数据进行海表温度反演时，得到的海表温度则低于真实的海表温度。为了得到精确的卫星遥感海表温度，需要对接收到的卫星数据进行云检测，排除那些受到云污染的卫星遥感数据。

对卫星遥感数据的云检测可以利用被观测目标物自身的特征，如可见光波段云顶的反照率比海面的反照率高、海表温度通常比云顶温度高以及在不同红外波段上海面和云顶辐射率不同等特点来排除那些受到云污染的遥感数据，保证用于海表温度反演的遥感数据是晴空条件下的。

目前，常用的云检测方法又可分为可见光反射率阈值法、热红外通道亮温均匀性检验法、多年平均海表温度截断法和时间序列分析法等。

(1) 可见光反射率阈值法。除在太阳耀斑区，海面的反射率一般都低于 10%，而绝大多数云的反射率都高于 20%，可以据此确定反射率的某一阈值，来排除卫星遥感数据中那些受到云污染的数据。在白天卫星天顶角小于 65°时，先采用此方法，进行粗略的云检测。

(2) 热红外通道亮温均匀性检验法。对于 HY-1 卫星的水色水温扫描仪而言，由于热红外通道的仪器噪声比较低，因而在较小范围的晴空海面上，相邻观测视场的探测结果相差很小，利用这一特点，可以给出如下判别公式：

$$|T_{B_i} - T_{B_j}| \leq C_i \tag{4-86}$$

式中，T_{B_i}为被检验的探测点的亮温；T_{B_j}为相邻视场的探测点的亮温；C_i 为常数，当被检验的探测点的亮温满足上述条件时，即认为是晴空。

(3) 多年平均海表温度截断法。观测表明，海表温度有明显的年周期变化特征，而且某一特定月份海表温度的逐年水平分布特征基本相同。这是因为对某一固定月份而言，太阳辐射、海陆分布及地形影响、季风环流等影响温度的主要因素或者相同或者相似，再加上海表温度有着较强的保守性，逐日变化缓慢。利用这个特点可以将多年平均海表温度与卫星遥感反演的海表温度逐点进行比较，当反演的海表温度满足：

$$|T_{sat} - T_{mean}| \leq C \tag{4-87}$$

就认为此卫星观测的数据是晴空，反之则认为观测数据受到了云污染。式中的 T_{sat} 和 T_{mean}分别为卫星反演的海表温度和多年平均海表温度；C 为常数。

(4) 时间序列分析法。由于海水温度有着较强的保守性，逐日变化缓慢，因此在较短的时间段内，海表温度变化很小，而云则是动态变化的。对某一特定地点而言，前一时刻卫星的观测数据可能受到云的影响，后一时刻卫星的观测数据就有可能是晴空条件下的，或者反之。利用这一特点，将多幅时间序列的同一区域内的卫星观测数据进行分析，排除那些受到云影响的观测数据，将这些时间序列上的同一区域内的晴空观测数据按等权或不等权加权平均，就可以得到晴空条件下的某一时间内的卫星遥感观测数据。

4) 业务化海表温度反演流程

卫星海表温度测量已进入业务化，在大中尺度海洋现象和过程、海洋-大气热交换、全球气候变化以及渔业资源、环境污染监测等方面有重要应用。通常的处理流程如图 4-5 所示。其中，数据获取包括获取卫星扫描观测角数据、海陆边界识别数据和多年平均海表温度数据等；数据预处理包括对红外通道数据进行辐射校正及临边变暗校正等操作；云检测则是利用多种方式消除云的影响；之后利用多种辅助数据包括标志位参数等信息，进行数据的质量控制；最后利用前文提到的反演算法反演出海表温度并生成产品。

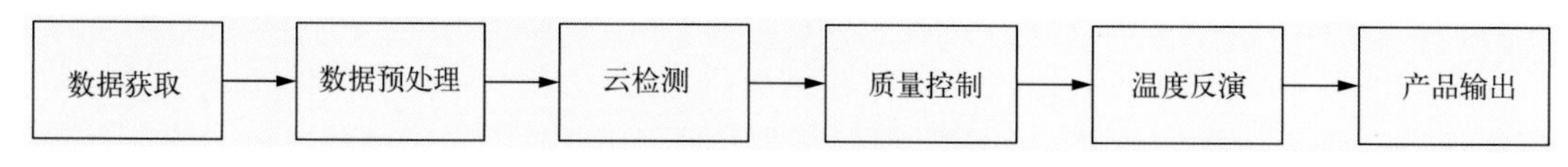

图 4-5　业务化海表温度反演流程

4.2　叶绿素

浮游植物叶绿素浓度是表征水体光学特性的重要因子之一，一般以叶绿素 a (Chl-a)或色素(叶绿素 a+藻红素 a)反演最具代表性。水体成分的反演算法是水色遥感的关键内容之一，与水体的复杂性有很大关系。Morel 等(1977)将海水分为一类水体和二类水体。在一类水体中，浮游植物中的叶绿素对水体的光学特性起决定作用。典型的一类水体是开阔大洋水体。一类水体的组成，可以简单地看作由浮游生物的主要成分叶绿素 a 及其降解物褐色素 a(Phea-a)以及伴随的黄色物质组成。对沿岸二类水体而言，除叶绿素以外还有其他成分，如有色可溶性有机物(CDOM，也称黄色物质)和悬浮无机物等，也对水体的光学特性有很大贡献。

Morel(1980)指出：利用水体的光谱辐射信号来估计水体叶绿素浓度有三种方法：分析算法、半分析算法和经验统计法。近年来，随着数值技术的发展，也有科学家应用主成分分析法、神经网络算法和最优化方法来解决水色反演问题。当然各种方法之间也不是完全独立的，可以交叉进行。

4.2.1　分析算法

分析算法主要是利用海洋光学的基本理论和水体光谱计算模式来进行建模，以描述水体中物质浓度与水体光谱之间的关系。

海水总吸收系数 a 和总后向散射系数 b_b 为水中不同吸收体和散射体的单个系数线性总和：

$$
\begin{aligned}
a &= a_w + \sum a_i \\
b_b &= b_{bw} + \sum b_{bi}
\end{aligned}
\tag{4-88}
$$

式中，a_w 与 a_i 分别为海水及第 i 成分的吸收系数；b_{bw}与 b_{bi}分别为海水及第 i 成分的后向散射系数。这些系数与各自成分的浓度有关：

$$
\begin{aligned}
a_i &= f_i^a(C_i) \\
b_{bi} &= f_i^b(C_i)
\end{aligned}
\tag{4-89}
$$

式中，f_i 一般为非线性的。上述诸关系可将离水辐亮度 L_w 与浮游植物色素浓度 C 直接联系起来：

$$L_w = \frac{t_w * E_d(0^-)}{3n_w^2 Q}\left[\frac{b_{bw} + \sum f_i^b(C_i)}{a_w + \sum f_i^a(C_i)}\right] \quad (4-90)$$

由于海水中所含成分及其引起的后向散射特性与吸收特性之间关系复杂，上述分析方法很难求得 f 值，这也是分析模式难以在实际中应用的主要原因。

4.2.2　半分析算法

半分析算法利用海洋光学的基本理论和水体光谱计算模式，结合实测资料，来描述水中与水体光谱之间的关系。半分析模式中对一些未知参数的确定要么是根据经验数据来求解，要么是通过主观大胆的假设来确定，因此也称为“半经验模式”。目前，具有代表性的半分析算法有 Gordon 等(1998)的半分析模式、Morel(1988)的半分析模式、Carder 等(1999)模式、Garver 等(1997)模式。

4.2.3　经验统计法

经验统计法是指依靠实验数据集，根据光谱值和水体各成分浓度值之间的关系，对水体中的物理量(如叶绿素、悬浮泥沙、黄色物质浓度和衰减系数等)进行统计分析。

目前，开阔大洋一类水体已有公认的水色反演模型 OC4，该模型属于经验统计算法的范畴，也是应用较广的海洋宽视场水色传感器在轨业务化叶绿素 a 浓度算法，其反演效果令人满意，平均相对误差可以控制在 35%以内。

叶绿素浓度反演的经验统计算法原理就是通过各个波段的辐射率比值来估算海表面的叶绿素浓度。这一概念最早由 Clark 等(1970)提出，通过航空光谱测量实验，认为海表层的叶绿素含量可通过海水的“颜色”反映出来。经验统计算法中用到的波段比一般在叶绿素 a 的吸收峰和吸收谷附近，最大吸收峰值在 440 nm 附近，最小吸收谷值在 560 nm 附近。但是人们很快就认识到，由于叶绿素 a 与其降解产物之一的藻红素 a 在蓝光波段的吸收特性极为相似，因此仅靠海岸带水色扫描仪这样的仪器的波段设置(没有低于蓝光波长的波段设置)，是不能单独反演叶绿素 a 浓度的，于是浮游植物色素的概念被提出。Morel 等(1977)最早提出了反演海表浮游植物色素浓度的经验公式：

$$C = A[R(440)/R(560)]^B \quad (4-91)$$

式中，$R(\lambda) = E_u(\lambda, 0^-)/E_d(\lambda, 0^-)$ 为刚好在海表面下的辐照度比；C 为色素浓度；A 和 B 为经验常数。

Gordon 等(1980)利用在各种不同类型的水体中(包括一类水体和二类水体)测得的

生物-光学参数，专门针对海岸带水色扫描仪的波段设置开发了几种算法。上述算法的数学形式如下：

$$C = A\left[r_{ij}\right]^{B},\ r_{ij} = L_{u}(\lambda_{i})/L_{u}(\lambda_{j}) \tag{4-92}$$

式中，$L_u(\lambda)$为刚好在海表面下的向上辐射率，一般在水下 1 m 深处测量。

1978 年，第一代水色传感器海岸带水色扫描仪搭载在 Nimbus-7 卫星上成功发射，可用于水色遥感分析的数据覆盖范围大大增加，同时也使卫星水色遥感算法的验证得以进行。Gordon 等(1983)在关于可见光卫星遥感图像的分析应用总结报告中指出：对较清洁的开阔大洋一类水体而言，利用两个波段的离水辐射率比值反演浮游植物色素(叶绿素 a+藻红素 a)浓度的精度可达±(30%~40%)。

SeaWiFS 的性能指标与海岸带水色扫描仪相比，不仅信噪比有了大幅度提高，而且波段设置也更为合理，除了上文提到的对大气修正算法的提高之外，还建立了更有效的色素浓度反演算法，能将叶绿素、黄色物质和泥沙的作用分离开来。国际上针对 SeaWiFS 的波段设置(或类似波段)，提出了很多基于波段比的经验统计算法。

O' Reilly 等(1998)根据 SeaBAM 工作组收集的 919 组现场实测的生物光学数据(各站点对应的光谱辐射率和叶绿素浓度)，对 SeaWiFS 的各种反演算法(包括两种半分析算法和 15 种经验统计算法)做了评估和比较。

O' Reilly 等(1998)发现经验统计算法的性能一般要好于半分析算法，这主要是因为各成分的水色机理分析还不够成熟。而一种改良的三次方算法，也称 OC2 算法 $[C=10^{(a_0+a_1*R+a_2*R^2+a_3*R^3)}+a_4,\ R=R(rs490)/R(rs555)]$，性能最好，因而被选作 SeaWiFS 的在轨业务化叶绿素 a 浓度算法。并提出一种新的基于最大波段比的经验统计算法 OC4(第四版)，形式与 OC2 相同，只是将 R 取为在 $R(rs443)/R(rs555)$、$R(rs490)/R(rs555)$ 和 $R(rs510)/R(rs555)$ 三者中的最大者，其优势在于当叶绿素浓度变化 3 个量级时，可以最大限度地保证遥感信号的信噪比，性能更好。在 2000 年的 NASA 技术报告中，O'Reilly 等(2000)正式将 OC4 算法作为 SeaWiFS 在轨业务化叶绿素 a 浓度算法。

本研究采用了类似于 OC4 算法的经验统计模型进行大洋渔场水体叶绿素浓度反演，根据现场观测数据的分析结果，对模型经验系数进行微调，取得了较为满意的叶绿素浓度遥感反演结果。

4.3 海面高度

高度计通过测量发射脉冲到海面的往返时间计算卫星到海面的实际距离，再与卫星的高度相减即可得到实际海面相对于参考椭球面的高度。若已知平均海平面和大地水准面的高度，可进一步算出海面高度异常(sea surface height anomaly，SSHA)和绝对动力地形(absolute dynamic topography，ADT)。

在卫星高度计海面高度信息反演中，关键是精度问题。高度计测高主要受大气和海况的影响，为了得到厘米级精度的海面高度值，必须对这些因素进行校正，校正公式如下：

$$h'_{range} = h_{range} + h_{dry\_tropo} + h_{wet\_tropo} + h_{iono} + h_{ss} \tag{4-93}$$

式中，h_{range}为利用波形重构算法得到的高度计到海面的距离；h_{dry_tropo}和h_{wet_tropo}分别为干对流层校正量和湿对流层校正量；h_{iono}为电离层校正量；h_{ss}为海况校正量。若已知高度计相对于参考椭球面的高度h_{alt}，则海面高度可由下式计算：

$$SSH = h_{alt} - h'_{range} \tag{4-94}$$

根据定义，实际海面相对于平均海平面(mean sea surface，MSS)的海面高度异常值的计算公式为

$$SSHA = SSH - MSS - \Delta H_{tide} - \Delta H_{gp} \tag{4-95}$$

其中，

$$\Delta H_{tide} = h_{ocean\_tide} + h_{solid\_earth\_tide} + h_{loading\_tide} + h_{pole\_tide} \tag{4-96}$$

$$\Delta H_{gp} = h_{inv\_bar} + h_{hf\_fluc} \tag{4-97}$$

式中，ΔH_{tide}为潮汐校正量，包括弹性海洋潮h_{ocean_tide}、固定地球潮$h_{solid_earth_tide}$、载荷潮$h_{loading_tide}$和极潮h_{pole_tide} 4 个分量；ΔH_{gp}为地球物理校正量，主要包括大气逆压校正h_{inv_bar}和大气高频波动校正h_{hf_fluc}两个分量。

如何减小各校正量的误差，提高海面高度及其海面高度异常的测量精度，是卫星高度计海洋遥感中需要重点研究的内容。

4.4　海流

海流是海水因热辐射、蒸发、降水、冷缩等形成密度不同的水团，再加上风应力、地转偏向力、引潮力等作用而形成的大规模相对稳定的非周期性海水流动。海湾是海水的普遍运动形式之一，它像人体的血液循环一样，把整个世界大洋联系在一起，使整个世界大洋得以保持其各种水文和化学要素的长期相对稳定。

针对 HY-2 卫星的海流反演研究已经取得了一定的成果，能够较好地反演地转流，而对风生流的反演则较欠缺。这里主要介绍经验模型反演海流算法，算法流程如图 4-6 所示。

该模型假定一个由地转偏向力和埃克曼(Ekman)动力主导的表面层，在这个表层上构建一个基于物理机制的数学统计经验模型，将结果和 15 m 的浮标数据进行拟合，得到模型中各参数的值。该方法将海表流速分为两个部分：地转流流速($\boldsymbol{U}_g$)和埃克曼

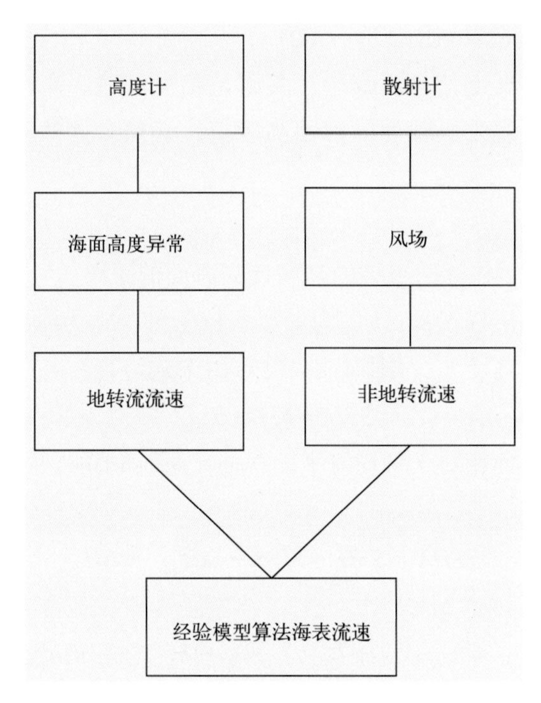

图 4-6　经验模型反演海流算法流程图

流流速($\boldsymbol{U}_{\mathrm{E}}$)，分别通过海面高度异常和海面风场数据获得地转流流速和埃克曼流流速，二者相加得到海表流速($\boldsymbol{U}$)

$$\boldsymbol{U} = \boldsymbol{U}_{\mathrm{g}} + \boldsymbol{U}_{\mathrm{E}} \tag{4-98}$$

4.4.1　地转平衡方程

在水平压强梯度力的作用下，海水将在受力的方向上产生运动。与此同时，科氏力也相应起作用，不断地改变海水流动的方向，直至水平压强梯度力与科氏力大小相等、方向相反且取得平衡时，海水的流动便达到稳定状态。若不考虑海水湍流产生的应力和其他能够影响海水流动的因素，则这种水平压强梯度力与科氏力取得平衡时的定常流动，称为地转流。地转流的流速是根据地转平衡方程获得的。描述地转平衡的方程式是在假定海流流动没有加速度，即 $\mathrm{d}u/\mathrm{d}t=\mathrm{d}v/\mathrm{d}t=\mathrm{d}w/\mathrm{d}t=0$，水平流速远大于垂向流速，即$(u,\ v)\gg w$，重力为唯一外力，摩擦力忽略不计的条件下由运动方程得到。根据这些假定，得到地转平衡方程组：

$$\begin{cases} \dfrac{\partial p}{\partial x} = fv\rho \\ \dfrac{\partial p}{\partial y} = -f\rho u \\ \dfrac{\partial p}{\partial z} = -\rho g \end{cases} \tag{4-99}$$

由方程组得

$$u=-\frac{1}{fp}\frac{\partial p}{\partial y} \tag{4-100}$$

$$v=\frac{1}{fp}\frac{\partial p}{\partial x} \tag{4-101}$$

式中，u 为地转流流速的东分量；v 为地转流流速的北分量；ρ 为海水密度；f 为科氏力参数，$f=2\omega\sin\varphi$，其中 ω 为地球自转角速度，$\omega=7.272\times10^{-5}\mathrm{rad/s}$，$\varphi$ 是地理纬度。

深度 h 处的压力为

$$p=p_0+\int_{-h}^{\zeta}g(\varphi,\ z)\rho(z)\,\mathrm{d}z \tag{4-102}$$

式中，p_0 为海表气压；ζ 为海面高度。海面高度可以高于或低于平均海平面($z=0$)(图4-7)。

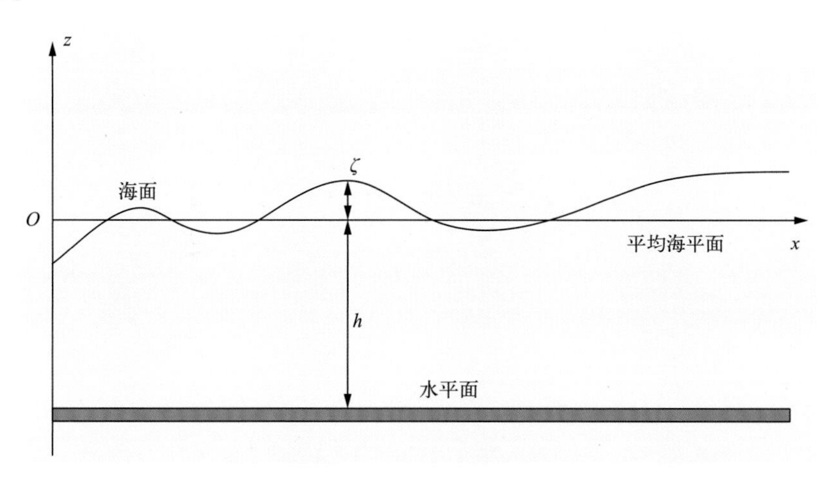

图4-7　海表压力计算示意图

假定海洋表层内 ρ 和 g 基本不变，得海表地转流(u_s，v_s)计算方程：

$$u_s=-\frac{g}{f}\frac{\partial \zeta}{\partial y} \tag{4-103}$$

$$v_s=\frac{g}{f}\frac{\partial \zeta}{\partial x} \tag{4-104}$$

4.4.2　近赤道地区地转流流速计算

在较高纬度区域，可以通过标准 f 平面的地转平衡公式得到表层地转流流速，但是在赤道处，$\varphi=0$，$f=0$，地转平衡关系不再适用。在近赤道区域(5°S—5°N)，观测噪声对地转的微小偏移都会对结果产生很大影响。很多学者通过研究发现，赤道 β 平面地转近似($f\approx\beta y$，$\beta=2.3\times10^{-11}\ \mathrm{m^{-1}\cdot s^{-1}}$)，通过对 ζ 的 y 二阶偏导数计算近赤道区域的地转流流速和观测数据能够很好地吻合。

$$\beta y u_{\beta} = -g \frac{\partial \zeta}{\partial y} \tag{4-105}$$

$$\beta y v_{\beta} = g \frac{\partial \zeta}{\partial x} \tag{4-106}$$

式中，u_{β} 和 v_{β} 分别表示赤道地区的地转流流速分量。把上述方程组等式两边同时对 y 求偏导，得

$$u_{\beta} = -\frac{g}{\beta} \frac{\partial^2 \zeta}{\partial y^2} \tag{4-107}$$

$$v_{\beta} = \frac{g}{\beta} \frac{\partial^2 \zeta}{\partial x \partial y} \tag{4-108}$$

在实际操作中，由于二阶偏导数会扩大误差，造成结果不平滑。为了降低这个影响，拟采用 Lagerloef 等(1999)提出的多项式拟合方法。定义 $\boldsymbol{z}=\left(\frac{\partial \zeta}{\partial x}, \frac{\partial \zeta}{\partial y}\right)$ 和单位纬度 $\theta=y/L$，$L=111$ km，将 y 转换为纬度单位：

$$\beta y \boldsymbol{u}_{\beta} = ig\boldsymbol{z} \tag{4-109}$$

$$\boldsymbol{u}_{\beta} = \frac{ig}{\beta L \theta} \boldsymbol{z} \tag{4-110}$$

对 $\boldsymbol{z}$ 沿经线每个取值点进行多项式回归：

$$\boldsymbol{z} = z_0 + z_1\theta + z_2\theta^2 + z_3\theta^3 + \cdots \tag{4-111}$$

取三阶回归是因为通过模拟数据与浮标数据对比发现阶数的选取不会对结果产生很大影响，三阶模型即可满足赤道处最大和最小流速的反演

$$\boldsymbol{u}_{\beta} = \frac{\mathrm{ig}}{\beta L} \frac{1}{\theta} z_{\beta} = \frac{\mathrm{ig}}{\beta L}(z_1 + z_2\theta + z_3\theta^2) \tag{4-112}$$

为了确保地转流从赤道地区向赤道外地区的连续性，定义赤道外地转流流速和近赤道地转流流速的权重系数(w_{β} 和 w_f)：

$$u_g = \omega_{\beta} u_{\beta} + \omega_f u_f \tag{4-113}$$

其中，

$$\omega_{\beta} = \mathrm{e}^{-(\theta/\theta_{\mathrm{s}})^2} \tag{4-114}$$

$$\omega_f = 1 - \mathrm{e}^{-(\theta/\theta_{\mathrm{s}})^2} \tag{4-115}$$

式中，θ 为纬度；θ_{s} 为由纬度尺度和现场数据拟合得到，$\theta_{\mathrm{s}} \approx 2.2°$。

4.4.3 埃克曼流流速计算

埃克曼流也称为风生流，它的计算方法主要是基于埃克曼漂流理论。与地转流的

计算方式一样，由于科氏力参数f在赤道地区趋向于0，按照埃克曼漂流理论，海流在赤道处将涌起，这显然是不合理的。Stommel(1960)构建了一个由埃克曼流和地转流组成的海流流速计算线性模型，发现结果与实测数据在数值上接近，实现了赤道处海流流速反演。随后几十年中，学者们致力于通过对浮标数据与模型数据进行统计学分析，构建一个无奇点经验模型。1997年，Niiler在15 m处埃克曼流流速与表面风应力之间构建了一个两参数回归模型：

$$(u_e + iv_e) = Be^{i\theta}(\tau_x + i\tau_y) \tag{4-116}$$

式中，$B \approx 0.3/(\text{ms} \cdot \text{Pa})$；$\theta$为流向相对于风向的旋转角，在北半球偏向风的右侧55°，在南半球偏向风的左侧55°。在赤道北部的海流都会向右侧倾55°，相应的在赤道南部的海流会向左倾55°，这样赤道处的埃克曼流就会产生不连续和偏移。Lagerloef等(1999)在该模型基础上，对热带太平洋区域(25°N—25°S)的B和θ重新拟合，使θ随着纬度变化，解决了这个问题：

$$B = \frac{1}{\rho}(r^2 + f^2 h_{md}^2)^{-1/2}, \quad \theta = \arctan(f h_{md}/r) \tag{4-117}$$

式中，ρ为海水密度，$\rho = 1.02 \times 10^3$ kg/m^3；r为混合系数，$r = 2.15 \times 10^{-4}$ m/s；$h_{md} =$ 32.5 m是混合层深度；f是科氏力参数。

4.4.4　风应力

在埃克曼理论中，埃克曼使用了块体公式

$$\boldsymbol{\tau} = [\tau_x, \tau_y] = \rho_a C_D V_{10}[u_{10}, v_{10}] \tag{4-118}$$

式中，ρ_a为空气密度，$\rho_a = 1.2$ kg/m^3；V_{10}为海平面10 m处的风速；u_{10}和v_{10}分别为纬向(东西方向，正向朝东)和经向(南北方向，正向朝北)的风速；C_D是拖曳系数，研究采用Trenberth等(1989)提出的计算方案：

$$10^3 C_D = \begin{cases} 0.49 + 0.065V_{10} & (V_{10} > 10 \text{ m/s}) \\ 1.14 & (3 \text{ m/s} \leqslant V_{10} \leqslant 10 \text{ m/s}) \\ 0.62 + 1.56V_{10} & (V_{10} < 3 \text{ m/s}) \end{cases} \tag{4-119}$$

4.5　有效波高

有效波高是高度计观测的基本量之一，其精度随着回波模型的不断完善和反演算法的不断改进而不断提高。

4.5.1　反演模型

雷达高度计的平均回波波形可用三项卷积表示(Moore et al.，1957；Barrick，1972；

Brown，1977；Hayne，1980；王广运等，1995）：

$$W(t)=P_{\mathrm{FS}}*q_{\mathrm{s}}(t)*p_{\tau}(t) \tag{4-120}$$

式中，$W(t)$为接收回波的平均功率；$P_{\mathrm{FS}}(t)$为平坦海平面平均脉冲响应函数；$q_{\mathrm{s}}(t)$为海面镜像点概率密度函数；$p_{\tau}(t)$为雷达系统点目标响应函数。

$$W(t)=\frac{P_{\mathrm{u}}}{2}\exp\left[-d\left(\Gamma+\frac{d}{2}\right)\right]\left\{\left[1+\mathrm{erf}\left(\frac{\Gamma}{\sqrt{2}}\right)\right]\left[1+\frac{\lambda_{\mathrm{s}}}{6}\left(\frac{\sigma_{\mathrm{s}}}{\sigma_{\mathrm{c}}}\right)^{3}d^{3}\right]-\right.$$

$$\left.\frac{\sqrt{2}}{\sqrt{\pi}}\exp\left(-\frac{\Gamma^{2}}{2}\right)\frac{\lambda_{\mathrm{s}}}{6}\left(\frac{\sigma_{\mathrm{s}}}{\sigma_{\mathrm{c}}}\right)^{3}(\Gamma^{2}+3d\Gamma+3d^{2}-1)\right\} \tag{4-121}$$

其中，

$$\mathrm{erf}(x)=\frac{2}{\sqrt{\pi}}\int_{0}^{\pi}\mathrm{e}^{-t^{2}}\mathrm{d}t \tag{4-122}$$

$$\Gamma=\frac{t-t_{0}}{\sigma_{\mathrm{c}}}-d \tag{4-123}$$

$$d=\left(\delta-\frac{\beta^{2}}{4}\right)\sigma_{\mathrm{c}} \tag{4-124}$$

$$\delta=\frac{4}{\gamma}\cdot\frac{c}{h}\cdot\frac{1}{1+h/R}\cdot\cos(2\xi) \tag{4-125}$$

$$\beta=\frac{4}{\gamma}\cdot\left(\frac{c}{h}\cdot\frac{1}{1+h/R}\right)^{1/2}\sin(2\xi) \tag{4-126}$$

$$\gamma=\frac{2}{\ln 2}\cdot\sin^{2}\left(\frac{\theta_{\mathrm{w}}}{2}\right) \tag{4-127}$$

将模型简写为只由待估计的 4 个参数表示的形式：

$$W=f(t_{0},\ P_{\mathrm{u}},\ \sigma_{\mathrm{c}},\ \xi) \tag{4-128}$$

式中，t_0 为跟踪点，用于计算平台到海面的高度；P_{u} 为回波振幅；σ_{c} 为回波上升时间，用于计算有效波高；ξ 为天线偏移角；斜度参数 $\lambda_{\mathrm{s}}=-0.1$，$\sigma_{\mathrm{s}}^{2}=\sigma_{\mathrm{c}}^{2}-\sigma_{\mathrm{p}}^{2}$，其中 σ_{p} 是点目标响应的 3 dB 宽度，此处 $\sigma_{\mathrm{p}}=0.513T$，$T$ 为雷达发射窄脉冲的 3 dB 时宽，即脉冲压缩后的时间宽度，$T=3.125$ ns；h 是卫星到地面的平均高度，Jason-1 卫星高度是 1 336 km；R 为地球平均半径，$R=6\ 371$ km；c 为光速；θ_{w} 为天线 3 dB 波束宽度。

4.5.2 反演流程

1）波形归一化

$$\mathrm{FFT}(i)=\frac{\mathrm{FFT}(i)}{\mathrm{Max\ FFT}}\quad(1\leqslant i\leqslant 128) \tag{4-129}$$

式中，Max FFT 为前41个采样门值的最大值。

2)确定海面回波类型

此步的主要作用是对回波模型进行分析，确定高度计回波类型(0=海洋，1=非海洋)。在这一步中，我们主要是利用20 Hz的波形数据进行分析，通过设定一定的阈值来判断回波数据类型。其中，满足海洋回波类型的条件有以下几条：①20 Hz波形中每个波形的半功率点到平均半功率点的差值之和小于23；②20 Hz波形中每个波形的半功率点到平均半功率点的差值的均方根小于3.0；③平均半功率点的采样门的位置与32.5的差值小于3；④1 Hz波形回波后沿80~100采样门的值在0.4~0.85范围内；⑤1 Hz波形回波后沿40~70采样门的斜率大于-1.6。

3)波形筛选

计算每一个20 Hz波形的上升点与最大值点的位置，根据这两点求波形的半功率。正常的海洋回波波形半功率点大概在32.5，设定阈值为3，如果20 Hz波形的半功率点与32.5的差值超过阈值，则将该波形剔除掉。

考虑到回波波形在上升沿会存在振荡，使反演的有效波高与实际相差很大，所以取上升沿以后连续7个点，判断其波形值是不是连续增加，如果不满足，则将其剔除。

由于反演的Jason-1卫星数据中存在类似线性的波形，因此，对HY-2卫星数据也做了这样的一个限定，即最后一个采样门对应的波形值如果大于波形前沿最大值，则视为异常波形。

4)有效波形去噪

取第13个至第18个门值的平均值作为噪声。

5)有效波形平均

$$\mathrm{FFT}(i)=\frac{1}{N}\sum_{j=1}^{N}\mathrm{FFT}(j,\ i)\quad(i=1,2,\cdots,128)\tag{4-130}$$

6)计算星下点偏移角 ξ

由于天线的星下偏移角通常变化范围很小，为了减少拟合的时间及计算量，可先对波形的下降沿进行线性回归得到下降沿的对数斜率(slope)，再通过下式计算出星下点偏移角的平方：

$$slope=\frac{\ln P_j-\ln P_i}{t_j-t_i},\ \xi^2=\frac{1}{2}\cdot\frac{1+slope/\delta'}{1+2/\gamma}\tag{4-131}$$

$$\delta'=\frac{4}{\gamma}\cdot\frac{c}{h}\cdot\frac{1}{1+h/R}\tag{4-132}$$

式中，γ 为天线的带宽参数；c 为光速；h 为卫星平台的高度；R 为地球的半径。

应该注意的是，求得下降沿的斜率为对数斜率，即采样门值应取对数，横坐标时间分辨率为 Jason−1 的时间延迟 $\tau=3.125$ ns。

7）波形拟合

已知波形[i，FFT(i)]和回波模型，为了得到改变量 $dx_i(t_0,\sigma_c,P_u)$ 的线性估计，使实测波形与回波模型之间的误差最小，可采用最小二乘法。

步骤 1：求取偏导

$$\frac{\partial W(t)}{\partial t_0}=\frac{k}{\delta_c}*\left[d_\xi C_3+C_{21}\left(-C_{12}+\frac{\lambda}{6}x+C_{22}u\right)\right] \tag{4-133}$$

$$\frac{\partial W(t)}{\partial \sigma_c}=k*\left\{c_\xi^2\delta_c C_3+C_{11}\frac{\lambda d_\xi^2}{2}(\mu d_\xi+c_\xi)\right.$$
$$\left.-C_{21}\left[C_{12}v-C_{22}(3\mu+uv)+\frac{\lambda}{6}[3c_\xi(u+2d_\xi)-vx]\right]\right\} \tag{4-134}$$

$$\frac{\partial W(t)}{\partial P_u}=a_\xi k_2 C_3 \tag{4-135}$$

步骤 2：确定初始值

经过大量实验得到 3 个参数(t_0，σ_c，P_u)的值分别集中在 32.5、$1/c$ 和 1 附近，为了减少迭代的次数，加快计算的速度，可以把初始值设为(32.5，$1/c$，1)。

步骤 3：解方程组，得到$|dx_n|$

$$\chi^2=\sum_i(dy_i)^2=\sum_i\left(\frac{\mathrm{FFT}(i)-W(i;x_{j,n})}{weight_i}\right)^2 \tag{4-136}$$

$$MQE(n)=\sum_{i=0}^{i}\left(\frac{\mathrm{FFT}(i)-W(i;x_{j,n})}{weight'_i}\right)^2 \tag{4-137}$$

$dy_i=\sum_{j=1}^{3}\left.\frac{\partial W}{\partial x_j}\right|_{i,x_{j,n}}$，可化为矩阵的形式 $dY=\boldsymbol{E}dX$，其中，$x_1=t_0$，$x_2=\sigma_c$，$x_3=P_u$

$$\boldsymbol{E}=\begin{bmatrix}\left.\frac{\partial W(t)}{\partial t_0}\right|_{1,x_{j,n}} & \left.\frac{\partial W(t)}{\partial \sigma_c}\right|_{1,x_{j,n}} & \left.\frac{\partial W(t)}{\partial P_u}\right|_{1,x_{j,n}}\\ \left.\frac{\partial W(t)}{\partial t_0}\right|_{2,x_{j,n}} & \left.\frac{\partial W(t)}{\partial \sigma_c}\right|_{2,x_{j,n}} & \left.\frac{\partial W(t)}{\partial P_u}\right|_{2,x_{j,n}}\\ \vdots & \vdots & \vdots\\ \left.\frac{\partial W(t)}{\partial t_0}\right|_{104,x_{j,n}} & \left.\frac{\partial W(t)}{\partial \sigma_c}\right|_{104,x_{j,n}} & \left.\frac{\partial W(t)}{\partial P_u}\right|_{104,x_{j,n}}\end{bmatrix} \tag{4-138}$$

那么可解得

$$dX=(\boldsymbol{E}^T\boldsymbol{E})^{-1}\boldsymbol{E}^T dY \tag{4-139}$$

步骤 4：更新所求值

$$x_{j,\ n+1} = x_{j,\ n} + \mathrm{d}x_{j,\ n} \tag{4-140}$$

步骤 5：重复步骤 3，若 $|\mathrm{d}x_n| \leqslant threshold$，则退出程序；若不满足，则判断 $1 \leqslant \frac{MQE(j)}{MQE(j+1)} \leqslant 1+threshold$ 和 $1 \leqslant \frac{MQE(j-1)}{MQE(j+1)} \leqslant 1+threshold$，若满足则退出程序，否则继续执行步骤 3。

4.6　海面风场

HY-2A 卫星散射计风矢量反演算法的目标是从一组 HY-2A 卫星散射计 σ^0 测量结果中估算真实风矢量。对散射计风场反演算法，目前主要有最大似然估计(maximum likelihood estimate，MLE)法、最小二乘(least squares，LS)法等。其中，MLE 法具有反演精度高、完全独立于模型函数以及后向散射测量值采用自然单位和取值范围不受限制等优点。HY-2 卫星微波散射计风场反演算法采用 MLE 法。MLE 法的原理是寻找可以使目标函数(加权 σ^0 测量值与模型预测值的残差)取得极大值的风速与风向。由于联系 σ^0 与海面风矢量的地球物理模型是高度非线性的，因此，寻找全局最优解的风矢量反演过程也是非线性的优化过程，不存在一般封闭解。即使在理想无噪声的测量条件下，由于模型函数对风向的双余弦特征，对 σ^0 的反演仍将存在多解的情况。在无噪声的情况下，如果地球物理模型对顺风、逆风的差异足够敏感，并且 σ^0 有多于两个方位角的测量结果，那么全局最优解通常为“真解”。当测量结果存在噪声时，不仅不能预知解的数量，而且全局最优解为真解的概率将远小于 1，通常情况下是 50%左右。HY-2A 卫星微波散射计采用如下形式的目标函数：

$$J_{\mathrm{MLE}}(U,\ \Phi) = -\sum_{i=1}^{N}\left\{\frac{[z_i - M(U,\ \Phi - \phi_i,\ \theta_i,\ p_i)]^2}{\Delta_k} + \ln\Delta_k\right\} \tag{4-141}$$

式中，$\Delta_k = (V_{Ri})^{1/2} = (\alpha_i\sigma_i^{02}+\beta_i\sigma_i^0+\gamma_i+V_{\varepsilon Mi})^{1/2}$；$J_{\mathrm{MLE}}$ 为最大似然值，是风速 U 和风向 Φ 的函数；N 为风矢量单元内不同方位角/入射角 σ^0 测量结果的数量；z_i 为对应第 i 个 σ^0 的测量结果；M 为地球物理模型预测的 σ^0，对应方位角为 ϕ_i、入射角为 θ_i、极化方式为 p_i 观测条件下，风速为 U 和风向为 Φ 情况下的 σ^0 结果。HY-2 卫星微波散射计业务化运行采用 NSCAT-2 地球物理模型。该地球物理模型函数采用查找表形式，即在三维参数(风速、相对方位角、入射角)的网格节点上预先计算出 σ^0 值。由于查找表为离散值，需采用查找表插值算法获得所需任意风速、方位角对应的 σ^0。

风矢量反演算法的目的就是要找出使得目标函数取得极大值的一组 U 和 Φ。由于模型函数高度非线性，为提高运算效率，反演算法分为粗搜索和精搜索两个步骤。首先通过粗搜索并获得初始解，然后将这些初始解代入精搜索及优化算法中对其进行修正。

4.6.1 粗搜索算法

粗搜索算法以相对较粗的风速和风向搜索间隔，在风速和风向空间快速搜索目标函数的局部极大值，获得初始解。由于目标函数在风速和风向空间对风速呈山脊状分布。为提高算法效率，采用先搜索目标函数山脊，再从山脊中搜索局部最大值的搜索方式。同时，对风速赋予初始估计值，引导算法从对第一个风向搜索得出的风速结果附近区域开始搜索。

粗搜索算法主要计算步骤包括：按一定的风向间隔，在0°~360°范围内，对一组给定的风向，确定最似然“山脊”与“山脊”对应的风速。对于每个风向，取三点窗口，对应风速分别为 $U_0-\mathrm{d}U$、U_0 和 $U_0+\mathrm{d}U$（$\mathrm{d}U$ 为风速搜索步长），分别计算窗口中每点风速对应的目标函数值 J_1、J_2 和 J_3。若中点的目标函数值为局部最大值（仅在速度空间考虑），则最适风速 U 及相应的目标函数值 J 可通过牛顿插值公式求出：

$$U(\phi) = U_0 - 0.5 \times (J'/J'') \times \mathrm{d}U \tag{4-142}$$

$$J(\phi) = J_2 - (J'^2/J'')/8 \tag{4-143}$$

其中，

$$J'(\phi) = J_3 - J_1 \tag{4-144}$$

$$J''(\phi) = J_1 + J_3 - 2J_2 \tag{4-145}$$

如果三点窗口中1或3中任一端点目标函数取值为最大，那么就向相应的方向移动三点窗口，并替换中点速度，同时计算新加入点的 J 值，再检测三点的目标函数值。循环这一过程，直到三点窗口中中点对应的目标函数成为局部极大。同时保存中值速度 U_0，以用于对下一风向的搜索。

粗搜索的最后一个步骤是采用三点一组的策略，在通过前面的步骤得出的最优“山脊”上，在0°~360°风向范围内，检测连续三点 $J(\phi)$ 中，可以使第二点（中点）取最大值的 ϕ 及对应目标函数。粗搜索最终将获得2~6个局部最大值。在某些情况下，由于数据噪声的影响，将会出现病态解。通常，这种情况的特征是出现一组数量远超过预期的解。目标函数值较小的解将被假定为伪解，而目标函数值最大的4~6个解将被采纳为粗搜索的解，并在后续算法中做出进一步优化。

粗搜索完成后，得到的近似解将被传递至精搜索算法，以对近似解进行优化，并根据目标函数值的大小对最终获得的解进行排序，最终完成对单个风矢量单元的风矢量反演。

4.6.2 精搜索算法

为确保风矢量反演算法的精度，在粗搜索之后，有必要采用更精细的风速及风向间隔，在粗搜索近似解附近的窗口内进行精搜索。该算法以粗搜索结果为中心，在(U, Φ)空间取3×3大小的精细网格窗口，搜索目标函数在该窗口内的最大值，并在该最大值不在窗口中心网格点时移动该窗口，并重复上述操作，直到目标函数最大值位于窗口的中心。该算法仅需少数几步操作即可从初始(U_0, Φ_0)解中得出优化的目标函数极大值。

设置窗口中心网格点索引为(0, 0)，其周围节点索引间隔为1(图4-8)。对最大值J_{max}出现在网格点($\boldsymbol{i}$, $\boldsymbol{j}$)情况，($\boldsymbol{i}$, $\boldsymbol{j}$)坐标可视为在各自方向上应移动的距离——“移动矢量”。对9点网格，表4-1列出了所有可能出现的情况，每种情况都以CASE=|i|+|j|标识。

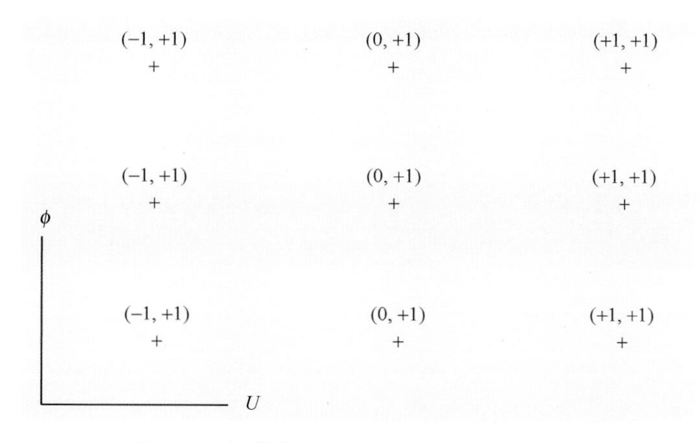

图4-8 精搜索算法9点式二维网格分布图

表4-1 精搜索可能出现的情况

移动条件	操作	移动矢量
CASE=0	不移动	($\boldsymbol{i}$, $\boldsymbol{j}$)={(0, 0)}
CASE=1	移动到边缘点	($\boldsymbol{i}$, $\boldsymbol{j}$)={(−1, 0), (0, −1), (0, +1), (+1, 0)}
CASE=2	移动到角点	($\boldsymbol{i}$, $\boldsymbol{j}$)={(−1, −1), (+1, −1), (−1, +1), (+1, +1)}

在不考虑计算效率的情况下，可以初始解(U_0, Φ_0)对应的格点为起始点，外围点距离起始点(±dU, ±dΦ)设置搜索窗口，计算搜索窗口内各网格节点的目标函数值$J(i, j)$，同时确定最大值所在的位置。当最大值不在网格中心时，通过最大值所在的位置($\boldsymbol{i}$, $\boldsymbol{j}$)计算移动矢量，将9点窗口(U, Φ)平面移动 ($\boldsymbol{i}$×dU, $\boldsymbol{j}$×dΦ)，即新网格中

心点位于前一步骤得到的最大值所在位置，并计算新的网格各节点对应的目标函数值，搜索最大值，循环上述操作直到CASE=0，此时中心点目标函数值为网格窗口9个格点中的极大值。

在需要考虑运算效率的情况下，这种算法运算显得有些效率低下。没有必要在每一次移动之后计算所有9个格点的目标函数值。由于目标函数值J的计算是风矢量反演中运算量最大的部分，因此将旧格点值传递给新格点，将有效地提高运算效率。对风矢量解的优化采用5点形式的格点进行计算将比采用9点形式的格点更有效率。对CASE=1的情况，5点格式仅需要将格点移动到边缘点。对CASE=2的情况，5点格式需要经过两步移动，计算量为$5+3n=11$（$n=2$），而采用9点格式，计算量将为$9+5n=14$（$n=1$）。在5点格式搜索完成后，有必要再计算并检验角点，以在最后一个步骤中进行高阶插值。如果位于角点的值为局部最大，则从该点开始继续执行9点格式搜索。表4-2列出了在特定移动条件(CASE值)下，5点格式以及9点格式需要的计算目标函数值的操作数，从表4-2中可以看出，采用5点法较9点法在计算效率上有了一定的提高。

表4-2　计算目标函数值的操作数统计

移动条件	移动次数		MLE计算次数	
CASE	5点法	9点法	5点法	9点法
1	1	1	$5+3n=8$	$9+3n=12$
2	2	1	$5+3n=11$	$9+5n=14$

为验证算法的效率，采用IBM Power 570小型机(主频为1.5 GHz)，以单核工作的方式，对不采用粗/精搜索两级算法、采用9点式搜索算法与采用5点式搜索算法3种算法的计算效率进行测试。以2011年11月1日至2011年11月30日的HY-2卫星散射计L2A级别数据作为输入，进行风矢量反演操作，并统计单轨数据风场反演处理平均耗时，以此作为对算法效率的评价指标，结果见表4-3。

表4-3　3种搜索算法平均耗时统计

项目	不采用粗/精搜索两级算法	采用9点式搜索算法	采用5点式搜索算法
单轨数据风场反演处理平均耗时/min	93.2	19.4	17.3

结果表明，采用粗/精搜索两级算法，较不采用粗/精搜索两级算法，在计算效率上有明显提高，且5点式搜索算法较9点式搜索算法具有更高的计算效率。

4.6.3　模糊解去除算法

1）矢量中数滤波算法

在风矢量反演的过程中，有多个风矢量解可使目标函数式取极大值，其中只有一个解是真实解，其余的称伪解或模糊解。所以在利用 MLE 方法求得使目标函数取得局部最大值的风矢量后，还要进行风向的多解去除，以得到真实解。常用的模糊解去除算法包括基于观测资料和雷达数据的模糊解去除算法、借助空气动力学的约束条件场方式模糊解去除算法以及矢量中数滤波算法等。HY-2 卫星微波散射计业务化运行风向多解去除采用矢量中数滤波算法。中数滤波算法用无噪声的邻点数据替代误差点数据，特别适合一个风矢量点与周围邻点方向相反时的所谓 180°模糊问题。当用于大气风场时，中数滤波算法不会把大于所开窗口的低频特性如收敛线、气旋等在风向上变化剧烈的特性滤掉。用 φ_{ij1}，φ_{ij2}，…表示模糊风向（由似然值按顺序给出），则风向反演误差与脉冲噪声相类似。真实风向 $\varphi_{ij}^{\mathrm{t}}$可作为信号值，用最大似然估计的 φ_{ij1}（第一风场解）作为观测值，$\varphi_{ij}^{\mathrm{t}}+\pi$ 作为误差值，则脉冲模型可表达如下：

$$\varphi_{ij} - \varphi_{ij}^{\mathrm{t}} = \delta_{ij}\pi + \varepsilon_{ij} \tag{4 - 146}$$

式中，$\delta_{ij}=[-1, 0, 1]$是风向反演误差模型；$\varepsilon_{ij}\ll\pi$ 表示反演过程中其他随机误差。当 $\delta_{ij}=0$ 时，φ_{ij}表示真实风向；当 $\delta_{ij}=\pm1$ 时，φ_{ij}相对应于与真实风向呈 180°的伪解。

风向模糊排除的目标是从 $\varphi_{ijk}(k=1, 2, 3, \cdots)$中选择一个风向使得与真实风向 $\varphi_{ij}^{\mathrm{t}}$最接近，换言之，该方法通过选择下标 k 使 $|\varphi_{ijk}-\varphi_{ij}^{\mathrm{t}}|$ 最小。真实风向在运算过程中未知，但可用矢量中数滤波算法对每一个风矢量面元上进行真实风向估计。首先，通过选择真实风向等于面元周围窗口内风矢量的矢量中数；然后，从模糊解中选择出接近于真实风向估计的解；最后，基于这些新选择的解，重新估计真实风向值。上述估计真实风向的过程连续迭代直到所选风矢量不变或迭代次数超过给定的最大次数。记 $\varphi_{ij}^{\mathrm{r}}$表示真实风向的估计值（有时称之为参考风向），则第 m 次迭代得到的风矢量 S_{ij}^{m}可表示为

$$\varphi_{ij}^{\mathrm{r}} = CMF(\varphi_{ijk} \supseteq k = S_{ij}^{m-1},\ W_{ij},\ N) \tag{4 - 147}$$

$$S_{ij}^{m} = \min_{k} |\varphi_{ijk} - \varphi_{ij}^{\mathrm{r}}| \tag{4 - 148}$$

式中，CMF 表示一个 $N\times N$ 窗上的矢量中数滤波算子；W_{ij}为该面元上的权，当风矢量面元上不包含任何风矢量或面元不在刈幅上，$W_{ij}=0$。

2）矢量中数滤波初始场算法

矢量中数滤波算法的物理基础是风矢量面元的风向不是独立的，而是与周围风矢量面元风向具有一定的相关性，通过周围风矢量面元的风向，计算出一个中数，然后

将风矢量面元中风向与中数最接近的解赋为真值，对每个风矢量面元都做同样的操作，完成一次迭代。经过多次迭代，结果稳定之后，即得到多解的模糊性消除风矢量。关于初始解的选择，可以采用两种方法：①以最可能的风矢量解作为初始解；②以数值天气预报(numerical weather prediction，NWP)模式风场最为接近的风矢量解作为初始解。

HY-2 卫星微波散射计初始场的选择采用第二种方式，即 NWP 初始场优化技术。NWP 初始场优化技术是基于如下事实：与真实风场最接近的解是第一模糊解或第二模糊解的情况超过 85%。此外，通过这两个解可粗略地确定风场流线(但存在方向模糊性)。由于模糊解消除的能力在很大程度上取决于仪器噪声，而非天气物理条件，因此，将物理因素加入模糊解的选择和初始场的生成，都能够极大地提高模糊解消除的性能。将目标函数值居前两位的模糊解与第三方风向(NCEP 风场)比较，初始场的性能可得到有效提高。

4.7 中尺度涡

4.7.1 中尺度涡背景介绍

中尺度涡是大洋中的涡旋活动，被称为海洋中的“风暴”，是海洋中尺度现象之一。与大洋环流相比，中尺度涡的空间尺度只有数十米到数百千米，时间尺度在数天到数百天，最大垂直深度可达深海海底，其能量可以比平均流高出一个量级或者更大。这种中尺度涡可以传输热能和动能并可以与平均流场相互作用。中尺度涡的形成机制主要是由斜压不稳定、正压不稳定，或两种不稳定机制共同作用的结果。

海洋锋面与涡旋有着密切联系。一方面，涡旋具有成锋作用，涡旋的外围常会有锋面形成；另一方面，锋面由于不稳定性可以产生涡旋。

自 20 世纪 70 年代中尺度涡首次被海洋学家发现以来，已经在世界大洋的各个区域被广泛观测到。由于中尺度涡旋活动对海洋物理、海洋化学及生态环境等各方面都有着深刻而广泛的影响，因此成为海洋学家的研究热点之一。

4.7.2 算法和技术路线

1)基于卫星高度计测量的海面高度异常场

步骤 1：地转速度场中涡旋中心的识别

利用地转平衡关系，将海面高度异常场转化为地转速度场。

涡旋速度场具有以下明显特征：①近涡旋中心的速度有最小值(由于数据的格点化，涡旋中心实际应称为近似涡旋中心)；②切向速度随中心点距离呈近线性增加，并在某处达到最大值。基于这些特征，对涡旋中心的判定给出了 4 个约束条件(图 4-9)。

(1)沿着涡旋中心的东西向，速度 v 分量在中心点两侧的数值符号相反，大小随距中心点的距离线性增加。

(2)沿着涡旋中心的南北向，速度 u 分量在中心点两侧的数值符号相反，大小随距中心点的距离线性增加。速度 u 分量的变化方向与速度 v 分量的变化方向相一致。

(3)在涡旋中心区域内速度的大小为最小极值。

(4)围绕涡旋中心，涡旋速度矢量变化的旋转性一致。两个相邻的速度矢量方向必须位于同一个象限或相邻的两个象限(4 个象限由东西、南北垂直相交的两个方向轴定义：第一象限包含从正东到正北的方向，第二象限从正北到正西，第三象限从正西到正南，第四象限从正南到正东)。

满足上述 4 个约束条件的格点被自动判定为涡旋的中心点。

步骤 2：涡旋大小的计算

确定涡旋中心后，求此点局域范围内的流函数，判定最外的封闭流线为涡旋的边界。在边界处，某正方向的切线速度 u 或 v 可达到最大值。边界上的点到涡旋中心点的平均距离被定义为涡旋的半径。

步骤 3：涡旋演化过程的运动轨迹

了解涡旋特征的时间演化则需要对涡旋进行追踪，寻找在 $t+1$ 时刻与 t 时刻最近且极性相同的涡旋。搜索范围取决于数据的空间和时间分辨率以及平均背景流场的流速。比较好的方法是用平均流速及数据的时间分辨率来估算搜索范围大小。取流速 0.2 m/s，则 7 天时间约为 120 km。

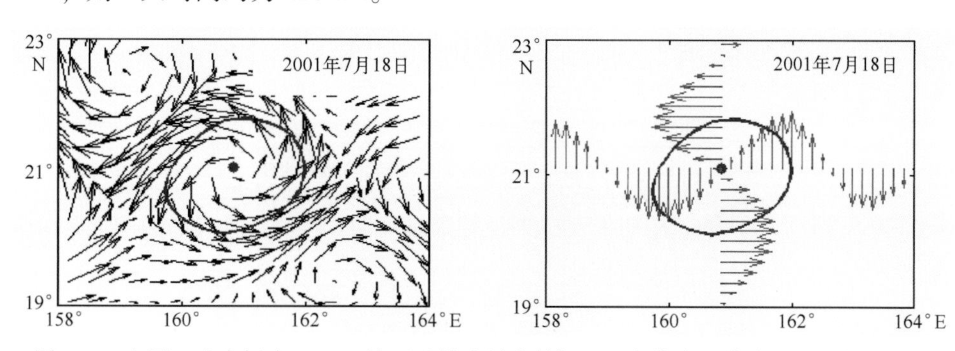

图 4-9　左图：速度场为 AVISO 海面地转流异常数据，蓝点代表涡旋中心，蓝色环线为探测涡旋的边界；右图：红色箭头是地转流场在沿涡旋中心的 4 个方向上的切向速度

(注：左右两图使用不同的矢量尺度)

2)基于卫星辐射计测量的海表温度资料

步骤 1：热成风速度

索贝尔(Sobel)梯度算子是图像处理中的一种离散性差分算子。该算子使用两个

3×3 的矩阵，分别为横向及纵向，与海表温度数据作平面卷积，得到海表温度梯度。

$\boldsymbol{G}_x$ 和 $\boldsymbol{G}_y$ 两个矩阵分别为在每个海温观测点在经向和纬向上的梯度算子，具体计算过程如下：

$$\boldsymbol{G}_y = \begin{bmatrix} +1 & +2 & +1 \\ 0 & 0 & 0 \\ -1 & -2 & -1 \end{bmatrix} * \boldsymbol{A}$$

$$\boldsymbol{G}_x = \begin{bmatrix} +1 & 0 & -1 \\ +2 & 0 & -2 \\ +1 & 0 & -1 \end{bmatrix} * \boldsymbol{A} \tag{4-149}$$

式中，* 表示二维卷积运算；$\boldsymbol{A}$ 矩阵为海表温度场数据。定义矢量：

$$\boldsymbol{V} = (U_x,\ U_y) \tag{4-150}$$

在北半球，$U_x = -G_y$；$U_y = G_x$；在南半球，$U_x = G_y$；$U_y = -G_x$。

在北半球和南半球，气旋(反气旋)涡的旋转方向相反：在北半球逆时针旋转(顺时针旋转)，南半球顺时针(逆时针)旋转；相对应气旋涡(反气旋涡)中心的海表温度异常为冷核(暖核)；式(4-150)中定义的矢量 $\boldsymbol{V}=(U_x,\ U_y)$ 将保证两个半球的气旋涡(反气旋涡)旋转方向正确。矢量的大小可简单地看作海表温度梯度的大小。矢量“速度”绕冷核(暖核)逆时针(顺时针)旋转。事实上，基于热成风的关系及一阶线性的海水状态方程，可得知热成风速度是一个温度贡献下的速度斜压部分(另一部分为盐度的贡献)。因此，当温度场为密度变化的主要贡献量时，热成风的速度乘以系数 $F=H\times g/(f\rho_0)$ 为海表绝对流速的主要部分，其中 H 为热成风的深度，g 为重力加速度，f 为科氏力参数，ρ_0 为海水的参考密度。在涡旋识别方法的实际运用上，没有必要将矢量转换为速度单位(图 4-10)。

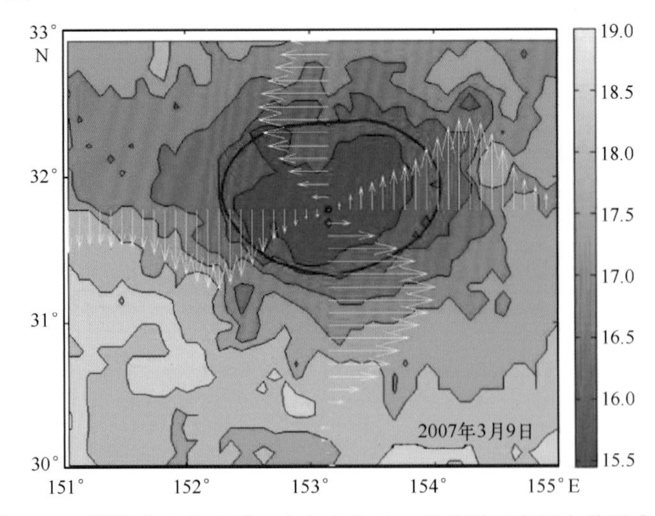

图 4-10　涡旋中心点东西—南北方向上，热成风速度切向分量变化

步骤 2：热成风速度场中涡旋中心的识别

本步骤的算法最初源自高分辨率数值模拟的涡旋自动识别。基于中尺度涡旋速度场的某些明显特征：近涡旋中心的速度有最小值；切向速度随中心点距离呈近线性增加，并在某处达到最大值。

由于从步骤 1 中计算的热成风速度场可以近似地表征真实速度场的某些特征，那么可以从海表温度梯度场中探测涡旋的中心。

将判定涡旋中心的 4 个约束条件应用到热成风速度场，满足 4 个约束条件的点被识别为涡旋中心，图 4-10 给出了涡旋中心识别结果情况。

步骤 3：涡旋大小的计算

探测到涡旋中心后，进行涡旋边界的计算。假设在涡旋内部区域，从中心点开始，在距离上，海表温度梯度大小辐射状逐渐增加。涡旋边界可以定义为围绕中心点的最外层闭合等温线，其海表温度梯度的大小在辐射方向上开始减小。计算中仅在 4 个方向(正北、正东、正南和正西)上进行判定，这是一个算法效率与计算准确性之间合理的折中方法。如果考虑封闭等值曲线上每个点的变化，将耗费大量的运算时间。选择 4 个正方向，只需判断从涡旋中心沿这 4 个方向最远距离的格点情况，不需要考虑涡旋的椭圆率和方位等情况，如图 4-10 所示。

步骤 4：涡旋演化过程的运动轨迹

从整个海表温度数据中识别出涡旋中心后，通过比较连续时间上的中心位置来确定涡旋的轨迹。如果在 $t+1$ 时刻存在 t 时刻涡旋中心 $N \times N$ 的网格点范围内极性相同的涡旋，这样将 t 时刻的涡旋中心与 $t+1$ 时刻的涡旋中心联系在一起。如果在 $t+1$ 时刻没有发现有联系的中心点，则在 $t+2$ 时刻搜索较大的区域 $(N+N/2) \times (N+N/2)$。如果在 $t+2$ 时刻，仍旧没有找到相关的涡旋中心，则认为涡旋消亡，对该涡旋的轨迹追踪结束。涡旋搜索范围的大小需要进行细致的量调，以避免轨迹的分割(将连续的轨迹分成多个轨迹)，因为涡旋不能在下一时刻的搜索范围之外被探测到。考虑到这个原因，搜寻区域大小的选取要参考数据集的空间分辨率和时间分辨率，以及时间平均流场的大小。涡旋的平均移动速度大约是 10 cm/s 的量级，对于逐日海表温度数据，选择 15 km 为搜索半径。

3) 基于海表漂流浮标测量的轨迹资料

步骤 1：回路的识别

首先确定浮标返回到先前的位置：当前位置与之前点的距离小于阈值 D_0 认为浮标返回到先前的点。距离阈值 D_0 可以由背景流速和样品的时间间隔的乘积来估计。如果轨迹数据是时间均匀的，就使用这个区域内轨迹的平均空间间隔。沿着浮标的轨迹 Γ，考虑一系列的点 $P(i)$，$i=(1, 2, \cdots, M)$，M 是轨迹 Γ 上总的个数。$D(i, j)$ 是 $P(i)$ 与 $P(j)$ 间的距离。在点 $P(i)$，搜索第一个点 $P(k)$ 距离点 $P(i)$ 为 $D(i, k)$，小于 D_0。搜索的范围是[$i+\tau$, $\min(i+N, M)$]，τ 是移去高频振荡的截断时间所用的数据点个数，N 是用来搜寻回路所用最长时间的数据点的个数。换言之，如果返回 $P(i)$ 所用搜寻步数超过了 N 就停止搜索。如果在 $P(i)$ 点没有检测到回路，则自动探测下一个点 $P(i+1)$。因此点 $P(k)$ 满足下列条件：

$$D(i, k) \leqslant D_0 \quad [i + \tau < k < \min(i + N, M)] \tag{4-151}$$

$D(i, k)$ 是 $P(i)$ 和 $P(k)$ 间的距离。从 $P(i)$ 到 $P(k)$ 所有的点被记录为一个回路的点集。浮标从点 $P(i)$ 运动到点 $P(k)$ 是回路的旋转周期。从点 $P(i)$ 到点 $P(k)$ 间所有点的平均位置被认为是回路的中心。然后移动到点 $P(k+1)$ 重复上述过程来寻找新的回路，如果在点 $P(i)$ 没有检测到回路或者不满足条件[式(4-151)]，移动到点 $P(i+1)$ 重复上述过程来寻找新的回路。当指数 i 取遍轨迹上所有点 1 到 M，所有存在的回路将被自动识别出来。

步骤 2：回路的旋转角度和极性

识别出轨迹中的回路后，需要确定它的旋转方向是顺时针还是逆时针。一个处在北(南)半球反气旋涡区域的浮标，将会顺时针(逆时针)方向运动。为了确定回路的旋转方向，我们计算一个总的角度 Θ，关于从回路的中心指向回路上每个点(起始点到终点)的矢量。如图 4-11 所示，当浮标做回转运动时，一般情况下，每个时间步上的矢量的位置(绿色箭头)顺时针(负)或逆时针(正)方向总的角度 Θ 接近 360°。角度的符号代表了涡旋的极性。

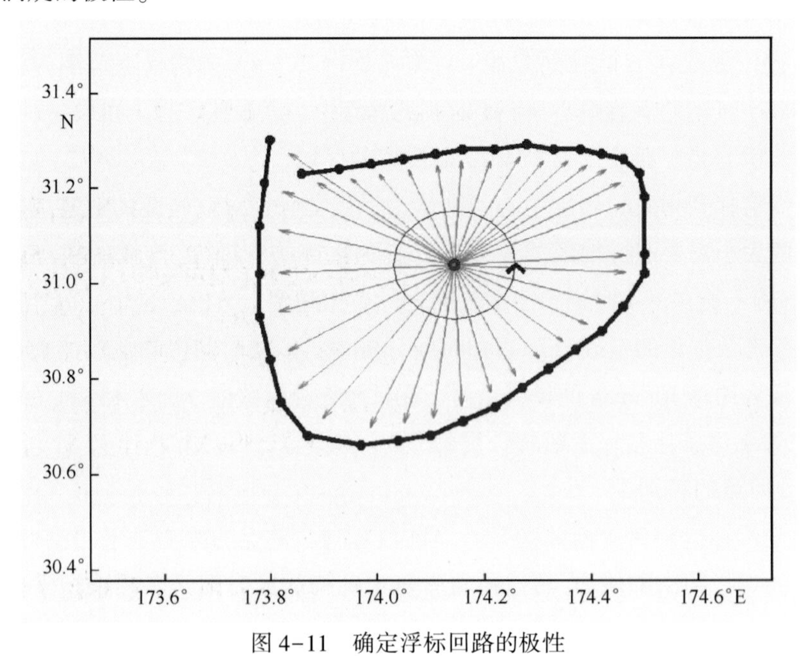

图 4-11　确定浮标回路的极性

粗蓝色线表示 7711687 号漂流浮标轨迹的一段；红色圆圈表示回路的几何中心；绿色箭头矢量表示从回路的中心指向回路上的样品点；小圆圈蓝色箭头表示回路旋转的方向

一组点群也可能满足步骤 1，但未必会形成一个回路。有可能这一组点群在同一位置摇摆(满足步骤 1)，而没能形成绕某一中心的封闭旋转曲线。为了排除这种情况，从得到的旋转角度做进一步判定。如果角 Θ 大于最小的角度 Θ_0(默认设置是 300°)，这个部分才会被作为一个回路：

$$\Theta > \Theta_0 \tag{4-152}$$

步骤 3：回路的参数

在步骤 1 中，从浮标的轨迹中识别出回路，确定了回路的中心、时间(起始点和终点)和回路的旋转周期。在步骤 2 中，使用辐射矢量估计出回路的极性。辐射矢量 $\boldsymbol{R}$ 的长度可以认为是回路的大小。如图 4-11 所示，近似地，选择矢量的平均长度，使用一系列的辐射矢量也可以估算出涡旋的离心率。

$$\varepsilon = [\max(r) - \min(r)]/[\max(r) + \min(r)] \tag{4-153}$$

式中，r 为矢量 $\boldsymbol{R}$ 的尺度。

回路的强度可以被回路所代表的涡旋的涡度来描述：

$$\Omega = \mathrm{sigh}(\Theta)U/\mathrm{avg}(r) \tag{4-154}$$

式中，U 为平均剪切速度，回路上所有点上的速度平均；$\mathrm{avg}(r)$表示 r 的平均值，回路的大小；Θ 为辐射矢量完成回路的总角度。

由此得到回路用来表征涡旋主要特征的 5 个参数：中心位置、起始和结束时间、旋转周期、极性和强度。

步骤 4：涡旋的追踪

虽然大多数浮标并不是在涡旋的整个生存期间都随着涡旋运动，但是识别与同一涡旋相关的一组回路能够对涡旋的演化提供部分信息。在这一步中，我们用回路的位置和时间信息，将记录同一个涡旋信息的所有回路进行归组：①如果两个时间相邻回路具有相同的极性；②如果两个回路之间的距离小于平均流的平流距离。平均流由沿着两个回路所有点的平均值计算所得。平流距离是两个回路的时间间隔乘以平均流速。

当满足这两个条件，两个回路被视为跟踪相同的涡旋，然后程序循环到下一个回路来识别第三个回路是否与前两个为同一组。

从上述 4 个步骤可以发现，在使用该探测方法前，4 个参数需要指定。步骤 2 中，最小的旋转角度 Θ 默认值为 300°，其他 3 个参数的选取方法如下。

距离阈值 D_0，用来定义浮标返回到先前位置。流速的尺度为 U_0，浮标样本的时间间隔为 Δt，两个相邻点 $\Delta t \times U_0$ 的距离是浮标网格大小尺度。考虑搜索过程通过每一个点，我们选择格点距离作为标准距离：

$$D_0 = \alpha \Delta t U_0 \tag{4-155}$$

其中，$0<\alpha<1$，默认值设置为 0.5。或者使用一个平均格点距离[格点大小定义为

$D(i, i+1)$，如果时间步长相同，i 取遍所有时间步]。

截断时间步 τ，用来移除惯性振荡，它由局地惯性频率 $f=2\Omega\sin A$ 来决定，其中 Ω 为地球旋转频率，$\Omega=2\pi/24=7.28\times10^{-5}/\text{s}$，$A$ 为搜索开始时的浮标纬度。

$$\tau=\text{int}[\beta\Delta t/(2\pi/f)] \tag{4-156}$$

β 是一个调整因子，默认值是 2.0。

第三个参数是最大时间步长 N，用于搜索回路。一般来说，考虑涡旋(回路)季节内变化，所以建议以 90 天作为回路搜索的最长时间。

$$N=90/\Delta t \tag{4-157}$$

综上所述，通过 4 个步骤识别漂流浮标中的回路部分，用位置、起止时间、极性、强度和离心率 5 个参数来表示回路的信息，以及表征同一涡旋的连续回路。

4.8 海洋锋面

4.8.1 海洋锋背景介绍

海洋锋是指水平方向上海洋水团特性明显不同的两种或几种水体之间的狭窄过渡带。海洋锋狭义上可定义为水团之间的边界线，广义上可泛指任一种海洋环境参数的跃变带，因而出现了诸如温度锋、盐度锋、密度锋、速度锋、水色锋，以及包含海水化学、生物等要素的海洋锋的称谓。

海洋锋可以用温度、盐度、密度、速度、水色、叶绿素等要素的水平梯度或更高阶微商的特征来描述，也就是说，锋带的位置可以由一个或几个上述要素的特异性位置来确定。海洋锋的规模可以小至厘米级，也可大至全球范围。海洋锋存在于海洋的表层、中层和近底层，可以分为以下 6 类。

(1)行星尺度锋：通常与表层埃克曼输运产生的辐合有关，对天气和气候具有重大的影响。

(2)强西边界流的边缘锋：由于强西边界流向高纬度侵入而形成。

(3)陆架坡折锋：形成于陆架水和陆坡水的边界处。

(4)上升流锋：通常在沿岸上升流期间形成，与沿岸风应力引起的表层埃克曼离岸输运有关。

(5)羽状锋：出现于江河径流流入沿岸水域的边界处。

(6)浅海锋：出现于内陆海、河口、岛屿周围、海滩、海角或浅滩处，常位于风、潮混合的近岸浅水域与层化且较深的外海水域的交界处。

在能量(包括动能、位能和温盐能等)产生与消衰过程中，出现水平差异的海区才能形成锋面。影响海洋锋的重要物理驱动作用包括科氏力、局部风应力、热量(海面的增温与冷却)、蒸发与降水等。还要考虑其他一些过程，包括河流的淡水输入、潮流与表层地转流的汇合和切变、因海底地形与粗糙度引起的混合和因弯曲引起的离心效应等。因为锋区内动量及其他特征量交换非常强烈，所以海洋锋在海洋动力学中是十分重要的。海洋锋对渔业生产、国防、海洋环境及气象有重大影响。

4.8.2　算法和技术路线

研究海洋锋面广泛应用的方法有直方图分析法(histogram analysis)和梯度法(gradient method)，这两种方法的有效应用都是基于锋区内具有高梯度的特征。

两个相互独立的水团各自具有不同的理化特征，直方图分析法假设锋面就是一条分隔上述两个水团的狭长带状结构，以温度锋为例，锋面两侧的海温大都集中在两个不同的稳定模态(在直方图中显示出两个显著的峰值)，而夹在两个水团之间的锋面区域在温度直方图中则显现出散乱分布。直方图分析算法的思想最早由 Cayula 提出并不断发展完善，有效应用于海洋温度锋的识别研究中。

1) Canny 边缘检测算法

(1)用二维高斯滤波模板进行卷积运算以消除噪声。二维高斯滤波模板定义如下：

$$G(x,\ y) = \frac{1}{2\pi\sigma^2}\exp\left(\frac{x^2 + y^2}{2\sigma^2}\right) \tag{4-158}$$

式中，x、y 分别表示二维信号水平方向和垂直方向位置；σ 为高斯函数曲线的标准差。其对应的梯度矢量为

$$\nabla G(x,\ y,\ \sigma) = \begin{bmatrix} \partial G/\partial x \\ \partial G/\partial y \end{bmatrix} \tag{4-159}$$

为了提高运算速度，将滤波模板分解为两个一维的行和列滤波器，然后用这两个模板分别与图像进行卷积运算。Oram 等(2008)通过实验验证，认为 σ 按下式进行取值，可以较好地保证海洋锋的定位精度。

$$\sigma = \frac{Width\ (\mathrm{km})}{Resoluthion\ (\mathrm{km/pisel})} \tag{4-160}$$

(2)计算梯度的幅值和方向。利用导数算子(索贝尔算子)找到灰度图像 $I(x,\ y)$ 沿着 x 方向和 y 方向的偏导数 $[G_x(i,\ j),\ G_y(i,\ j)]$。

按下式求出梯度幅值大小：

$$|G(i,\ j)| = \sqrt{G_x^2(i,\ j) + G_y^2(i,\ j)} \tag{4-161}$$

(3)对梯度进行非极大值抑制。遍历整个图像，若某位置与其梯度方向上前后两个位置相比，其梯度幅值不是最大，那么这个位置不是边缘，将其幅值置为 0，反之则为

边缘点，其梯度幅值保持不变。

(4)双阈值化处理。非极大值抑制后还是会存在虚假边缘，用双阈值法进一步去除，认为梯度幅值大于高阈值就一定是边缘点，小于低阈值就一定不是边缘点，而对于梯度幅值处于两个阈值之间的像素点，则将其看作疑似边缘点。但是对于海洋锋的判断还应该增加一个阈值，用于去除那些不符合海洋锋弱边缘特征的高幅度边缘信息，该阈值称为“上限阈值”。

为实现阈值的自适应性选择，统计研究海域的梯度幅值，根据小于等于某一梯度幅值的像素在整个图像中所占的比例来确定各阈值。

2)基于数学形态学的海洋锋再处理

上述算法能够较好地将海洋锋信息提取出来，且定位较准确，但也存在一定的缺陷：该算法无法获得单像素级边缘，所以有必要对其进行再处理，细化边缘，获得更好的定位；同时，如果不能较好地处理疑似边缘点，即幅值大于低阈值且小于高阈值的点，就可能因为忽略了一些点，造成边缘出现间断，连续性较差；不能较好地兼顾不同尺度的海洋锋，定位精度还有待提高，需要对经 Canny 算子初步检测出来的海洋锋进行再处理，实现海洋锋的连接和细化。

(1)海洋锋的连接。在 Canny 算法运算中，通过设置阈值，可以得到两组海洋锋信息，一组是梯度幅度大于高阈值且小于“上限阈值”的海洋锋信息集合 I，该集合内的海洋锋信息是最可靠的；还有一组是梯度幅度大于低阈值且小于高阈值的所有点的集合 J，该集合内的海洋锋信息是不确定的。设 U 为梯度幅度大于低阈值且小于“上限阈值”的所有点的集合，即 $U=I\cup J$。

集合 I 中的海洋锋信息最可靠，但同时其必然会因为过高的阈值导致海洋锋信息的漏检，从而造成海洋锋的连续性差；而集合 U 中包含了所有检测出来的边缘信息，虽然其中存在非海洋锋信息，可靠性不如集合 I，但其具有良好的连续性，因为它保留了所有可能的海洋锋信息。

为了获得较好的连续性，同时防止对于阈值的过分依赖而导致一些海洋锋信息的漏检，利用二值图像重构的思想，将集合 J 中的可疑点进行筛选，提取出其中的可靠信息补充到集合 I 中，从而获得连续性更好的海洋锋信息集合。基本思想是：对集合 I 中的每一点进行膨胀，然后将膨胀的结果 I' 与 U 进行逻辑“与”的运算得到结果 $\hat{I}$，再将 $\hat{I}$ 循环进行膨胀并与 U 进行逻辑“与”运算，直到结果稳定，其表达式为

$$\hat{I}^{0} = I$$

$$\hat{I}^{n} = (\hat{I}^{n-0} \oplus B) \cap U \tag{4-162}$$

式中，B 为结构函数，一般分为 4 连通和 8 连通，其结构如图 4-12 所示。

该方法利用了海洋锋的连续性，对可疑的海洋锋信息进行甄别，去除了检测出来的非海洋锋信息，并从中提取出可靠的海洋锋信息，从而使海洋锋变得更加清晰和连贯。

0	1	0
1	*	1
0	1	0

1	1	1
1	*	1
1	1	1

图 4-12　结构函数 4 连通和 8 连通示意图

(2)海洋锋的细化。由于 Canny 算法的固有缺陷，无法获得单像素的海洋锋，所以有必要对其进行细化，使海洋锋的位置更加明显，定位更加准确。利用数学形态学对海洋锋进行细化，主要是基于击中击不中运算。

击中击不中运算需要两个结构元素 B_1 和 B_2，这两个结构元素被称为一个结构元素对 $B=B_1 \cap B_2=\phi$，假设 A 为目标图像，则 A 被 B 击中的结果可表示为

$$A \times B = (A \Theta B_1) \cap (A^C \Theta B_2) \tag{4-163}$$

集合 A 被一个结构元素对细化定义为

$$A \otimes B = \frac{A}{A \times B} \tag{4-164}$$

即 $A \otimes B$ 为 $A \times B$ 与 A 的差集。一般情况下，利用结构对序列 $\{B\}=\{B^1, B^2, \cdots, B^n\}$ 迭代的产生序列

$$A \otimes B = \left\{ \{\cdots[(A \otimes B^1) \otimes B^2]\cdots\} \otimes B^n \right\} \tag{4-165}$$

式中，B^1 是 B^{i-1}的旋转，$B^1=(B_1^i, B_2^i)$，B_1^i 为击中结构元素，B_2^i 为击不中结构元素，通过不断的迭代，集合将不断地被细化。如果输入集合是有限的，最终将得到一个细化的图像。对于结构对的选择，只要求其结构元素不相交。事实上，使用同一个结构对进行不断重复的迭代也能细化。在实际应用中，通常选择一组结构元素对，循环使用这些结构对进行迭代，当一个完整的循环结束时，如果所得结果不再变化，则迭代过程终止。

4.9　数据融合

数据融合算法最初来源于为数值天气预报提供必要的初值，现在已经发展成为能

够有效利用大量多源非常规资料的一种新颖技术手段，它不仅可以为海洋数值预报模式提供初始场，还可以构造海洋再分析资料集，为海洋观测计划和数值预报模式物理量及参数等提供设计依据。近年来，数据融合技术取得了快速发展，从早期比较简单的客观分析(objective analysis，OA)法发展到现在能够融合大量非常规资料的四维变分(4 dimensional variation，4D-Var)法和集合卡尔曼滤波(ensemble Kalman filter，EnKF)法等。现在应用在卫星数据融合的数据融合方法主要有最优插值法、小波变换法、卡尔曼滤波法(Kalman filter，KF)和变分方法等。

早期的数据融合方法，也称客观分析法，如由 Panofsky(1949)开创性提出的多项式拟合(polynomial fitting，PF)法、Gilchrist 等(1954)发展的函数滤波(function filtering，FF)法，以及最初由 Gilchrist 提出的理想逐步订正法原型，由 Bergthorson 等(1955)对其进行理论论证并由 Cressman 发展成熟的基于迭代算法的逐步订正法等，这些其实都是经验分析方法，没有充分利用模式和观测资料的误差统计信息，也没有利用模式的时空演变信息，并且缺乏强有力的理论基础。因此，在实际数值预报特别是在海洋科学研究中并没有得到广泛应用。直到 20 世纪 60 年代初，最优插值(optimal interpolation，OI)法的提出，数据融合方法才有了基于统计估计理论的基础。目前的数据融合方法根据其理论原理可分为两类，一类是基于统计估计理论的方法，如最优插值、标准卡尔曼滤波、扩展卡尔曼滤波(extend Kalman filter，EKF)和集合卡尔曼滤波等；另外一类是基于最优控制的方法(也称变分方法)，如三维变分(3 dimensional variation，3D-Var)法和四维变分法等。

4.9.1 基于统计估计的资料融合技术

1)最优插值法

由 Eliassen 于 1954 年提出的最优插值理论，属于客观分析理论的范畴，Gandin 在 1963 年利用最优插值理论进行客观分析，Lorenc 和屠伟铭等将最优插值理论推广到观测资料和预报偏差的三维多变量插值中。最优插值法假设背景场误差协方差矩阵是定常的，而协方差矩阵模型通常是随距离呈指数递减的函数。最优插值法具有综合处理不同类型观测资料的能力，适合对不同类型和不同时次的观测资料进行 4D-Var 分析。因此，最优插值法已经成为一种用得最多的融合方法，欧洲中期天气预报中心(European centre for medium-range weather forecasts，ECMWF)和美国国家气象局均采用了最优插值法进行客观分析。客观分析法由 Bretherton 等于 1976 年首次应用于海洋学研究，Carter 和 Robinson 在 1987 年给出了客观分析法用于评估不同海洋场的详细解释和应用方法，这项技术同样应用于卫星海洋遥感数据。最优插值法采取时空插值方法，融合数据具有空间覆盖率和数据精度高的优点，然而也有不足之处，由于所用协方差矩阵是固定的，不随时间变化，这就限制了它不能将动力模式和观测信息很好地融合在一起，并且一般的最优插值算法是单变量分析，并没有考虑大洋环流和大洋风场等物理量的影响，这可能造成物理量的不协调。最优插值法通常选择分析格点附近的观测资料来做局部分析，这可以减少计算量，但分析结果并非全局最优，分析在空间上可能存在不协调；最优插值法是针对线性系统发展起来的，难以处理观测算子非线性的情况。因此，最优插值法融合数据细节特征往往被平滑，不能满足近岸研究和应用要求。

2）小波变换法

小波变换法是近 20 年来发展起来的一种新的时频分析方法，建立在经典的傅里叶分析基础上。小波变换法主要用于图像处理，在选定小波基之后，就可以将信号分解为不同频率的子带信号，在频域进行信号处理。小波变换法的理论依据是高频分量携带的是图像的细节信息，低频分量携带的是图像的轮廓信息，因此分辨率高的传感器数据细节信息丰富，分辨率低的传感器数据覆盖面大，该方法将两者优势进行综合。小波变换融合数据，较多地保持了海洋细节特征，数据清晰度很高，然而小波变换法融合数据的操作区域是待融合数据均为有效数值的区域，因此空间覆盖率无法满足需要，有待进一步提高。

3）卡尔曼滤波法

卡尔曼滤波法最初由卡尔曼于 1960 年引进用于离散时间下的线性系统滤波，并且由卡尔曼和 Bucy 扩展用于连续时间系统滤波。类似于最优插值法，卡尔曼滤波法也是基于统计估计理论发展起来的。卡尔曼滤波法是最早用来描述离散数据线性滤波问题的一种递归解决方法，由于其采用状态空间法描述系统，算法采用递推形式。卡尔曼滤波法基于最优控制理论，是一种顺序估计法。卡尔曼滤波法实际上是一种加权平均的方法，只不过权值的选择在最小方差意义下是最优的。卡尔曼滤波法经历了标准卡尔曼滤波法与扩展卡尔曼滤波法等发展阶段。标准卡尔曼滤波法是针对线性系统提出的，是卡尔曼滤波法的最初形式。对于标准卡尔曼滤波法，模式系统和观测系统是线性关系，此情形下的卡尔曼滤波法给出的状态估计是最优的，但是海洋数据大多数情况下是高维非线性系统，标准卡尔曼滤波法对此无能为力。扩展卡尔曼滤波法是针对非线性系统提出的，在非线性情形下，模式状态转换矩阵可以是模式状态的函数，观测转换矩阵可以是模式状态和观测的函数。扩展卡尔曼滤波法给出的状态估计不再是最优的，而是次优的。由于卡尔曼滤波法高昂的计算代价而难以应用于实际数据融合当中。

4.9.2　基于最优控制的资料融合技术

1）三维变分法

最初出现的变分技术是三维变分法，三维变分法基于最优控制理论而发展，通过分析预报值与观测值之间的距离最小化得到数据产品的最优估计量。相对于最优插值法，三维变分法可以做多变量融合分析，并且在三维空间中进行全局分析，分析解为全局最优；也可以处理观测算子非线性的情况，这样可以融合各种不同来源的观测资料；另外，可以在代价函数上加入额外的平衡约束项，这样能抑制分析场带来的噪声。由于三维变分法无时间变量，因此动力模式不能对其进行约束，其获得的初值在时间上是不连续的，也难以保障与模式协调；另外，模式在融合时间窗口内被认为是静止的，而且使时间窗口内的任何观测数据都被认为是同一时刻的观测值，这无疑会使融合结果与实际产生某些偏差，这是其主要缺点。

2) 四维变分法

为弥补三维变分法的缺陷，LeDimet 等于 20 世纪 80 年代提出了四维变分法。四维变分法是将三维变分法进一步扩展成为包含时间变量的融合分析。四维变分法在时间窗口内利用完整的动力模式作为强约束，能自动调整模式误差，使融合结果更可靠。而且，规定在某一时间段上的观测数据均可纳入融合系统。背景场误差协方差隐式发展，误差信息随动力模式而向前传播，这些是四维变分法的主要优势。由于四维变分法需要求解伴随模式，并且代价函数求解通常采用最速下降法、共轭梯度法及准-牛顿迭代法等迭代计算，所以计算量特别大。针对四维变分法计算量大的缺点，许多学者提出了新的改进方法，如早期由 Courtier 提出的增量法，利用转换算子将原来模式高分辨率的增量场转换为低分辨率场，在低维空间中进行计算，最后利用逆转换算子将迭代获得的低维增量转换到原来的空间增量中，但增量法无法确保结果的收敛性。国内有学者提出基于奇异值分解(singular value decomposition，SVD)技术的显式四维变分法及基于本征正交分解(proper orthogonal decomposition，POD)函数技术的显式四维变分法等，这两种方法在某些地方是相似的，都是通过对协方差矩阵进行分解重构来缩减计算量，且均不需要伴随模式的求解及切线性假设，能够有效减少计算量，但其稳定性仍需进一步测试。除此以外，四维变分法(特别是强约束四维变分法)在融合时间窗口内隐含了“完美”模式这一假设，当模式误差大的时候，这一假设本身就不成立。此外，实施伴随算子的编码本身也是一件相当繁重和复杂的工作，物理过程参数化也会引起目标泛函产生不连续问题，对融合时间窗口长度的确定没有形成较统一的方法。

综上所述，就数据融合技术的发展而言，如今基于统计估计理论和基于最优控制的融合方法已经发展成为两大主流方向。基于最优控制的融合方法在理论研究上相对较为完善，但其计算量庞大依然是人们重点关注的问题；同样，基于统计估计理论的计算量也相当大，并且仍有理论问题尚未完全解决。不过其以简便易行的算法和易于操作的优点受到越来越多的关注，具有更大的发展潜力。

第5章　大洋渔场环境信息预报

5.1　大洋渔场环境信息预报发展与现状

5.1.1　海浪信息预报发展与现状

自20世纪50年代至今，海浪数值预报模式得到了迅速发展。目前的主要计算模型可分为三类：第一类是基于布西内斯克(Boussinesq)方程的计算模型，它是直接描述海浪波动过程水质点运动的模型；第二类是基于缓波方程的计算模型，它是基于海浪要素在海浪周期和波长的时空尺度上缓变的事实；第三类是基于能量平衡方程的计算模型，主要用于深海和陆架海的海浪计算，但是在近岸较大范围的波浪计算中也有很大优势。总体来看，海浪数值预报技术的发展过程可分为三个阶段。

第一阶段的典型代表是Phillips平衡域谱、PM谱和第一代海浪模式，其特点是海浪谱各分量独立传播和成长，海浪谱不会无限成长，存在一个人为设定的限制状态。1957年，法国Geli基于微分波谱能量平衡方程完成了DSA海浪模式。这也是海浪数值预报的一项开创性工作，成为第一代海浪模式的典型代表。

第二阶段的典型代表是联合北海波浪计划(joint North Sea wave project，JONSWAP)谱和第二代海浪模式，其主要特点是在能量平衡方程源项中考虑了波-波非线性相互作用，并用较为简单的参数化方案考虑了该非线性项。美国国家环境预报中心(NCEP)首先用作业务化的海浪谱模式是Cardone等(1979)发展的第二代SAIL模式。20世纪80年代中期，由美国、日本、英国、德国和荷兰等国家的海洋专家组成的海浪模拟计划(SWAMP)研究组对第一代和第二代海浪模式进行了全面比较，发现所有第二代海浪模式的非线性能量转换的参数化方法都具有明显的局限性，尤其当风和浪的条件迅速改变时，SAIL等第二代海浪模式未能给出令人满意的结果。

第三阶段即第三代海浪模式的研究和业务化应用。1983—1986年，德国、荷兰、英国、法国和挪威等国家的40余名海洋专家研究发展了适用于全球深水和浅水的海浪数值计算模式。该模式采用当今各种海浪理论研究和海浪观测新成果，应用了物理上较合理、计算上较精确的源函数，在计算时对算法进行优化，使之成为代表当今海浪预报技术世界水平的海浪数值计算模式。第三代海浪模式的特征是直接计算波-波非线性相互作用，将海浪模拟归结为各源函数的计算。目前，应用较为广泛的第三代海浪模式主要有 WAM 模式、SWAN 模式和 WAVEWATCH 模式等。

美国国家海洋和大气管理局(NOAA)运用 WWATCH Ⅲ分别建立了全球(分辨率为 1.25°经度×1°纬度)和阿拉斯加海域、西北大西洋、东北太平洋、北大西洋飓风(区域模式的分辨率都为 0.25°×0.25°)等海浪业务预报系统，预报时效为 7 天，并取得了很好的效果。NCEP/NOAA 着力发展全球海浪集合预报技术，并在 2015 年将预报时效延长至 30 天。

另一方面，卫星高度计的出现刺激了海浪预报模式的发展，而海浪预报模式也对卫星高度计海况产品的精度提出更高要求。过去 10 余年中，海浪预报结果与高度计海况产品在相互促进中均取得了显著改进，这两项技术的进步也为提高海浪预报业务水平提供了有力支持。欧洲中期天气预报中心、日本气象厅(Japan Meteorological Agency，JMA)等已经将卫星高度计海况数据用于波高分析和波浪预报验证，如 JMA 投入业务化运行的客观波浪分析系统(OWAS)采用最优插值算法以各种观测数据(如卫星高度计、浮标和岸基测波仪等测得的有效波高)修正波浪场。OWAS 系统每 6 小时发布一次分析结果，其效率远高于预报员人工分析。JMA 正在以 OWAS 系统的结果为基础开发数据同化系统，该系统根据模式波高和分析波高的差异修正波浪谱。这种修正对所有谱分量采用相同的矫正系数，改进算法中将对各个谱分量分别进行修正。

发达国家在上述技术进步的基础上开展了全球海浪及区域海浪预报业务，其预报部门通常同时运行全球和区域预报两套系统。研究人员不断提高这些预报产品的分辨率，不断改进区域海浪预报模式中水深等问题的处理技术。

我国的海浪数值预报是海洋数值预报业务中开展较早的项目之一。20 世纪 50 年代，基于港口工程建设的需要，我国海洋学家、物理学家和数学家就对海浪计算和海浪后报方法开展了广泛深入的研究。为了提高海浪预报技术，在 20 世纪六七十年代两次集中力量进行了协作研究。第一次由国家科学技术委员会海洋组和国家海洋局组织海浪预报方法研究组，在文圣常教授的指导下，以能量平衡方程和海浪谱为基础，进行预报方法研究和预报试验。这一成果曾在国家海洋环境预报中心和青岛北海海洋环境预报中心进行预报检验后，编入 1973 年出版的《海浪计算手册》。随着计算机在海洋预报业务中的应用，国家海洋局又组织了第二次全国海浪预报协作研究，经过三年时间(1976—1978 年)，提出了适合我国近海和邻近海域的“一个参数大洋波谱模式”。与此同时，国家海洋环境预报中心还引进了日本气象厅 MAI 海浪数值模式，进行大面积海浪数值预报试验。

中国海洋大学的文圣常院士等在我国“七五”科技攻关计划中提出了一种基于文氏

谱理论适应我国近海和临近大洋的混合型海浪模式——WENM 模式，并已应用于海洋预报部门的业务化预报工作中。该模式的风浪与涌浪转换采取了新途径，避免了传统的切割频率方法在概念上的困难，将已出现的海浪谱与新风速可以支持的充分成长风浪谱比较来判断风浪与涌浪。该模式有两个显著特点：①可靠性较高，由于以可靠的风浪成长经验关系得到源函数取代通常逐项计算源函数，避免了复杂的、难以精确的计算手续，使模式的精度得到根本保证；②节约机时，由于综合性源函数避免了直接计算波-波相互作用，节省了大量的计算量，在相同条件下所用机时仅约为 WAM 模式的 1/60。该模式已经过大量各种天气过程的预(后)报检验，并已在国家和地区性海洋预报中心投入业务化(试)预报，结果证明该模式稳定性好、适用性强、精度高，可在微型计算机上运行，便于推广应用。该成果于 1997 年获国家科学技术进步奖三等奖。

国家海洋局第一海洋研究所的袁业立院士等以 WAM 模式为基础，建立了可考虑波-流相互作用的 LAGFD-WAM 模式。该模式用理论导出的能量耗散源函数取代了 WAM 模式中的经验公式，这一点使高海况下的计算结果有明显改进。同时，还在控制方程中引入了浪-流相互作用项，考虑了非均匀和非定常流场的作用。在计算方案上，引入了嵌入特征线方法，不仅适用于物理空间，还适用于波数空间。

自适应曲线网格是国际上近岸水动力计算中采用较多的先进技术。根据水动力特征本身变化的快慢或研究关注的程度不同，对不同区域采用不同大小的网格，既提高了局部海域分辨率又减少了计算量。冯芒等(2004)在确认近岸 Eberso Ⅰ 型缓坡方程模型海浪计算的空间步长主要取决于地形变化尺度的基础上，建立了定常的自适应曲线计算模型，取得较好的模拟效果。

国家海洋环境预报中心在“十五”期间，以国际上第三代海浪数值预报模式 WAM 和 SWAN 为基础，建立了西北太平洋和中国近海区域性海浪业务化数值预报预警系统及全球海浪数值预报系统，预报时效已经拓展至 120 小时。我国还开展了高分辨率海浪预报及近岸海浪精细化预报，在我国渤海等各海区以及近岸海水浴场、重大国家专项和工程中进行了广泛应用。2010 年，我国研发并业务化应用了西北太平洋和中国近海高分辨率台风浪数值预报系统，用于国家防汛抗旱总指挥部和国家海洋局业务会商。我国沿海各海区预报中心和沿海各省份预报中心也基本建立了覆盖各自预报区域的海浪数值预报系统。

5.1.2　大洋环流预报发展与现状

美国、英国和日本等国家多年来一直致力于开发用于业务预报的全球以及区域三维海洋预报模式。已经开发的用于业务预报的有美国 RTOFS(real-time ocean forecast system)、英国 FOAM(forecasting ocean assimilation model)预报系统、法国 PSY4V2 预报系统、日本 MOVE/MRI 预报系统、加拿大 CNOOFS(Canada-Newfoundland operational ocean forecasting system)、挪威 TOPAZ 预报系统、澳大利亚 BLUElink 预报系统等，均能预报表层海温、表层海流、海面高度及不同深度的海温、盐度和海流，预报时效 3~14 天。

美国 RTOFS 是基于 HYCOM(hybrid coordinate ocean model)，每天运行一次，每次先进行 24 小时的后报，然后提供 0~120 小时内的每小时表面和每 24 小时整个深度的预报。有效区域覆盖大西洋、西北大西洋、墨西哥湾和飓风带。水平分辨率为 4~18 km，垂向分为 26 层，数据同化采用三维变分方法，同化数据包括卫星遥感海温与海面高度数据以及浮标廓线数据。此外，美国海军利用 HYCOM 建立了全球预报系统，水平分辨率为 1/12°，垂向分为 32 层，数据同化采用多变量插值方法；利用 POM 建立全球 NCOM 预报系统，水平分辨率为 1/8°，垂向分为 42 层，数据同化采用二维插值与三维变分集合的方法；利用 NLOM 建立全球预报系统，水平分辨率为 1/32°，垂向分为 7 层，数据同化采用二维插值方法。

英国 FOAM 预报系统是基于 NEMO，进行每天的预报，预报产品包括三维海流、海温、海冰浓度和厚度以及海冰流向。全球水平分辨率为 1/4°，区域水平分辨率为 1/12°，垂向分为 50 层，数据同化采用以次最优逼近的四维变分为基础的 AC 分析校验方法。

法国 PSY4V2 预报系统也是基于 NEMO，进行每天预报，预报产品为海温、盐度、水平流速、自由表面高度和垂直混合系数，以及海冰厚度、海冰浓度、海冰温度、海冰流速、冰上雪厚度和海冰热量分量。全球水平分辨率为 1/12°，垂向分为 50 层，数据同化采用 SEEK 卡尔曼滤波和三维变分方法，同化数据包括全球 1/4° Reynolds AVHRR-AMSR 海表温度资料、Jason-2 海面高度资料、温度与盐度廓线以及 Hybrid MSSH。

日本 MOVE/MRI 系统是基于 MRI. com，全球水平分辨率为 1°，区域水平分辨率为 1/12°，垂向分为 50 层。产品由日本气象厅发布，提供 24 小时、48 小时数值预报产品，包括海温、盐度、三维海流、海冰厚度和流向，数据同化采用最优插值和三维变分方法，同化数据包括卫星遥感海温与海面高度数据和浮标廓线数据。

加拿大 CNOOFS 也是基于 NEMO，预报范围包括加拿大东海岸，水平分辨率为 1/12°，垂向分为 50 层。预报产品包括三维海流、海温和盐度。

挪威 TOPAZ 预报系统是基于 HYCOM，范围包括北冰洋与北大西洋，水平分辨率为 11~16 km。提供三维海温、盐度、海流及海冰浓度、厚度和流速预报。诊断场为海面高度、混合层厚度以及表面热量和水通量，数据同化分别采用 72 个样本和 100 个样本的集合卡尔曼滤波和集合自由插值，同化数据包括海面高度异常、海表温度和海冰浮标数据。

澳大利亚 BLUElink 预报系统是基于 MOM，全球水平分辨率为 1°，区域水平分辨率为 1/10°，垂向分为 47 层。提供三维海温、盐度、海流预报产品，数据同化采用集合自由插值，同化的遥感数据包括 Jason-1、Jason-2、AMSR-E、AVHRR 海温与海面高度，同化的实测数据包括 Argo、XBT、CTD 温度。

我国经过 40 余年的发展，建成了由数据传输、预报制作和产品分发等环节组成的区域海洋环境预报业务化体系，提供点、线、面相结合的海洋环境预报产品。“十五”期间，国家海洋环境预报中心以 POM 模式为基础开发了三维海洋数值预报模式，建立了西北太平洋、我国及周边海域的业务化数值预报系统。

我国海洋预报已具有大量的海洋水文资料储备，包括我国邻近海域的南森站、BT、SST、GTSPP 等资料以及卫星测高、卫星测温和 Argo 等剖面观测资料，这为数据同化技术研究奠定了良好的资料基础；同化技术研究队伍在海洋环流模式和海洋资料同化研究及实际应用方面有 10 年的经验积累，掌握了本研究所需的海洋模式、同化方法和最优化计算方法。国内对已有资料进行技术分析并取得了一定成果：中国科学院大气物理研究所在三维变分海洋资料同化系统 OVALS 和 OVALS2 的基础上，建立了一套热带太平洋海洋资料同化再分析系统，开展了一些相应区域的资料分析技术研究，利用集合同化方法建立了亚印太交汇区海洋再分析系统；国家海洋信息中心开展了四维变分、多变量三维变分、集合调整卡尔曼滤波、变分与集合卡尔曼滤波耦合数据同化理论方法研究，取得了有应用价值的研究成果，并应用到有关海洋数值预报系统中。

2013 年 10 月 17 日，国家海洋环境预报中心发布了全球业务化海洋学预报系统产品。该系统是在“十二五”国家科技支撑计划项目、海洋公益性行业科研专项等多个国家重大科研项目的共同支持下完成的我国首个涵盖全球大洋到中国近海的业务化海洋环境数值预报系统。在全球框架下，从全球向近岸逐级嵌套，建立了全球—北太平洋—西北太平洋—中国近海业务化数值预报系统，实现了现有业务预报系统的改进和升级。新一代全球业务化海洋学预报系统可以提供预报时效为 120 小时的不同海区的三维海温、海流短期数值预报产品，为中国近海海域内的溢油和搜救等应急活动提供基本环流动力场；为我国海域近岸精细化海洋模式提供准确的开边界和初始条件，实现多区域(大洋、极地、陆架海、重要港口和工程等)、多要素(海温、盐度、海流、海浪、海冰等)的业务化预报。该系统既满足了支撑政府决策的要求，又提升了我国区域海洋环境数值预报水平，增强了海洋公益服务能力。

5.2 大洋渔场 SWAN 海浪预报系统

5.2.1 波浪描述的谱方法

海洋中的波浪具有不规则的波高和周期，海洋中给定地点的表面高度可以看作一个正态分布的平稳随机过程，它可以表示为相互独立的不同频率和位相的简谐波的叠加。

$$\eta(t) = \sum_i a_i \cos(\sigma_i t + \alpha_i) \tag{5-1}$$

η 是位置和时间的函数，代表波动表面；α 代表相位角。由于海浪具有随机性质，在时域空间讨论波浪的特征有很大的困难，因此在海浪研究中通常转而研究波面的协方差谱，它可以由波面高度的协方差函数经傅里叶变换得出

$$R(\tau) = \langle \eta(t)\eta(t+\tau) \rangle \tag{5-2}$$

$$E'(\sigma) = \frac{1}{2\pi}\int_{-\infty}^{+\infty} R(\tau) e^{-i\sigma\tau} d\tau \tag{5-3}$$

上面定义的 $E'(\sigma)$ 是双侧谱，在实际海浪应用中，通常定义所谓的单侧谱：

$$E(\sigma) = \begin{cases} 2E'(\sigma) & (\sigma \geqslant 0) \\ 0 & (\sigma < 0) \end{cases} \tag{5-4}$$

由傅里叶变换理论中的 Parseval 定理可知

$$\langle \eta^2 \rangle \geqslant R(0) = \int_0^{+\sigma} E(\sigma) d\sigma \tag{5-5}$$

其中，波面方差 $\langle\eta^2\rangle$ 与单位水平面积的波动能量密度 E_{tot} 的关系为

$$E_{tot} = \frac{1}{2}\rho_w g \langle \eta^2 \rangle \tag{5-6}$$

波浪的各特征量可以用波浪谱的各阶矩表示：

$$m_n = \int_0^{\infty} \sigma^n E(\sigma) d\sigma$$

$$m_0 = \langle \eta^2 \rangle,\ H_s = 4\sqrt{m_0},\ T_{01} = \frac{m_0}{m_1},\ T_{02} = \sqrt{\frac{m_0}{m_2}},\ T_{-10} = \frac{m_{-1}}{m_0} \tag{5-7}$$

波浪频率谱不足以描述波浪的方向分布，因此有必要引进波浪方向谱来表示波浪随频率和方向的分布，波浪方向谱和频率谱的关系是

$$E(\sigma) = \int_0^{2\pi} E(\sigma, \theta) d\theta \tag{5-8}$$

5.2.2　波浪传播

假设影响波浪的水流的垂直剖面不随深度变化，而且水深与水流的空间和时间变化尺度远大于波浪的波长和周期，波浪的绝对频率 ω、相对频率 σ、流速矢量 $\boldsymbol{u}=(u_x, u_y)$、波数矢量 $\boldsymbol{k}=(k_x, k_y)=(|\boldsymbol{k}|\cos\theta, |\boldsymbol{k}|\sin\theta)$ 之间以色散关系、多普勒频移关系相联系：

$$\omega = \sigma + \boldsymbol{k}\cdot\boldsymbol{u} \tag{5-9}$$

$$\sigma^2 = g|\boldsymbol{k}|\tanh(|\boldsymbol{k}|\mathrm{d}) \tag{5-10}$$

波浪运动的相速度 $\boldsymbol{c}_{\mathrm{p}}$ 和群速度 $\boldsymbol{c}_{\mathrm{g}}$ 分别是

$$\begin{aligned} \boldsymbol{c}_{\mathrm{p}} &= \frac{\sigma\boldsymbol{k}}{|\boldsymbol{k}|^2} \\ \boldsymbol{c}_{\mathrm{g}} &= \frac{1}{2}\left(1+\frac{2|\boldsymbol{k}|\mathrm{d}}{\sin\mathrm{h}(2|\boldsymbol{k}|\mathrm{d})}\right)\frac{\sigma\boldsymbol{k}}{|\boldsymbol{k}|^2} \end{aligned} \tag{5-11}$$

从线性波动的波包理论可以得出色散关系和波峰守恒定律构成一组正则方程，在笛卡儿坐标下的含义是地理空间 (x, y) 和物理谱空间 (k_x, k_y) 中的运动学速度：

$$\frac{\mathrm{d}\tilde{x}}{\mathrm{d}t} = (c_x, c_y) = \nabla_{\tilde{x}}\omega = \left(\frac{\hat{Q}\omega}{\hat{Q}k_x}, \frac{\hat{Q}\omega}{\hat{Q}k_y}\right) \tag{5-12}$$

$$\frac{\mathrm{d}\boldsymbol{k}}{\mathrm{d}t} = (c_{k_x}, c_{k_y}) = \nabla_{\boldsymbol{k}}\omega = -\left(\frac{\partial\omega}{\partial x}, \frac{\partial\omega}{\partial y}\right) \tag{5-13}$$

在背景流和水深随位置及时间变化时，作用量谱与能量谱相比是更好的守恒量，在海浪模式中考虑的并不是能量谱函数 E，而是作用量谱函数 $N=E/\sigma$。作用量谱函数成为地理空间坐标和时间的函数 $N(t; x, y; k_x, k_y)$，其变化率可以用作用量平衡方程表示

$$\frac{\partial N}{\partial t} + \frac{\partial c_x N}{\partial x} + \frac{\partial c_y N}{\partial y} + \frac{\partial c_{k_x} N}{\partial k_x} + \frac{\partial c_{k_y} N}{\partial k_y} = \frac{S_{\mathrm{tot}}}{\sigma} \tag{5-14}$$

式(5-14)与前述的运动学速度方程构成了波浪运动的基本方程，其中 S_{tot} 表示引起波浪变化的动力学机制。

为了方便起见，在大尺度应用中地理空间通常采用经度-纬度 (λ, φ) 坐标，在谱空间中通常采用波数-方向 (k, θ) 坐标或频率-方向 (σ, θ) 坐标，但是新旧坐标之间的变换不是哈密顿(Hamilton)正则变换。

5.2.3　SWAN 模式介绍

在 SWAN 模式中，海浪谱采用频率-方向 (σ, θ) 坐标，波浪控制方程形式变为

$$\frac{\partial N}{\partial t}+\frac{\partial c_{\lambda}N}{\partial \lambda}+\cos^{-1}\varphi\frac{\partial c_{\varphi}\cos\varphi N}{\partial \varphi}+\frac{\partial c_{\sigma}N}{\partial \sigma}+\frac{\partial c_{\theta}N}{\partial \theta}=\frac{S_{\mathrm{tot},\sigma}}{\partial \sigma} \tag{5-15}$$

$$<\eta^{2}>=\int_{0}^{+\infty}\int_{0}^{2\pi}\sigma N(\dot{r},\ \lambda,\ \varphi;\ \dot{\varphi},\ \theta)\,\mathrm{d}\sigma\mathrm{d}\theta \tag{5-16}$$

$$\frac{\mathrm{d}\lambda}{\mathrm{d}t}=c_{\lambda}=\frac{c_{g}\cos\theta+u_{\lambda}}{R\cos\varphi} \tag{5-17}$$

$$\frac{\mathrm{d}\varphi}{\mathrm{d}t}=c_{\varphi}=\frac{c_{g}\sin\theta+u_{\varphi}}{R} \tag{5-18}$$

$$\frac{\mathrm{d}\sigma}{\mathrm{d}t}=c_{\sigma}=\frac{\hat{o}\sigma}{\hat{o}d}\left(\frac{Qd}{O}+\boldsymbol{u}\cdot\nabla_{\boldsymbol{x}}d\right)-c_{g}\boldsymbol{k}\cdot\frac{\partial \boldsymbol{u}}{\partial s} \tag{5-19}$$

$$\frac{\mathrm{d}\theta}{\mathrm{d}t}=c_{\theta}=-\frac{1}{k}\left(\frac{\partial \sigma}{\partial d}\frac{\partial d}{\partial m}+\boldsymbol{k}\frac{\partial \boldsymbol{u}}{\partial m}\right)-\frac{c_{g}\tan\varphi\cos\theta}{R} \tag{5-20}$$

式中，R 为地球半径；s、m 分别表示沿波浪传播方向和垂直于 θ 的波浪传播方向。

波浪控制方程右端的 S_{tot} 代表能量源项和汇项，可写成不同类型的能量源项之和：

$$S_{\mathrm{tot},\sigma}=S_{\mathrm{in}}+S_{\mathrm{nl4}}+S_{\mathrm{ds,w}}+S_{\mathrm{nl3}}+S_{\mathrm{ds,b}}+S_{\mathrm{ds,br}} \tag{5-21}$$

式中，S_{in}、$S_{\mathrm{ds,w}}$ 和 S_{nl4} 分别代表风输入、白冠破碎和非线性波-波相互作用，这三项是深水海浪的主要物理过程；$S_{\mathrm{ds,b}}$、$S_{\mathrm{ds,br}}$ 和 S_{nl3} 分别代表底摩擦、水深变浅引起的波浪破碎和三波相互作用，这三项都是浅海海浪的物理过程。

1) 风输入作用

到目前为止，有 4 种不同类型的机制描述由风向浪传输能量和动量：第一种机制考虑的是风生湍流与波浪的共振相互作用，这种机制忽略了波生湍流的影响，因此只适用于波浪比较小的情况（如波浪生成的初始阶段），这种机制给出了线性成长率；第二种机制是波生湍流与波浪的共振相互作用，适用于波浪比较大的情况（例如，$16<C_{p}/u_{*}<40$），这种机制给出了指数成长率；第三种机制是非分离遮拦机制；第四种机制是波浪破碎引起波峰处流线分离而导致的波浪成长。基于前两种机制的参数化被应用于 SWAN 模式中，因此 SWAN 模式的风输入项是线性增长和指数增长之和：

$$S_{\mathrm{in}}(\sigma,\ \theta)=A+BE(\sigma,\ \theta) \tag{5-22}$$

式中，A 代表 Phillips 线性增长；B 代表指数增长。

$$\begin{cases}A=\dfrac{1.5\times10^{-3}}{2\pi g^{2}}\left\{U_{*}\max[0,\ \cos(\theta-\theta_{\mathrm{w}})]\right\}^{4}H\\[2ex] H=\exp\left[-\left(\dfrac{\sigma}{\sigma_{\mathrm{PM}}^{*}}\right)^{-4}\right],\ \sigma_{\mathrm{PM}}^{*}=\dfrac{0.13g}{28U_{*}}2\pi\end{cases} \tag{5-23}$$

其中，摩擦风速由下面公式计算：

$$U_{*}^{2}=C_{\mathrm{D}}U_{10}^{2} \tag{5-24}$$

$$C_D(U_{10}) = \begin{cases} 1.2875 \times 10^{-3} & (U_{10} < 7.5 \text{ m/s}) \\ (0.8 + 0.065 \times U_{10}) \times 10^{-3} & (U_{10} \geq 7.5 \text{ m/s}) \end{cases} \quad (5-25)$$

SWAN 模式共提供了 3 种参数化：第一种是 Komen 等(1984)根据 Snyder(1981)的海上观测结果提出的经验公式；第二种是 Janssen-Miles(Miles，1957，1993；Janssen，1989，1991)的临界层机制提出的参数化；第三种是 Yan(1987)根据多个作者在实验室和海浪观测的数据集拟合的经验公式。

(1)Komen 等(1984)参数化。

$$B = \max\left\{0,\ 0.25\frac{\rho_a}{\rho_w}\left[28\frac{U_*}{c_{ph}}\cos(\theta - \theta_w) - 1\right]\right\}\sigma \quad (5-26)$$

(2)Janssen(1989，1991)参数化。

$$B = \beta\frac{\rho_a}{\rho_w}\left(\frac{U_*}{c_{ph}} + zalp\right)^2 \max[0,\ \cos(\theta - \theta_w)]^2\sigma \quad (5-27)$$

其中，

$$\beta = \frac{1.2}{\kappa^2}\lambda \ln^4\lambda,\ \lambda \leq 1$$

$$\lambda = \frac{gz_e}{c_{ph}^2}e^r,\ r = \kappa / |(U_*/(c + zalp)\cos(\theta - \theta_w)|,\ zalp = 0.011$$

$$U(z) = \frac{U_*}{\kappa}\ln\left[\frac{z + z_e - z_0}{z_e}\right]$$

$$z_e = \frac{z_0}{\sqrt{1 - \frac{|\boldsymbol{\tau}_w|}{|\boldsymbol{\tau}|}}},\ z_0 = \hat{\alpha}\frac{U_*^2}{g}$$

$$\boldsymbol{\tau}_w = \rho_w \int_0^{2\pi}\int_0^{\infty} \sigma BE(\sigma,\ \theta)\frac{\boldsymbol{k}}{k}\mathrm{d}\sigma \mathrm{d}\theta \quad (5-28)$$

(3)Yan(1987)参数化。

$$B = \left[\left(\frac{U_*}{c_p}\right)^2\cos(\theta - \theta_w) + E\left(\frac{U_*}{c_p}\right)\cos(\theta - \theta_w) + F\cos(\theta - \theta_w) - H\right]\sigma$$

$$E = 0.00552,\ F = 0.000052,\ H = -0.000302 \quad (5-29)$$

2)白冠破碎作用

海浪理论中关于深水波浪破碎共提出了 4 种不同类型的参数化：白冠型、概率型、饱和型和涡黏型。SWAN 模式中，对应 Komen 等(1984)和 Janssen(1989，1991)风输入参数化的是白冠型破碎(Hasselmann，1974；Komen et al.，1984；Janssen，1992)，对应于 Yan(1987)风输入参数化的是白冠型和饱和型的混合模型(Alves et al.，2003；

Westhuysen et al.，2007）。

SWAN 模式中的白冠型破碎：

$$S_{ds,w}(\sigma, \theta) = -\Gamma \tilde{\sigma} \frac{k}{\tilde{k}} E(\sigma, \theta) \tag{5-30}$$

式中，

$$\Gamma = \Gamma_{KJ} = C_{ds}\left((1-\delta) + \delta \frac{k}{\tilde{k}}\right)\left(\frac{\tilde{s}}{\tilde{s}_{PM}}\right)^p$$

其中，

$$\tilde{s}_{PM} = \sqrt{3.02 \times 10^{-3}}, \quad \tilde{s} = \tilde{k}\sqrt{E_{tot}}$$

$$\tilde{\sigma} = \left[E_{tot}^{-1} \int_0^{2\pi} \int_0^{\infty} \frac{1}{\sigma} E(\sigma, \theta) d\sigma d\theta\right]^{-1}$$

$$\tilde{k} = \left[E_{tot}^{-1} \int_0^{2\pi} \int_0^{\infty} \frac{1}{\sqrt{k}} E(\sigma, \theta) d\sigma d\theta\right]^{-2}$$

$$E_{tot} = \int_0^{2\pi} \int_0^{\infty} E(\sigma, \theta) d\sigma d\theta$$

其中，$C_{ds}=2.36\times10^{-5}$，$\delta=0$，$p=4$ 对应 Komen 等（1984）风输入参数化（WAMCycle3；WAMDIG，1988）；而 $C_{ds}=4.10\times10^{-5}$，$\delta=0.5$，$p=4$ 对应 Janssen（1989，1991）风输入参数化（WAMCycle4；Komen et al.，1994）。

另外一种波浪破碎参数化方案是根据 Alves 等（2003）提出的饱和门限型波浪耗散参数化。该方案将深水耗散分为低频和高频两个部分，低频部分采用传统的白冠破碎形式，高频部分采用了饱和门限形式，两部分的衔接采用了波浪谱是否达到破碎门限这个判据，该参数化经 Westhuysen 等（2007）修改应用到 SWAN 模式中（注：该参数化目前不完善，SWAN 模式同一版本的不同文件格式的技术手册中编入的公式与 SWAN4051AB、SWAN4072 等新版本模式源程序不同，本文以新版源程序为准）。

$$S_{ds} = -fbr * b\left[\frac{B(k)}{B_r}\right]^{p/2} \sqrt{gk} E(\sigma, \theta) - (1-fbr) C_{ds,w}\left(\frac{\tilde{s}}{\tilde{s}_{PM}}\right)^2 \frac{k}{\langle k \rangle} \sqrt{gk} E(\sigma, \theta) \tag{5-31}$$

式中，

$$B(k) = \int_0^{2\pi} c_g k^3 E(\sigma, \theta) d\theta$$

$$fbr = 0.5 + 0.5 \tanh\{10[\sqrt{B(k)/B_r} - 1]\}$$

$$p = \frac{p_0}{2} + \frac{p_0}{2} \tanh\left\{10\left[\sqrt{\frac{B(k)}{B_r}} - 1\right]\right\}$$

$$p_0(\sigma) = 3 + \tanh\left[w\left(\frac{u_*}{c} - 0.1\right)\right]$$

其中，低频耗散系数 $C_{ds,w} = 3e^{-5}$；高频耗散系数 $b = 5e^{-5}$；饱和门限参数 $B_r = 1.75e^{-3}$。Westhuysen 方案中，高频耗散波浪谱饱和水平 $B(k)$ 大于经验的饱和门限 B_r 时，波浪耗散增强，反之则减弱。低频耗散和高频耗散的衔接以波浪谱饱和水平 $B(k)$ 是否大于经验的饱和门限 B_r 为判据，并通过经验的参数函数 fbr 实现。本书中采用的耗散方案类似于 Westhuysen 方案，但是没有采用基于饱和概念的高低频衔接方式，而是采用了类似于 NWW3 模式的衔接，具体形式如下：

$$\begin{cases} S_{ds} = C_{ds}\left[1 - fbr + fbr\left(\dfrac{B(k)}{B_r}\right)^2\right]\left(\dfrac{u_*\sigma_p}{g}\right)\left(\dfrac{k}{\tilde{k}}\right)\left(\dfrac{\tilde{s}}{\tilde{s}_{PM}}\right)^2 \sigma E(\sigma,\ \theta) + 2.75e^{-6} \\ fbr = 0.5 + 0.5\tanh[5(\sigma/\sigma_p - 2.0)] \end{cases} \tag{5-32}$$

式中，C_{ds} 为可调系数，参考值为 6.5；σ_p 是风浪峰频率。

3) 底摩擦作用

当波浪从深水传到有限水深处，与水底的相互作用就变得重要。这种能量耗散受各种不同机制所控制，如底摩擦、渗滤和泥质水底的运动等。由于可能有各种不同情况的水底，因此模式中采用了不同的底摩擦经验公式(Hasselmann et al.，1973；Collins，1972；Madsen et al.，1988)。

$$S_{ds,b} = -C_b \frac{\sigma^2}{g^2 \sinh^2 kd} E(\sigma,\ \theta) \tag{5-33}$$

式中，C_b 为底摩擦系数，依赖于水底沿波浪运动轨迹的速度，

$$C_b = \begin{cases} C_{JONSWAP} = \begin{cases} 0.038\ m^2/s^3 & (\text{涌浪}) \\ 0.067\ m^2/s^3 & (\text{大洋}) \end{cases} \\ C_{Collins} = 0.015 g U_{rms} \\ C_{Madsen} = f_w \dfrac{g}{\sqrt{2}} U_{rms} \end{cases} \tag{5-34}$$

$$U_{rms}^2 = \int_0^{2\pi}\int_0^{\infty} \frac{\sigma^2}{g^2 \sinh^2 kd} E(\sigma,\ \theta)\, d\sigma d\theta \tag{5-35}$$

在 C_{Madsen} 中，参数 f_w 按下式计算：

$$\frac{1}{4\sqrt{f_w}} + \ln\left(\frac{1}{4\sqrt{f_w}}\right) = m_f + \ln\left(\frac{a_b}{K_N}\right),$$

$$a_b^2 = 2\int_0^{2\pi}\int_0^{\infty} \frac{1}{\sinh^2 kd} E(\sigma,\ \theta)\, d\sigma d\theta \tag{5-36}$$

4) 水深变浅引起的波浪破碎

当波浪从深水传到有限水深处，波高与水深的比率变得很大时，波能因破碎而耗散，在 SWAN 模式中采用的公式为

$$S_{ds,br}(\sigma, \theta)=\frac{D_{tot}}{E_{tot}}E(\sigma, \theta)=-\frac{\alpha_{BJ}Q_b\widetilde{\sigma}}{\beta^2\pi}E(\sigma, \theta) \tag{5-37}$$

式中，D_{tot}为单位水平区域面积内的平均耗散率(Battjes et al., 1978)，

$$D_{tot}=-\frac{1}{4}\alpha_{BJ}Q_b\left(\frac{\widetilde{\sigma}}{2\pi}\right)H_{max}^2=\alpha_{BJ}Q_b\widetilde{\sigma}\frac{H_{max}^2}{8\pi} \tag{5-38}$$

$$\frac{1-Q_b}{\ln Q_b}=-8\frac{E_{tot}}{H_{max}^2}, \quad \alpha_{BJ}=1 \tag{5-39}$$

$$\widetilde{\sigma}=E_{tot}^{-1}\int_0^{2\pi}\int_0^{\infty}\sigma E(\sigma, \theta)\mathrm{d}\sigma\mathrm{d}\theta \tag{5-40}$$

$$Q_b=\begin{cases}0 & (\beta\leqslant 0.2)\\ Q_0-\beta^2\dfrac{Q_0-\exp(Q_0-1)/\beta^2}{\beta^2-\exp(Q_0-1)/\beta^2} & (0.2<\beta<1)\\ 1 & (\beta\geqslant 1)\end{cases} \tag{5-41}$$

式中，

$$Q_0=\begin{cases}0 & (\beta\leqslant 0.5)\\ (2\beta-1)^2 & (0.5<\beta\leqslant 1)\end{cases}$$

$$\beta=H_{rms}/H_{max}$$

其中，H_{max}为最大波高，$H_{max}=\gamma d$，其中 d 是水深，γ 的范围为 0.6~0.83，平均值为 0.73。

5) 波-波相互作用

波浪谱满足 $\sigma_1+\sigma_2=\sigma_3+\sigma_4$，$\boldsymbol{k}_1+\boldsymbol{k}_2=\boldsymbol{k}_3+\boldsymbol{k}_4$ 的 4 个波分量会发生共振作用，使能量在波浪谱各分量之间重新分配(Hasselmann et al., 1973)。能量通过四波相互作用从高频部分转向低频部分，对于维持谱形和决定能量的方向分布起重要作用，并且可以解释在海洋中的波浪相速度超过风速的现象(Pierson et al., 1964)。四波相互作用由玻耳兹曼积分给出(Hasselmann, 1962, 1963a, 1963b)：

$$\frac{\partial N_1}{\partial t}=\iiint \boldsymbol{G}(\boldsymbol{k}_1, \boldsymbol{k}_2, \boldsymbol{k}_3, \boldsymbol{k}_4)\delta(\boldsymbol{k}_1+\boldsymbol{k}_2-\boldsymbol{k}_3-\boldsymbol{k}_4)\delta(\sigma_1+\sigma_2-\sigma_3-\sigma_4)$$
$$\times[N_1N_3(N_4-N_2)+N_2N_4(N_3-N_1)]\mathrm{d}\boldsymbol{k}_2\mathrm{d}\boldsymbol{k}_3\mathrm{d}\boldsymbol{k}_4 \tag{5-42}$$

精确四波相互作用的数值计算十分耗费机时且难以用于实际计算。一种近似计算

方法，离散相互作用近似由 Hasselmann 等(1985)选取了一组四波共振波近似代替共振相互作用：

$$\sigma_1=\sigma_2=\sigma,\ \sigma_3=\sigma(1+\lambda)=\sigma^+,\ \sigma_4=\sigma(1-\lambda)=\sigma^-,\ \lambda=0.25 \tag{5-43}$$

为了满足共振条件，σ_3 和 σ_4 的方向有两种选择：一是 $\theta_3=11.5°$，$\theta_4=-33.6°$；二是 $\theta_3=-11.5°$，$\theta_4=33.6°$。

这两种配置互为镜像关系，对应于这两种配置的相互作用用下式表示：

$$S_{nl4}(\sigma,\theta)=S_{nl4}^{*}(\sigma,\theta)+S_{nl4}^{**}(\sigma,\theta) \tag{5-44}$$

$$S_{nl4}^{*}=2\delta S_{nl4}(\alpha_1\sigma,\theta)-\delta S_{nl4}(\alpha_2\sigma,\theta)-\delta S_{nl4}(\alpha_3\sigma,\theta) \tag{5-45}$$

式中，

$$\alpha_1=1,\ \alpha_2=(1+\lambda),\ \alpha_3=(1-\lambda)$$

$$\delta S_{nl4}(\alpha_i\sigma,\theta)=C_{nl4}(2\pi)^2g^{-4}\left(\frac{\sigma}{2\pi}\right)^{11}\times\left\{E^2(\alpha_i\sigma,\theta)\left[\frac{E(\alpha_i\sigma^+,\theta)}{(1+\lambda)^4}+\frac{E(\alpha_i\sigma^-,\theta)}{(1+\lambda)^4}\right]-2\frac{E(\alpha_i\sigma,\theta)E(\alpha_i\sigma^+,\theta)E(\alpha_i\sigma^-,\theta)}{(1-\lambda^2)^4}\right\} \tag{5-46}$$

其中，$C_{nl4}=3\times10^7$。浅水情况时，在上述相互作用基础上乘以一个因子

$$R(k_pd)=1+\frac{C_{sh1}}{k_pd}(1-C_{sh2}k_pd)e^{C_{sh3}k_pd} \tag{5-47}$$

其中，

$$C_{sh1}=5.5,\ C_{sh2}=6/7,\ C_{sh3}=-1.25$$

近年来，计算机的发展使更准确的非线性相互作用计算方法成为可能。RIAM (research institute for applied mathematics) 方法(Hashimoto et al., 1998)对任意水深计算了所有的共振组合，保证了计算精度，然而其计算量仍然是巨大的。在采用了离散相互作用近似、RIAM 方法的同时，SWAN 模式也编入了一种 MDIA 方法，其原理是采用6组共振波组合作为四波相互作用的近似计算方案，既改进了离散相互作用近似方法计算精度上的不足，又不至于像 RIAM 方法那样引进过大的计算量。

在深水情况下，任何三组波都不可能同时满足色散关系和共振条件，也就不会发生相互作用。在浅水情况下，由于浅水波趋向于非色散，波速正比于水深的平方根，因此满足下列条件的三波之间会发生相互作用交换能量，三波相互作用将会起重要作用。

$$\sigma_1\pm\sigma_2=\sigma_3,\ \boldsymbol{k}_1\pm\boldsymbol{k}_2=\boldsymbol{k}_3 \tag{5-48}$$

$$\begin{cases} S_{n13}(\sigma,\ \theta) = S_{n13}^{-}(\sigma,\ \theta) + S_{n13}^{+}(\sigma,\ \theta) \\ S_{n13}^{+}(\sigma,\ \theta) = \max\{0,\ \alpha_{EB} 2\pi c c_g J^2 |\sin\beta| [E^2(\sigma/2,\ \theta) - 2E(\sigma/2,\ \theta)E(\sigma,\ \theta)]\} \\ S_{n13}^{-}(\sigma,\ \theta) = -2S_{n13}^{+}(2\sigma,\ \theta) \\ \beta = -\dfrac{\pi}{2} + \dfrac{\pi}{2}\tanh\left(\dfrac{0.2}{Ur}\right) \end{cases} \tag{5-49}$$

SWAN 模式中采用的三波相互作用是 Eldeberk(1996)提出的公式 LTA(Lumped Triad Approximation)。由于三波相互作用大小与水深的 4 次方成反比，随着水深的增加，其作用将很快可以忽略。三波相互作用仅当厄塞尔数(Ur)在[0，1]区间时起作用。

$$Ur = \frac{g}{8\sqrt{2}\pi^2}\frac{H_s T_{m01}^2}{d^2},$$

$$J = \frac{k_{\sigma/2}^2(gd + 2c_{\sigma/2}^2)}{k_\sigma d\left(gd + \dfrac{2}{15}gd^3 k_\sigma^2 - \dfrac{2}{5}\sigma^2 d^2\right)} \tag{5-50}$$

5.2.4 SWAN 模式数值方法

计算波浪传播过程最有效的差分方法是隐式迎风差，它是无条件稳定的。SWAN 模式在时间项采用简单的向后差，在几何空间采用了三种差分格式：①简单的一阶显式向后差 BSBT，这是 40.11 以前版本所采用的；②稳定情况下的 SORDUP 差分(二阶迎风差)；③非稳定情况下的 S&L(stelling and leendertse scheme)差分(三阶迎风差)。在频率和方向空间采用了一阶差分格式，可以选择中央差、迎风差和介于两者之间的任何一种格式。在平流项的计算中还采用了 4-SWEEP 技术，把几何空间分为 4 个象限，在每一个象限内除了折射和非线性相互作用外，其他部分都独立计算。

波浪控制方程左边的传播项(以笛卡儿坐标为例)一阶离散化 BSBT 为

$$\left.\frac{N^n - N^{n-1}}{\Delta t}\right|_{i,j,l,m} + \left.\frac{[c_x N]_{i+1/2} - [c_x N]_{i-1/2}}{\Delta x}\right|_{j,l,m}^{n} + \left.\frac{[c_y N]_{j+1/2} - [c_y N]_{j-1/2}}{\Delta y}\right|_{i,l,m}^{n} + \left.\frac{[c_\sigma N]_{l+1/2} - [c_\sigma N]_{l-1/2}}{\Delta \sigma}\right|_{i,j,m}^{n} + \left.\frac{[c_\theta N]_{m+1/2} - [c_\theta N]_{m-1/2}}{\Delta \theta}\right|_{i,j,l}^{n} \tag{5-51}$$

波浪控制方程左边的传播项(以笛卡儿坐标为例)二阶离散化 SORDUP 为

$$\left[\frac{15\,(c_x N)_{i_x} - 2\,(c_x N)_{i_x-1} + 05\,(c_x N)_{i_x-2}}{\Delta x}\right]_{i_y,i_\sigma,i_\theta}^{i_t,n} + \left[\frac{15\,(c_y N)_{i_y} - 2\,(c_y N)_{i_y-1} + 05\,(c_y N)_{i_y-2}}{\Delta y}\right]_{i_x,i_\sigma,i_\theta}^{i_t,n} \tag{5-52}$$

波浪控制方程左边的传播项(以笛卡儿坐标为例)三阶离散化 S&L 为

$$\left[\frac{\frac{5}{6}(c_xN)_{i_x}-\frac{5}{4}(c_xN)_{i_x-1}+\frac{1}{2}(c_xN)_{i_x-2}\frac{1}{12}(c_xN)_{i_x-3}}{\Delta x}\right]_{i_y,i_\sigma,i_\theta}^{i_t,n}$$
$$+\left[\frac{\frac{5}{6}(c_yN)_{i_y}-\frac{5}{4}(c_yN)_{i_y-1}+\frac{1}{2}(c_yN)_{i_y-2}\frac{1}{12}(c_yN)_{i_y-3}}{\Delta y}\right]_{i_x,i_\sigma,i_\theta}^{i_t,n}$$
$$+\left[\frac{(c_xN)_{i_x+1}-(c_xN)_{i_x-1}}{4\Delta x}\right)_{i_y,i_\sigma,i_\theta}^{i_t-1}+\left(\frac{(c_yN)_{i_y+1}-(c_yN)_{i_y-1}}{4\Delta y}\right]_{i_x,i_\sigma,i_\theta}^{i_t-1} \quad (5-53)$$

通常三阶差分格式会造成较大的数值扩散和相差，当波浪传输较远的距离时，就会出现所谓的数值扩散修正(garden-sprinkler effect，GSE)，为了补偿这种误差，需要在离散化方程上增加人工扩散项(Booij et al.，1987)

$$D_{ss}=\frac{\Delta c^2T}{12} \quad (5-54)$$

$$D_{nn}=\frac{c^2\Delta\theta^2T}{12} \quad (5-55)$$

$$\begin{cases}D_{xx}=D_{ss}\cos^2\theta+D_{nn}\sin^2\theta\\ D_{yy}=D_{ss}\sin^2\theta+D_{nn}\cos^2\theta\\ D_{xy}=(D_{ss}-D_{nn})\cos\theta\sin\theta\end{cases} \quad (5-56)$$

$$D_{xx}\left[\frac{(N)_{i_x+1}-2(N)_{i_x}+(N)_{i_x-1}}{\Delta x^2}\right]_{i_y,i_\sigma,i_\theta}^{i_t-1} \quad (5-57)$$

$$D_{yy}\left[\frac{(N)_{i_y+1}-2(N)_{i_y}+(N)_{i_y-1}}{\Delta y^2}\right]_{i_x,i_\sigma,i_\theta}^{i_t-1} \quad (5-58)$$

$$D_{xy}\left[\frac{(N)_{i_x,i_y}-(N)_{i_x-1,i_y}-(N)_{i_x,i_y-1}+(N)_{i_x-1,i_y-1}}{\Delta x\Delta y}\right]_{i_\sigma,i_\theta}^{i_t-1} \quad (5-59)$$

这种显式人工扩散项虽然计算速度较快，但是条件却是稳定的

$$Q=\frac{\max(D_{xx},D_{yy},D_{xy})\Delta t}{\min(\Delta x,\Delta y)^2}\leqslant 0.5 \quad (5-60)$$

在源项积分过程中，对于风输入的线性增长项，很容易计算。对其他项则分为正源项(源，source)和负源项(汇，sink)。对于源，SWAN 模式采用了显式计算方法：

$$S^n=\varphi^{n-1}E^{n-1} \quad (5-61)$$

对于汇，SWAN 模式采用了隐式计算方法：

$$S^n = \varphi^{n-1}E^{n-1} + \left(\frac{\partial S}{\partial E}\right)^{n-1}(E^n - E^{n-1}) \tag{5-62}$$

为了得到各个格点位置上的作用量密度值，就必须解作用量平衡方程离散化后的代数方程：

$$\boldsymbol{AN} = \boldsymbol{b} \tag{5-63}$$

式中，$\boldsymbol{A}$、$\boldsymbol{b}$ 为控制方程离散化后的系数矩阵。没有流并且水深不随时间变化的情况下，$\boldsymbol{A}$ 是一个普通的三对角带状矩阵，很容易求解。在有流或水深随时间变化的情况下，$\boldsymbol{A}$ 不是三对角带状矩阵，SWAN40.20 版以前使用 ILU-CGSTAB 方法（Vuik et al.，1992；Vorst，1992）。而最新的 SWAN40.20 版在原有的基础之上增加了强隐式（strongly implicit procedure，SIP）方法（Stone，1968），该方法的运算速度是 ILU-CGSTAB 的 4~6 倍。

为了使模式有更高的效率，海浪模式在一个时间步长内的变化被限制小于一个阈值。

$$\Delta N \equiv \gamma \frac{\alpha_{\mathrm{PM}}}{2\sigma k^3 c_{\mathrm{g}}}, \quad \alpha_{\mathrm{PM}} = 8.1 \times 10^{-3}, \quad \gamma = 0.1 \tag{5-64}$$

$$N^{s}_{i,j,l,m} = N^{s-1}_{i,j,l,m} + \frac{\Delta N_{i,j,l,m}}{|\Delta N_{i,j,l,m}|}\min\{|\Delta N_{i,j,l,m}|, \Delta N\} \tag{5-65}$$

由于大尺度海浪计算通常会产生 GSE 效应，借鉴 NWW3 的方法引进 Tolman 空间平均法减小这种误差，如图 5-1 所示。图 5-1 中箭头方向为波浪传播方向，其中单位矢量为$\boldsymbol{e}_{\mathrm{s}}$，垂直于传播方向的单位矢量为$\boldsymbol{e}_{\mathrm{n}}$。

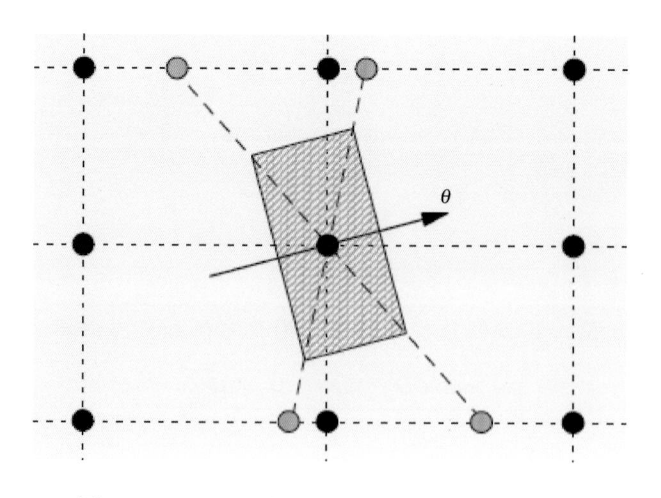

图 5-1　Tolman 空间平均法减小 GSE 效应示意图

中间点的 Tolman 平均值由矢量$\pm\alpha_{\mathrm{s}}\Delta c_{\mathrm{g}}\Delta t\boldsymbol{e}_{\mathrm{s}}$，$\pm\alpha_{\mathrm{n}}c_{\mathrm{g}}\Delta t\boldsymbol{e}_{\mathrm{n}}$ 构成的四顶点值的平均值给出，其中 α_{s} 和 α_{n} 是经验参数，默认取值为 1.5。

5.3　大洋渔场 HYCOM 大洋环流预报系统

5.3.1　模式介绍

HYCOM 海洋模式是在迈阿密等密度面海洋环流模式(Miami isopycnic coordinate ocean model，MICOM)基础上发展起来的。在垂直坐标上，由单一的等密度面坐标改进为可以同时使用 z-平面坐标、跟随地形 σ 坐标和等密度面坐标，并且在垂直混合的过程中加入了 K 廓线参数化(KPP 参数化)过程。这样在进行垂直混合的过程中可以有多种选择：Mellor-Yamada 2.5 阶湍流闭合(目前应用于 POM 模式)、Kraus-Turner 层模式方案和 KPP 参数化方案。挪威南森环境与遥感中心对该模式在网格选取上进行了改进，同时在模式中加入了河流通量、潮汐模式、生态模式和海冰模式。

1)连续方程

假设在第 k 层的上下表面压力不等，那么在第 k 层的流体的压力变化表示为下面的连续方程：

$$\frac{\partial}{\partial t}\Delta p'_k + \nabla\cdot(u\Delta p')_k = \frac{\Delta p'_k}{p'_b}\nabla\cdot(\bar{u}p'_{\mathrm{b}}) \tag{5-66}$$

式中，$\Delta p_k=(1+\eta)\Delta p'_{\mathrm{k}}$，$\Delta p'_{\mathrm{k}}=g\rho h'_{\mathrm{k}}$，$u_k=\bar{u}_k+u'_{\mathrm{k}}$，分别是 R 层的压强、压强差和海流，而 $p'_{\mathrm{b}}=\sum_{k=1}^{N}\Delta p'_k$ 是该层以上海水的压强差之和。采用 Zalesak(1979)提出的流订正传输(flux-corrected transport，FCT)方案。

对于模式斜压模，是针对每一个密度层进行的，然后再考虑它们的相关关系和内部扩散。

2)平流扩散

在等密度面坐标中，密度为常数，温度和盐度在第一层考虑平流扩散，而在其他层只考虑盐度扩散，温度则是由状态方程诊断得到。

热量演变方程为

$$\frac{\partial}{\partial t}T\Delta p + \nabla\cdot(uT\Delta p) + \left(\dot{s}\frac{\partial p}{\partial s}T\right)_{\mathrm{bot}} - \left(\dot{s}\frac{\partial p}{\partial s}T\right)_{\mathrm{top}} = \nabla\cdot(v\Delta p\,\nabla T) + H_{\mathrm{T}} \tag{5-67}$$

式中，Δp 是温度为 T 的第 k 层的厚度；u，v 为流速分量；$\dot{s}\frac{\partial p}{\partial s}$表示垂直的水团流量；$H_{\mathrm{T}}$ 为辐射热交换。

非负量 $\boldsymbol{\psi}$ 的平流方程是

$$\frac{\partial f\boldsymbol{\psi}}{\partial t}+\frac{\partial F}{\partial x}+\frac{\partial G}{\partial y}=0 \tag{5-68}$$

其中，$(F, G)=(u\psi, v\psi)$，代表了 $\boldsymbol{\psi}$ 的 x，y 方向流；f 为一个任意的正函数。

3）动量方程

等密度面坐标中，动量守恒方程为

$$\frac{\partial u}{\partial t}+\nabla\frac{u^2}{2}+(\zeta+f)\boldsymbol{k}\times u=-\nabla M-g\frac{\partial\tau}{\partial p} \tag{5-69}$$

式中，ζ 为相对涡度；$\boldsymbol{k}$ 为垂直单位矢量；M 为蒙哥马利位能；τ 为雷诺应力；f 为科氏力参数。

这部分包括蒙哥马利位能的影响、风应力的影响以及海底拖曳的影响。

4）正压处理

对正压模式的连续方程为

$$\frac{\partial\eta p'_{\mathrm{b}}}{\partial t}+\nabla\cdot[(1+\eta)\bar{u}p'_{\mathrm{b}}]=0 \tag{5-70}$$

引入动量方程，得到

$$\frac{\partial\bar{u}}{\partial t}-f\bar{v}+\frac{1}{\rho_{\mathrm{r}}}\frac{\partial}{\partial x}(\eta p'_{\mathrm{b}})=\frac{\partial\bar{u}^*}{\partial t} \tag{5-71}$$

$$\frac{\partial\bar{v}}{\partial t}+f\bar{u}+\frac{1}{\rho_{\mathrm{r}}}\frac{\partial}{\partial y}(\eta p'_{\mathrm{b}})=\frac{\partial\bar{v}^*}{\partial t} \tag{5-72}$$

斜压与正压的时间步长（Δt_{b} 和 Δt_{B}）存在如下关系：$\Delta t_{\mathrm{b}}=N\Delta t_{\mathrm{B}}$，而它们是我们在启动模式时给定的。

5）海-气交换

海-气交换模式有 3 种形式：辐射交换 R、湍流热传导（包括潜热传导 ε 和感热传导 H）和风作用的机械能。

热量平衡方程为

$$B=R+H+\varepsilon \tag{5-73}$$

其中，

$$H=C_{\mathrm{P,air}}E_x(T_{\mathrm{s}}-T_{\mathrm{a}}) \tag{5-74}$$

$$E_x=\rho_{\mathrm{a}}C_{\mathrm{T}}W \tag{5-75}$$

$$\varepsilon=E_xL(H_{\mathrm{u}}-E_{\mathrm{v}}) \tag{5-76}$$

式中，ρ_{a} 为空气密度；C_{T} 为热传导系数；$C_{\mathrm{P,air}}$ 为空气热容；T_{s} 为海表温度；T_{a} 为大气边界层温度；W 为风速；L 为蒸发潜热；H_{u} 为海表面相对湿度；E_{v} 为大气边界层相对湿度。

考虑风的影响，风应力为

$$\tau_s = \rho_a C_D |W| W \quad (5-77)$$

式中，C_D 为海表面拖曳系数，$C_D \approx 10^{-3}$。

6)状态方程

状态方程是植入 HYCOM 中的，可以用位势密度 σ 表示。

$$\sigma(\theta, S, p) = C_1(p) + C_2(p)\theta + C_3(p)S + C_4(p)\theta^2 + C_5(p)S\theta + C_6(p)\theta^3 + C_7(p)S\theta^2 \quad (5-78)$$

该方程可以很容易地改写成 $\theta(\sigma, S, p)$ 和 $S(\sigma, \theta, p)$ 的表达形式。提供 3 组系数的值 0 MPa、20 MPa 和 40 MPa 的压强场作为参考值，那么就得到对应于 σ_0、σ_2 和 σ_4 的 3 组系数值。我们可以选取任意一组系数来进行运算。Brydon 等(1999)分成了两个阶段来计算参数 C，参数 C 可定义为

$$C_n(p) = \alpha_n + \beta_n p + \gamma_n p^2 \quad (5-79)$$

针对 θ、S 和 p 的取值范围(表 5-1)，表 5-2 给出了参数 α、β 和 γ 的取值。

表 5-1　θ、S 和 p 的取值范围[引自 Brydon(1999)]

参数	取值范围
θ	$-2℃ \leqslant \theta \leqslant 40℃$
S	$0\% \leqslant S \leqslant 42\%$
p	$0\ \text{MPa} \leqslant p \leqslant 100\ \text{MPa}$

表 5-2　参数 α、β 和 γ 的取值[引自 Brydon(1999)]

n	α	β	γ
1	$-9.206\,01\times10^{-2}$	$5.070\,43\times10^{-1}$	$-5.432\,83\times10^{-4}$
2	$5.107\,68\times10^{-2}$	$-3.691\,19\times10^{-3}$	$6.548\,37\times10^{-6}$
3	$8.059\,99\times10^{-1}$	$-9.340\,12\times10^{-4}$	$1.387\,77\times10^{-6}$
4	$-7.408\,49\times10^{-3}$	$5.332\,43\times10^{-5}$	$-1.015\,63\times10^{-7}$
5	$-3.010\,36\times10^{-3}$	$1.751\,45\times10^{-5}$	$-2.348\,92\times10^{-8}$
6	$3.322\,67\times10^{-5}$	$-3.258\,88\times10^{-7}$	$4.986\,12\times10^{-10}$
7	$3.219\,31\times10^{-5}$	$-1.658\,49\times10^{-7}$	$2.176\,12\times10^{-10}$

5.3.2　模式网格设定

1)水平网格

HYCOM 模式中，网格是“C”跳点网格。将速度的 u、v 分量和涡度 Q 写在半点网格上，而其他的量分布在整点网格上。

为了使模拟区域网格加密，进行了正交投影坐标转换，也就是在一个球体上任意选取两点 a 和 b，然后以这两点为两极坐标点，形成一个类似于经纬度的网格分布，那么靠近两点的位置网格较密，而远离的位置网格比较稀疏。

2）垂直坐标

HYCOM 模式应用广义垂直坐标，也就是在不同的层次应用不同的坐标。模式中可以同时采用 3 种坐标，在弱层结效应的浅表层应用 z 坐标；混合强烈的浅水区用跟随地形 σ 坐标；在海洋内部用等密度面坐标。混合坐标的应用，使我们在垂直混合参数化中，可以选择不同的方案。

使用 σ 坐标时，我们需要给出最小 σ 厚度和使用的层数；而使用等密度面坐标时，需要给定垂直层数和每层的相当密度值。

温度、盐度和密度需要随垂直坐标进行调整，其中温度调整最先进行。以温度为例，先给出原坐标的压强点 p_m，$m=(1,2,\cdots,M)$，新坐标的压强点 p_n，$n=(1,2,\cdots,N)$，那么温度转化为

$$\widetilde{T}_n=\frac{1}{\widetilde{p}_{n+1}-\widetilde{p}_n}\sum_{m=1}^{M}T_m\left\{\max[\widetilde{p}_n,\min(p_{m+1},\widetilde{p}_{n+1})]-\min[\widetilde{p}_{n+1},\max(p_m,\widetilde{p}_n)]\right\}\tag{5-80}$$

5.3.3 模式的参数化

1）KPP 垂直混合

K 廓线参数化是一个非薄混合层模块。从表层到海洋底部均包括在 KPP 方案中，并且提供了很厚的表面边界层的散度和涡度廓线。在海洋内部，对内波效应和双扩散等物理现象的影响，KPP 方案也考虑在内。

具体的应用就是，垂直混合都可以用 K 参数的不同表示来定义：

$$\overline{w'\theta'}=-K_\theta\left(\frac{\partial\bar{\theta}}{\partial z}+\gamma_\theta\right)\overline{w'S'}=-K_S\left(\frac{\partial\bar{S}}{\partial z}+\gamma_S\right)\overline{w'v'}=-K_m\left(\frac{\partial\bar{v}}{\partial z}+\gamma_m\right)\tag{5-81}$$

式中，K 参数为

$$K_\theta=h_b w_\theta(\sigma)G_\theta(\sigma),\ K_S=h_b w_S(\sigma)G_S(\sigma)\quad K_m=h_b w_m(\sigma)G_m(\sigma)\tag{5-82}$$

而参数 G 为

$$G(\sigma)=a_0+a_1\sigma+a_2\sigma^2+a_3\sigma^3\tag{5-83}$$

其中，参数 a_0、a_1、a_2 和 a_3 视不同层次给出不同的大小。

2）Kraus-Turner 混合

Kraus-Turner 混合层是一个垂直均匀的水层，而这个层结的厚度是从湍流动力能量方程（TKE）诊断得到的。为了与 MICOM 进行比较，该模式已被嵌入到 HYCOM 中。

混合层内温度和盐度与压强的关系，用下式表示：

$$T_{dn} = \frac{p_m - p_k}{p_{k+1} - p_m}(T_k - T_{up}) \tag{5-84}$$

$$S_{dn} = \frac{p_m - p_k}{p_{k+1} - p_m}(S_k - S_{up}) \tag{5-85}$$

5.3.4　边界条件

模式中的两种边界条件，分别是牛顿张弛边界条件和开边界条件。

在海绵边界带，可应用一个简单的牛顿张弛边界条件。温度、盐度和垂直坐标的压强都随时间步长进行更新。

$$T_{t+1}^{k} = T_t^k + \Delta t\,\mu(\hat{T}_t^k - T_t^k) \tag{5-86}$$

$$S_{t+1}^{k} = S_t^k + \Delta t\,\mu(\hat{S}_t^k - S_t^k) \tag{5-87}$$

$$p_{t+1}^{k} = p_t^k + \Delta t\,\mu(\hat{p}_t^k - p_t^k) \tag{5-88}$$

当 HYCOM 模式采用等密度面坐标时，温度和盐度仅在非等密度面混合层(第一层)进行张弛运算，在下面的深层仅对盐度进行计算；当采用混合坐标时，温度和盐度在上面的混合坐标层进行计算，下面的深层也是仅对盐度进行计算；而压强则是在整个垂直坐标层进行计算。

开边界方案的特点包括：①边界上的流入和流出量相等；②边界条件对正压模和斜压模分开进行运算；③Browning 等(1986)提出的开边界方案是针对单一层的浅水模式，仅包括正压模的压强场和法向速度；④需要指定正压切向速度；⑤斜压的法向速度是针对所有的物质流(包括正压和斜压)而指定的；⑥斜压的切向速度是由前面推导出来的；⑦斜压模的开边界条件不仅应用于边界上的点，给定宽度的弹性边界也需要使用，包括内表面压强项、连续方程的阻尼项和动量方程的涡度项。

5.3.5　附加模型

1)径流

HYCOM 模式中，对于河流的考虑，主要是针对盐度。河流的流量以及河流所处的网格位置，对表面盐度产生了一定的衰减，简单表示为

$$S = S - S(C_1R_1 + C_2R_2 + C_3R_3 + \cdots)/V \tag{5-89}$$

式中，R 为河流流量；V 为体积；S 为表层盐度；C 为每条河流对盐度的影响参数。

2)潮汐模式

潮汐模块中，主要考虑了 8 个分潮，分别是 Q_1、O_1、P_1、K_1、N_2、M_2、S_2 和 K_2 分

潮。该模式只针对区域比较小、潮汐影响比较大的海域应用，在本书研究区域没有采用。

5.4 大洋渔场环境信息数据同化

5.4.1 三维变分海洋数据同化技术

1）相关尺度法的三维变分同化技术

相关尺度依海区由经验函数给定，或者由多年数值模拟结果计算获得。考虑误差协方差的空间分布各向异性，建立背景场误差协方差矩阵模型。

背景场误差协方差矩阵 **B** 的元素由下式给出：

$$\boldsymbol{B}_{i,j} = a_h \exp\left(-\frac{\Delta x_{ij}^2}{L_x^2} - \frac{\Delta y_{ij}^2}{L_y^2}\right) \tag{5-90}$$

式中，L_x 和 L_y 分别为经向和纬向相关尺度；Δx_{ij}和 Δy_{ij}分别为经向和纬向网点间的距离；a_h 为方差初始猜测。

2）顺次递归滤波法的三维变分同化技术

该技术由一系列滤波系数不同的三维变分同化系统组成，通过逐次改变滤波参数，依次提取不同尺度的观测信息。相当于对背景场的误差协方差进行傅里叶分解，从而达到根据观测资料的分布状态自动调节背景场误差相关尺度的目的。

递归滤波器是一种低通滤波器，它包括左、右两个方向的递归操作，以一维情形为例，若将滤波前第 i 个格点上的变量表示为 A_i，则右向递归操作可表示为

$$A_i' = \alpha A_{i-1}' + (1-\alpha) A_i \quad (0 < \alpha < 1) \tag{5-91}$$

式中，A_i 为输入值；A_i'为该格点的输出值；参数 α 决定了滤波的空间尺度。

该滤波操作在各个网格点依次进行，则 A_i'可展开为

$$A_i' = (1-\alpha)(A_i + \alpha A_{i-1} + \cdots + \alpha A_{i-j} + \cdots) \tag{5-92}$$

在右向滤波完成后，对 A_i'进行反向滤波，即令

$$A_i'' = \alpha A_{i+1}'' + (1-\alpha) A_i' \tag{5-93}$$

其中，A_i'为输入值；A_i''为该格点的输出值。

若该一维网格链无限长，则滤波后的值可表示为

$$A_i'' = \sum_j \left(\frac{1-\alpha}{1+\alpha}\right) \alpha^{|j|} A_{i-j} \tag{5-94}$$

令

$$S_j = \left(\frac{1-\alpha}{1+\alpha}\right) \alpha^{|j|} \tag{5-95}$$

则 A''_i 可表示为

$$A''_i = \sum_j S_j A_{i-j} \tag{5-96}$$

这里，用 S 来表示递归滤波器，其特征尺度由下式确定：

$$(\lambda\delta)^2 = \sum_{j=-\infty}^{\infty} (j\delta)^2 S_j = \left[\frac{\alpha}{(1-\alpha)^2}\right]\delta^2 \tag{5-97}$$

反复多次进行上述滤波过程，可使滤波的平滑作用增强。对上述操作重复 L 次，可以构成如下形式的滤波器：

$$F_j = (S * S \cdots * S)_j \approx F_0 \exp\left[-\frac{|j|^2}{2L(\lambda\delta)^2}\right] \tag{5-98}$$

可见多次重复后，滤波器接近于高斯型，其特征长度为

$$R^2 = \frac{2L\alpha\delta^2}{(1-\alpha)^2} \tag{5-99}$$

式中，δ 为网格间距。

3) 多重网格法的三维变分同化技术

不同地点的分析场可能有不同的相关尺度，而这种相关尺度是很难被很好地估计出来的。由于海洋中观测数据是非常不均匀的，不准确的相关尺度会在观测点稀疏的区域产生较大的分析误差。对于某个给定的观测系统，数据稀疏的地区只能提供误差的长波信息，而数据密集的地区既能提供误差的长波信息又能提供误差的短波信息。相关尺度法的三维变分同化技术只能纠正某种波长的误差。实际应用中表明，如果长波误差得不到很好的纠正，短波误差也不可能得到很好的纠正。多重网格法的三维变分同化技术可以对长波误差和短波误差依次进行修正。

多重网格法的三维变分数据同化中，目标函数采用如下形式：

$$\boldsymbol{J}^{(n)} = \frac{1}{2}\boldsymbol{X}^{(n)\,\mathrm{T}}\boldsymbol{X}^{(n)} + \frac{1}{2}\left[H^{(n)}\boldsymbol{X}^{(n)} - Y^{(n)}\right]^{\mathrm{T}} O^{(n)\,-1}\left[H^{(n)}\boldsymbol{X}^{(n)} - Y^{(n)}\right] \tag{5-100}$$

式中，$\boldsymbol{X}$ 为分析场；Y 为观测值；H 为投影算子；n 表示第 n 重网格。

这里，粗网格对应长波模态，细网格对应短波模态。由于波长或相关长度由网格的粗细来表达，因此背景场误差协方差矩阵就退化为简单的单位矩阵。需要通过试验确定网格剖分次数。

4) 多变量同化平衡约束方法

考虑模式物理变量间的协调关系，引入平衡约束，尤其是非线性平衡约束，保证模式状态变量订正的一致性。

在三维变分数据同化方法中，关于盐度的订正，主要是考虑在同化温度资料的同时，在三维变分目标泛函中引入温盐之间非线性平衡约束，即温-盐关系，对盐度进行

订正，从而保证模式状态变量订正的一致性；另外，通过同化卫星高度计资料，对温度和盐度场进行分析订正。通过数据同化试验，确定该方案的可行性。

5）目标函数的预处理和最小化技术

对控制变量和目标函数进行预处理，增加 Hess 矩阵的条件数，加快最小化收敛速度。以下给出如何进行预处理的一个例子。

令 $\boldsymbol{B}=\sqrt{\boldsymbol{B}^{\mathrm{T}}}\sqrt{\boldsymbol{B}}=\boldsymbol{C}^{\mathrm{T}}\boldsymbol{C}$

此时，$\boldsymbol{C}$ 是唯一确定的对称矩阵，并与 $\boldsymbol{B}$ 有着相同的特征向量，其特征值为 B 的特征值的平方根。

定义控制变量 q

$$q=\boldsymbol{C}^{-1}\delta x \text{ 或者 } \delta x=\boldsymbol{C}q$$

其中，$\delta x=x-x_{\mathrm{b}}$。

则目标函数改写为

$$\boldsymbol{J}(q)=\frac{1}{2}q^{\mathrm{T}}q+\frac{1}{2}(H\boldsymbol{C}q-d)^{\mathrm{T}}R^{-1}(H\boldsymbol{C}q-d) \tag{5-101}$$

其中，$d\equiv y-Hx_{\mathrm{b}}$。

上述目标函数的梯度为

$$\nabla\boldsymbol{J}(q)=(\boldsymbol{I}+\boldsymbol{C}^{\mathrm{T}}H^{\mathrm{T}}R^{-1}H\boldsymbol{C})q-\boldsymbol{C}^{\mathrm{T}}H^{\mathrm{T}}R^{-1}d \tag{5-102}$$

其中，$\boldsymbol{I}$ 为单位矩阵。

由此得到如下 Hess 矩阵

$$\nabla^{2}\boldsymbol{J}=\boldsymbol{I}+\boldsymbol{C}^{\mathrm{T}}H^{\mathrm{T}}R^{-1}H\boldsymbol{C} \tag{5-103}$$

很明显，经过上述预处理后，可以确保最小的特征值不小于 1，从而在最小化过程中，提高收敛速度（取决于条件数，即 Hess 矩阵的最大特征值与最小特征值之比）。

5.4.2 集合卡尔曼滤波海洋数据同化技术

集合卡尔曼滤波是一种顺序同化方法，图 5-2 描述了大气和海洋中几乎所有的集合滤波算法。通常，这些算法所不同的地方在于第四步的具体实现，即给定先验估计、观测值和观测误差分布，如何计算观测增量。主要步骤如下。

第一步（图中①所示）：从前一个观测时刻 t_k 积分模式集合成员到下一个观测时刻 t_{k+1}。

第二步（图中②所示）：将观测算子作用到模式状态上得到相应于观测标量的集合成员先验估计，如③中的实线标记所示。

第三步（图中③所示）：将观测值（③中的灰色标记）和观测误差分布（③中的灰色曲线）与集合成员先验估计相结合，得到新的分析场。

第四步(图中④所示)：计算对应每一个集合成员先验估计的增量。

第五步(图中⑤所示)：利用观测变量和模式状态变量的先验联合分布，将上述观测增量回归到模式变量上，从而得到模式状态变量的增量。

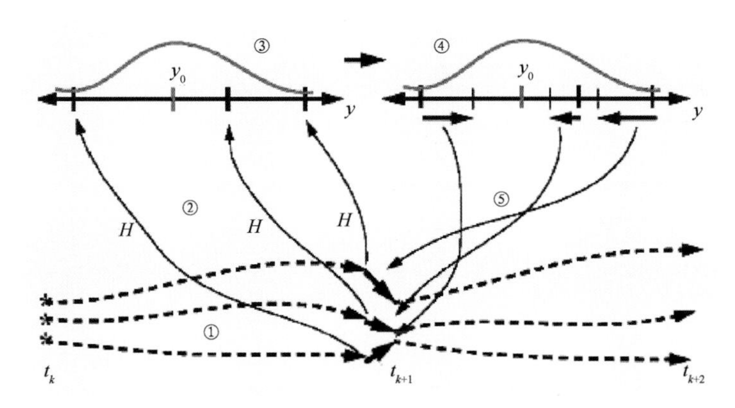

图 5-2　集合卡尔曼滤波算法示意图

依次计算观测信息对每一个模式状态变量的影响，待所有模式状态变量均被更新后，重复上述步骤到下一个观测标量对应的时刻。当所有的观测资料均被利用完毕，模式积分到下一观测时刻 t_{k+2}。

计算先验样本均值和方差，并假定观测系统的误差分布为高斯型，方差为 Σ_o，则要求解的方差(Σ_u)和均值($\bar{y}_u$)由下式得到

$$\Sigma_u = (\Sigma_p^{-1} + \Sigma_o^{-1})^{-1} \quad (5-104)$$

$$\bar{y}_u = \Sigma_u(\Sigma_p^{-1}\bar{y}_p + \Sigma_o^{-1}y_o) \quad (5-105)$$

每个集合成员 y_i 的增量由下式计算：

$$\Delta y_i = (\bar{y}_u - y_i) + A(y_i - \bar{y}_p) \quad (5-106)$$

式中，$A = \sqrt{(\Sigma_u/\Sigma_p)}$。

在上述阐述的算法中，关键技术及主要技术途径包括以下几种。

1)集合初始化方法

基于气象数值再分析场，建立一个具有随机特性的统计气象模型，与海洋数值模式进行耦合，从而综合考虑海-气通量的影响因素，实现集合的初始化。

利用该模型可以得到海表温度与海面通量(包括风应力矢量、短波与长波辐射、显热通量、蒸发和降水)月平均距平之间的关系。

对于每一个通量距平的时间序列，统计模型采用如下表达式：

$$Y = XW + E \quad (5-107)$$

其中，Y 为 q 个通量距平场的 n 个月平均值；X 为相应的海表温度距平场；W为权重；

E 为随机项，这里假定该随机项为不随时间变化的正态分布，即均值为 0，方差为常数。

为得到一系列预报器，计算海表温度距平场和通量间的协方差矩阵 $\boldsymbol{C}$，并进行奇异值分解：

$$\boldsymbol{C}=\frac{X'Y}{n-1}=\widetilde{\boldsymbol{A}}\boldsymbol{D}\widetilde{\boldsymbol{B}} \tag{5-108}$$

其中，~表示无量纲矩阵；$\boldsymbol{D}_{r\times r}$ 为对角矩阵，其对角元素为 $\boldsymbol{C}$ 矩阵的奇异值，$r\equiv\min(p,q)$；$\widetilde{\boldsymbol{A}}_{p\times r}$ 和 $\widetilde{\boldsymbol{B}}_{q\times r}$ 为单位矩阵，其列向量分别为 $\boldsymbol{C}$ 矩阵的左(SST)右(通量)奇异向量。将通量距平回归到这些预报器上，即得到海表温度距平场的权重。实际上该权重就是海表温度距平场的奇异向量展开系数：

$$\hat{Y}_N=X\hat{W}_N \tag{5-109}$$

$$\widetilde{\boldsymbol{W}}_N=\widetilde{\boldsymbol{A}}_N(\widetilde{\boldsymbol{A}}'_NX'X\widetilde{\boldsymbol{A}}_N)^{-1}\widetilde{\boldsymbol{A}}_NX'Y \tag{5-110}$$

$$\hat{E}_N=Y-\hat{Y}_N \tag{5-111}$$

式中，$\hat{Y}_N$ 和 $\hat{E}_N$ 是从 N 个预报器估计的确定部分和残差部分。

2)误差协方差局地化技术

一般情况下，集合尺度较小，会产生伪长期相关。本书采用一种距离权重函数进行滤波，将误差协方差局部化。同时，这一处理技术也会提高并行算法的效率。权重函数的形式如下：

$$\Omega(a,d)=\begin{cases}-\frac{1}{4}\left(\frac{d}{a}\right)^5+\frac{1}{2}\left(\frac{d}{a}\right)^4+\frac{5}{8}\left(\frac{d}{a}\right)^3-\frac{5}{3}\left(\frac{d}{a}\right)^2+1 & (0\leqslant d\leqslant a)\\ \frac{1}{12}\left(\frac{d}{a}\right)^5-\frac{1}{2}\left(\frac{d}{a}\right)^4+\frac{5}{8}\left(\frac{d}{a}\right)^3+\frac{5}{3}\left(\frac{d}{a}\right)^2 & \\ \quad -5\left(\frac{d}{a}\right)+4-\frac{2}{3}\left(\frac{d}{a}\right)^{-1} & (a<d\leqslant 2a)\\ 0 & (d>2a)\end{cases} \tag{5-112}$$

式中，d 为水平或空间距离，或者时间差异；a 为控制观测影响窗口的参数。

3)提高集合信息传播能力技术

在集合信息传播能力很小的情况下，研究采用诸如与多变量动态最优插值相结合等方法，增加观测资料约束，提高集合信息传播能力。

5.4.3 多源海洋现场观测和卫星遥感资料联合同化技术

采用三维变分和集合卡尔曼滤波同化技术，将多源海洋现场观测和卫星遥感资料，联合同化到数值预报模式中，主要研究方法包括以下几个方面。

1) 不同类型海洋资料误差协方差矩阵模型的建立

不考虑观测资料之间的相关性，因此协方差矩阵可以简化为对角矩阵。根据现场观测资料和卫星遥感资料具有不同的观测误差，给出方差估计。

2) 不同类型海洋资料联合同化时间窗口的设定

根据海洋变化规律以及观测资料分布情况，同化模型需要设定一定长度的时间窗口，其中海表面观测资料的时间窗口要小于剖面观测资料的时间窗口。

3) 多源卫星测高、多源卫星测温、船舶测报 SST 和 Argo 等剖面资料联合同化技术

(1) 针对多源卫星测高的联合同化技术方案。在集合卡尔曼滤波同化研究中，多变量同化方案可以较方便地实现，其中要着重解决的是卫星测高的同化问题。因为卫星测高所观测的海面高度为相对值，所以将卫星测高的时间变化信息同化到模型中，并通过数据同化试验，检验该方案的可行性。

在三维变分同化研究中，针对卫星测高资料的不同处理方式，采用如下两个同化方案，并通过数据同化试验，检验其可行性。

i. 将观测的海面高度偏差转换为温度剖面增量。采用下式，由观测的海面高度偏差得到温度剖面

$$T_{syn}(x, y, z, t) = F(x, y, z, t)SSH'(x, y, t) + T^{av}(x, y, z, t) \quad (5-113)$$

式中，F 为相关因子，利用温度和海面高度偏差（T' 和 SSH'）的关系得到

$$F(x, y, z, t) = \frac{\overline{T'SSH'}}{\overline{SSH'^2}} \quad (5-114)$$

温度和海面高度偏差按如下定义：

$$T'(x, y, z, t) = T(x, y, z, t) - T^{av}(x, y, z, t) \quad (5-115)$$

$$SSH'(x, y, t) = SSH(x, y, t) - SSH^{av}(x, y, t) \quad (5-116)$$

ii. 由卫星测高资料反演温度和盐度剖面。在利用卫星测高资料反演温度和盐度剖面的同时，引入温-盐之间的非线性平衡约束，目标泛函定义为如下形式：

$$J(T, S) = \frac{1}{2}(T - T_b)^T B_T^{-1}(T - T_b) + \frac{1}{2}[S - S(T)]^T B_S^{-1}[S - S(T)] + \frac{1}{2}[h(T, S) - SSH]^T R^{-1}[h(T, S) - SSH] \quad (5-117)$$

式中，$S(T)$ 表示由温度得到的盐度；h 为动力高度。

(2) 针对多源卫星测温的联合同化技术方案。由于卫星遥感海表温度的空间观测密度较高，根据模式网格的疏密程度，分析高密度卫星遥感海表温度资料的空间分布特

点，并对其进行空间平均，减少因观测误差带来的高频波动。开发顺次递归滤波法和多重网格法三维变分同化技术，使背景场误差协方差矩阵可以自动根据观测资料的空间分布密度进行相应变化，从而自动同化多源卫星测温、船舶测报海表温度和Argo等剖面资料中相应尺度的信息。

5.5 大洋渔场环境信息预报前沿技术

5.5.1 浪流耦合参数化技术

按照浪流耦合理论(Qiao et al.，2004)，波致混合为

$$\boldsymbol{B}_{\mathrm{V}}=\alpha\iint_{\boldsymbol{k}}\boldsymbol{E}(\boldsymbol{k})\exp\{2kz\}\,\mathrm{d}\boldsymbol{k}\frac{\partial}{\partial z}\left[\iint_{\boldsymbol{k}}\omega^{2}E(\boldsymbol{k})\exp\{2kz\}\,\mathrm{d}\boldsymbol{k}\right]^{\frac{1}{2}} \tag{5-118}$$

式中，α 为常数；$\boldsymbol{E}(\boldsymbol{k})$为波浪的方向谱；$\omega$ 为角频率；k 为波数；z 为水深，$z=0$ 时表示海平面，且向上为正。海洋的混合过程非常复杂，主要包括对流、海浪的破碎、海浪的搅拌、流的剪切不稳定、内波混合和双扩散作用等物理过程。Large 等(1994)考虑到剪切不稳定、内波混合、双扩散作用以及非局地因素引起的混合作用，提出了KPP垂直混合方案。

根据KPP垂直混合方案，在水深 d 大于海表边界层深度 h_{b}，也就是海洋内区时，垂直湍流通量为

$$\overline{w'x'}(d)=-\nu_{x}(d)\,\partial_{z}\bar{x} \tag{5-119}$$

考虑到内区垂直混合包括3个物理过程：垂直剪切混合、内波混合和双扩散作用，垂直扩散系数、垂直黏性系数由这3个物理过程分别参数化后相加求得，即

$$\nu_{x}(d)=\nu_{x}^{\mathrm{s}}(d)+\nu_{x}^{\mathrm{w}}(d)+\nu_{x}^{\mathrm{d}}(d) \tag{5-120}$$

式中，ν_{x}^{s}、ν_{x}^{w}、ν_{x}^{d} 分别代表垂直剪切混合、内波混合和双扩散作用对垂直扩散系数、垂直黏性系数的贡献。

在层结的海洋中，有垂直流速剪切的地方，垂直流速剪切克服净力稳定作用而存在，此时垂直剪切混合作用就会发生。垂直剪切混合作用项 ν_{x}^{s} 被参数化为

$$\begin{cases}\nu_{x}^{\mathrm{s}}/\nu^{0}=1 & (Ri_{\mathrm{g}}<0)\\ \nu_{x}^{\mathrm{s}}/\nu^{0}=\left[1-(Ri_{\mathrm{g}}/Ri_{0})^{2}\right]^{P_{1}} & (0<Ri_{\mathrm{g}}<Ri_{0})\\ \nu_{x}^{\mathrm{s}}/\nu^{0}=0 & (Ri_{0}<Ri_{\mathrm{g}})\end{cases} \tag{5-121}$$

式中，$Ri_{\mathrm{g}}=\dfrac{N^{2}}{(\partial_{z}\bar{u})^{2}+(\partial_{z}\bar{v})^{2}}$为局地理查森数；$\nu^{0}=50\times10^{-4}\ \mathrm{m^{2}/s}$；$Ri_{0}=0.7$；$P_{1}=3$。

内波混合作用项被参数化为常数：

$$\nu_m^{w} = 1.0 \times 10^{-4}\ \mathrm{m^2/s} \tag{5-122}$$

$$\nu_s^{w} = 0.1 \times 10^{-4}\ \mathrm{m^2/s} \tag{5-123}$$

其中，ν_m^{w} 代表黏性系数；ν_s^{w} 代表扩散系数。

双扩散分为盐指现象和对流扩散两种。

对于盐指现象(高温高盐水位于低温低盐水之上的现象)，湍流盐扩散系数：

$$\begin{cases} \nu_s^{d}(R_\rho)/\nu_{f} = \left[1 - \left(\dfrac{R_\rho - 1}{R_\rho^0 - 1}\right)^2\right]^{P_2} & (1.0 < R_\rho < R_\rho^0) \\ \nu_s^{d}(R_\rho)/\nu_{f} = 0.0 & (R_\rho \geqslant R_\rho^0) \end{cases} \tag{5-124}$$

湍流热传导系数：

$$\nu_\theta^{d}(R_\rho) = 0.7\nu_s^{d} \tag{5-125}$$

式中，$R_\rho = \alpha\partial_z\bar{\theta}/(\beta\partial_z\bar{S})$ 为双扩散的密度比率；α、β 分别为温、盐的热膨胀系数；$\nu_{f} = 10\times10^{-4}\mathrm{m^2/s}$，$R_\rho^0 = 1.9$；$P_2 = 3$。

对于对流扩散，湍流热传导系数：

$$\nu_\theta^{d}/\nu = 0.909\exp\{4.6\exp[-0.54(r_\rho^{-1} - 1)]\} \tag{5-126}$$

湍流盐扩散系数：

$$\begin{cases} \nu_s^{d} = \nu_\theta^{d}(1.85 - 0.85R_\rho^{-1})R_\rho & (0.5 \leqslant R_\rho < 1.0) \\ \nu_s^{d} = \nu_\theta^{d}0.15R_\rho & (R_\rho < 0.5) \end{cases} \tag{5-127}$$

为了确定海表边界层深度需要引进整体理查森数：

$$Ri_{b} = \frac{(B_r - B)d}{[\bar{v}_r - \bar{v}(d)]^2 + V_{t}^2(d)} \tag{5-128}$$

式中，B 为浮力，下标 r 表示参考值(参考海面)；d 为深度；$(\bar{v}_r - \bar{v})^2$、V_{t}^2 分别代表平均流的垂直剪切和湍流速度剪切的影响。

当 $Ri_{b} = Ri_{c} = 0.3$ 时的最小深度 h_{b} 定义为海表边界层深度。

湍流流速剪切项为

$$V_{t}^2 = \frac{C_v(-\beta_{T})^{1/2}}{Ri_{c}\kappa^2}(c_s\varepsilon)^{-1/2}dNw_s \tag{5-129}$$

其中，C_v 为 1~2 的常数；β_{T} 为卷挟浮力通量和海表浮力通量之比；$\kappa = 0.4$ 为卡门(Karman)常数；w_s 为湍流速度

$$\begin{cases} w_s = \kappa(a_s u^{*3} + c_s\kappa\sigma w^{*3})^{1/3} \rightarrow \kappa(c_s\varepsilon)^{1/3}w^{*} & (\sigma < \varepsilon) \\ w_s = \kappa(a_s u^{*3} + c_s\kappa\varepsilon w^{*3})^{1/3} \rightarrow \kappa(c_s\kappa\varepsilon)^{1/3}w^{*} & (\varepsilon \leqslant \sigma < 1) \end{cases} \tag{5-130}$$

其中，a_s、c_s 为常数；$w^* = (-B_f/h)^{1/3}$ 是 B_f 为海表浮力通量的对流速度；$\sigma = d/h_b$。

在海表边界层，即 $d<h_b$(海表边界层深度)时，垂直湍流通量为

$$\overline{w'x'}(d) = -K_x(\partial_z \bar{x} - \gamma_x) \tag{5-131}$$

其中，λ_x 为非局地输运项，也就有

$$\overline{w'\theta'} = -K_\theta\left(\frac{\partial\bar{\theta}}{\partial z} + \gamma_\theta\right),\ \overline{w'S'} = -K_s\left(\frac{\partial\bar{S}}{\partial z} + \gamma_s\right),\ \overline{w'v'} = -K_m\left(\frac{\partial\bar{v}}{\partial z}\right) \tag{5-132}$$

其中，

$$\begin{cases} K_\theta(\sigma) = h_b w_\theta(\sigma) G_\theta(\sigma) \\ K_s(\sigma) = h_b w_s(\sigma) G_s(\sigma) \\ K_m(\sigma) = h_b w_m(\sigma) G_m(\sigma) \end{cases} \tag{5-133}$$

w_s 根据式(5-130)得到。w_θ，w_m 也可根据式(5-130)求得，只是要用 a_θ、c_θ，a_m、c_m 代替相应的 a_s、c_s。

其中的 G 为平滑函数

$$G(\sigma) = a_0 + a_1\sigma + a_2\sigma^2 + a_3\sigma^3 \tag{5-134}$$

既然湍流涡旋不能穿越海洋表面，所以要求 $a_0=0$，式中的其他参数要满足 Monin-Obukhov 近似理论，并且还要满足在 $\sigma=1$，即 $d=h_b$ 处，$K_x=\nu_x$，$\frac{\partial K_x}{\partial\sigma}=\frac{\partial\nu_x}{\partial\sigma}$。

式(5-132)中的非局地输运项为

$$\begin{cases} \gamma_\theta = 0,\ \gamma_s = 0 & (\zeta \geqslant 0) \\ \gamma_\theta = C_s \dfrac{\overline{w'\theta'_0} + \overline{w'\theta'_R}}{w_\theta(\sigma) h_b},\quad \gamma_s = \dfrac{\overline{w'S'_0}}{w_s(\sigma) h} & (\zeta < 0) \end{cases} \tag{5-135}$$

其中，$\zeta=d/L$，L 为 Monin-Obukhov 长度；$\overline{w'\theta'_0}$、$\overline{w'S'_0}$ 为海表通量；$\overline{w'\theta'_R}$ 为短波辐射的贡献。

按照 Qiao 等(2004)提出的浪流耦合理论，只要通过海浪波数谱数值模式积分得到波浪方向谱，就可以由式(5-118)计算出随时间和空间变化的 $\boldsymbol{B}_V$，而只要把 $\boldsymbol{B}_V$ 作为垂直混合的一部分叠加到 KPP 垂直混合方案的 K_m、K_θ 和 K_s 中，即可引入波浪运动对环流速度、温度和盐度场的混合作用。

5.5.2 海洋数据同化中观测数据确定性信息提取问题

1)深入研究探讨海洋数据同化方法的理论基础

在自然界及各种动力系统当中，随机性是无处不在的。正是基于此，人们将大气

或海洋的状态场看成随机变量，利用概率论中条件概率的贝叶斯公式，发展了各种数据同化方法，如四维变分、三维变分、卡尔曼滤波等。通过在实践应用中的不断改进，这些数据同化方法所给出的令人欢欣鼓舞的结果使其在大气或海洋分析和预报应用中发挥越来越重要的作用。但一个不可忽略的事实是：所有这些数据同化算法均假设模式背景场是无偏的(unbiased)。显然这是一个令人失望的缺陷，因为，以海洋动力模式为例，模式控制方程本身对真实海洋动力过程的代表实际上是一种近似，将模式控制方程离散到网格点上而建立数值模式时，不可避免地引入不确定性等，这些因素均可导致模式偏差(model bias)。

2)海洋观测数据中确定性信息提取问题

在以往开展的海洋数值预报研究中，借鉴用于微分方程数值求解的多重网格法，建立了多变量三维变分同化方法。多重网格法可以实现从长波到短波依次提取海洋观测系统中所包含的多尺度确定性信息。将多重网格法借鉴到数据同化中，即提取海洋观测系统的多尺度确定性信息，用以订正模式背景场。通过这种方式，有望在某种程度上纠正上述模式背景场偏差(当然这还取决于海洋观测采样本身能否体现真实的海洋动力过程)。

第6章　大洋渔业渔情预报

6.1　渔情预报基本理论和方法

6.1.1　渔情预报基本概念及其类型

1）基本概念

渔情预报也可称渔况预报，是渔场学研究的主要内容，直接服务于渔业生产。渔情预报实际是指对未来一定时期和一定水域范围内水产资源状况各要素，如渔期、渔场、鱼群数量和质量以及可能达到的渔获量等所作出的预报。渔情预报的基础就是鱼类行动和生物学状况与环境条件之间的关系及其规律，以及各种实时的汛前调查所获得的渔获量、资源状况、海洋环境等各种渔海况资料。渔情预报的主要任务就是预测渔场、渔期和可能渔获量，即回答在什么时间、什么地点、作业时间能持续多长，以及鱼汛始末和旺汛的时间、中心渔场位置和整个鱼汛可能渔获量等问题。

2）渔情预报的类型和内容

根据海洋渔业生产的特点和实际需要，渔情预报一般分为全汛预报、汛期阶段预报和现场预报3种。

（1）全汛预报。预报的有效时间为整个鱼汛，内容包括渔期的起讫时间、盛渔期及延续时间、中心渔场的位置和移动趋势以及结合资源状况分析全汛期间渔发形势和可能渔获量或年景趋势等。这种预报在鱼汛前适当时期发布，供渔业管理部门和生产单位参考。全汛预报所需的基础资料和调查资料是大范围（尺度）的海洋环境数据及其变动情况、汛前目标鱼种稚幼鱼数量调查、海流势力强弱趋势等，从宏观的角度来比较分析年度鱼汛的发展趋势和总体概况。

（2）汛期阶段预报。整个鱼汛期一般分为鱼汛初期（初汛）、盛期（旺汛）和末期（末汛）3个阶段进行预报，也可根据不同捕捞对象的渔发特点分段预报。如浙江夏汛大黄鱼阶段性预报，依大潮汛（俗称“水”）划分，预测下一“水”渔发的起讫时间、旺发日期、鱼群主要集群分布区和渔发海区的变动趋势等，浙江嵊山冬汛带鱼阶段性预报则依大风变化（俗称“风”）划分，预测下一“风”鱼群分布范围、中心渔场位置及移动趋势等。这些预报是全汛预报的补充预报，比较及时、准确地向生产部门提供调度生产的科学依据。阶段预报应在各生产阶段前夕发布，时间性要求强，它所需的基础资料和数据应该是阶段性的海洋环境发展与变动趋势以及目标鱼种的生产调查资料。

(3)现场预报(也称为渔况速报)。对未来 24 小时或几天内的中心渔场位置、鱼群动向及旺发的可能性进行预测，由鱼汛指挥单位每天定时将预报内容通过电信系统迅速而准确地传播给生产船只，达到指挥现场生产的目的。这种预报时效性最强，其获得的海况资料一般来说应该当天发布。现场预报所需的基础资料是近几天的渔业生产和调查资料，如渔获个体及其大小组成等，以及水温变化、天气状况(如台风和低气压等)、水团的发展与移动等。

6.1.2　渔情预报基本流程

渔情预报研究及其日常发布工作一般都由专门的研究机构或研究中心来负责。在该研究机构或者研究中心，拥有渔况和海况两个方面的数据来源及其网络信息系统，其数据来源是多方面的。如在海况方面，主要来源于海洋遥感、渔业调查船、渔业生产船、运输船、浮标等。在渔况方面，主要来源于渔业生产船、渔业调查船、码头、生产指挥部门、水产品市场等。

渔情预报机构根据实际调查研究结果，迅速将获得的海况与渔况等资料进行处理、预报和通报，不失时机地为渔业生产服务。对于渔况和海况的分析预报，要建立群众性通报系统，统一指定一定数量的渔船(信息船)，对各种因子进行定时测量，然后将这些测量资料发送给所属海岸的无线电台，电台按预定程序通过电报把情报发送给渔业情报服务中心，或者从渔船直接传递给渔情预报中心。情报数据输入计算机，根据计算结果绘制水温等参数的分布图，图上注明渔况解说，然后再以传真图方式，通过电子邮件、网络、无线电台或通信、广播机构发送。一般来说，渔况速报当天应该将收集的水温等综合情报做成水温等各种分布图进行发布。

渔业情报服务中心在发布各种渔况、海况分析资料的同时，还要举办渔民短期培训班，使渔民熟悉有关的基础知识，以便充分运用所发布的各种资料，有效地从事渔业生产。在渔况海况分析预报工作中，通常都建立完整的渔业情报网，进行资料收集、处理和解析以及预报、发布等工作。

6.1.3　渔情预报模型构成及其分类

一个合理的渔情预报模型应考虑 3 个方面的内容，即渔场学基础、数据模型和预报模型。其中，渔场学基础主要包括鱼类的集群及洄游规律、环境条件对鱼类行为的影响，以及短期和长期的环境事件对渔业资源的影响；数据模型部分主要包括渔业数据和环境数据的收集、处理和应用的方法，以及这些方法对预报模型的影响；预报模型部分则主要包括建立渔情预报模型的理论基础和方法及相应的模型参数估计、优化和验证，以及不确定性分析。

1) 渔场学基础

鱼类在海洋中的分布是由其自身生物学特性和外界环境条件共同决定的。首先，海洋鱼类一般都有集群和洄游习性，集群和洄游规律决定了渔业资源在时间和空间的大体分布。其次，鱼类的行为与其生活的外界环境有密切的关系。鱼类生存的外界环境包括生物因素和非生物因素两类，生物因素包括敌害生物、饵料生物和种群关系；非生物因素包括水温、海流、盐度、光、溶解氧、气象条件、海底地形和水质因素等。最后，各类突发或阶段性、甚至长期缓慢的海洋环境事件，如赤潮、溢油、环境污染、厄尔尼诺现象、全球气候变暖，对渔业资源也会产生短期或长期的影响，进而引起渔业资源在时间、空间、数量和质量上的振荡。只有综合考虑这三方面因素的影响，才能建立起合理的渔情预报模型。

2) 数据模型

渔场预报研究所需要的数据主要包括渔业数据和海洋环境数据两类，这些数据的收集、处理和应用的策略对渔情预报模型具有重要影响。在构建渔情预报模型时，为了统一渔业数据和环境数据的时间和空间分辨率，一般需要对数据进行重采样。由于商业捕捞的作业地点不具备随机性，空间和时间上的合并处理将使模型产生不同的偏差；与渔场形成关系密切的涡流和锋面等海洋现象具有较强的变化性，海洋环境数据在空间和时间尺度上的平均将会弱化甚至掩盖这些现象。因此在构建渔情预报模型时应选择合适的时空分辨率，以降低模型偏差、提高预测精度。另外，渔情预报模型的构建也应充分考虑渔业数据本身的特殊性，如渔业数据都是一种类似“仅包含发现”(presence-only)的数据，即重视记录有渔获量的地点，而对于无渔获量的地点的记录并不重视。最后，低分辨率的历史数据、空间位置信息等数据的应用也应选择合适的策略。

3) 预报模型及构建

渔情预报模型主要可分为3种类型，即经验/现象模型、机理/过程模型和理论模型。总的来说，现有的渔情预报模型还是以经验/现象模型为主。这类模型常见的开发思路有两种：一种是以生态位(ecological niche)或资源选择函数(resource selection function，RSF)为理论基础，主要通过频率分析和回归等统计学方法分析出目标鱼种的生态位或者对于关键环境因子的响应函数，从而建立渔情预报模型；另一种是知识发现的思路，即以渔业数据和海洋环境数据为基础，通过各类机器学习和人工智能方法在数据中发现渔场形成的规律，建立渔情预报模型。

总的来说，基于统计学的渔情预报模型以回归为中心，其模型结构是预先设定好的，主要通过已有数据估计出模型系数，然后用这些模型进行渔场预测，可以称之为模型驱动(model-driven)的模型。而基于机器学习和人工智能方法的预测模型则以模型的学习为中心，主要通过各种数据挖掘方法从数据中提取渔场形成的规则，然后使用这些规则进行渔场预报，是数据驱动(data-driven)的模型。近几十年来，传统统计学和计算方法都发生了很大的变化，统计学方法和机器学习方法的区别也已经变得模糊。

借鉴 Guisan 等(2000)关于生物分布预测模型的研究，可以将建立渔情预报模型的过程分为 4 个步骤：①研究渔场形成机制；②建立渔情预报模型；③模型校正；④模型评价和改进。

渔情预报模型的构建应以目标鱼种的生物学和渔场学研究为基础，力求模型与渔场学实际相吻合。如果对目标鱼种的集群、洄游特性以及渔场形成机制较清楚，可选择使用机理/过程模型或理论模型对这些特性和机制进行定量表述。反之，如果对这些特性和机制的了解并不完全，则可选择经验/现象模型，根据基本的生态学原理对渔场形成过程进行一种平均化的描述。除此之外，无论构建何种预测模型，都应充分考虑模型所使用的数据本身的特点，这对于基于统计学的模型尤其重要。

模型校正(model calibration)是指建立预报模型方程之后，对于模型参数的估值以及模型的调整。根据预报模型的不同，模型参数估值的方法也不一样。例如，对于各类统计学模型，其参数主要采用最小方差或极大似然估计等方法进行估算；而对于人工神经网络模型，权重系数则通过模型迭代计算至收敛而得到。在渔情预报模型中，除了估计和调整模型参数和常数之外，模型校正还包括对自变量的选择。在利用海洋环境要素进行渔情预报时，选择哪些环境因子是一项比较重要也非常困难的工作。Harrell 等(1996)的研究表明，为了增加预测模型的准确度，自变量的个数不宜太多。另外，对于某些模型来说，模型校正还包括自变量的变换和平滑函数的选择等工作。

模型评价(model evaluation)主要是对预测模型的性能和实际效果进行评价。模型评价方法主要有两种：一种是模型评价和模型校正使用相同的数据，采用变异系数法或自助法评价模型；另一种则是采用全新的数据进行模型评价，评价的标准一般是模型拟合程度或者某种距离参数。由于渔情预报模型的主要目的是预报，其模型评价一般采用后一种方法，即考查预测渔情与实际渔情的符合程度。

6.1.4 主要渔情预报模型介绍

1)统计学模型

(1)线性回归模型。早期或传统的渔情预报主要采用以经典统计学为主的回归分析、相关分析、判别分析和聚类分析等方法，其中最有代表性的是一般线性回归模型。通过分析海表温度、叶绿素 a 浓度等海洋环境数据与历史渔获量、单位捕捞努力量渔获量(catch per unit effort，CPUE)或者渔期之间的关系，建立回归方程：

$$CPUE = \beta_0 + \beta_1 \cdot SST + \beta_2 \cdot Chl + \cdots + \varepsilon \qquad (6-1)$$

式中，β_0、β_1和β_2为回归系数；ε 为误差项。

一般线性回归模型采用最小二乘法对系数进行估计，然后利用这些方程对渔期、渔获量或 CPUE 进行预报，如陈新军(1995)认为，北太平洋柔鱼日渔获量 CPUE(kg/d)与 0~50 m 水温差（℃)具有线性关系，可以建立预报方程 $CPUE=-880+365\Delta T$。

一般线性回归模型结构稳定，操作方法简单，在早期的实际应用中取得了一定的效果。但一般线性回归模型也存在很大的局限性，一方面，渔场形成与海洋环境要素之间的关系具有模糊性和随机性，一般很难建立相关系数很高的回归方程；另一方面，实际的渔业生产和海洋环境数据通常情况下并不满足一般线性回归模型对于数据的假设，因而导致回归方程预测效果较差。目前，一般线性回归模型在渔情预报中的应用已比较少，逐渐被更为复杂的分段线性回归、多项式回归和指数(对数)回归、分位数回归等模型所取代。

(2)广义线性模型(generalized linear model，GLM)。通过连接函数对响应变量进行一定的变换，将基于指数分布族的回归与一般线性回归整合起来，其回归方程如下：

$$g[E(Y)] = \beta_0 + \sum_{i=1}^{p} \beta_i \cdot X_i + \varepsilon \qquad (6-2)$$

广义线性模型可对自变量本身进行变换，也可加上反映自变量相互关系的函数项，从而以线性的形式实现非线性回归。自变量的变换包括多种形式，如多项式形式的广义线性模型方程如下：

$$g[E(Y)] = LP = \beta_0 + \sum_{i=1}^{p} \beta_i \cdot (X_i)^p + \varepsilon \qquad (6-3)$$

广义加性模型(generalized additive model，GAM)是广义线性模型的非参数扩展，其方程形式如下：

$$g[E(Y)] = LP = \beta_0 + \sum_{i=1}^{p} f_i \cdot X_i + \varepsilon \qquad (6-4)$$

广义线性模型中的回归系数被平滑函数局部散点平滑函数所取代。与广义线性模型相比，广义加性模型更适合处理非线性问题。

自20世纪80年代开始，广义线性模型和广义加性模型相继应用于渔业资源研究中，特别是在CPUE标准化研究中，这两种模型都获得了较大成功。在渔业资源空间分布预测方面，广义线性模型和广义加性模型也有广泛应用。Chang等(2010)利用两阶段广义加性模型(2-stage GAM)研究了缅因湾美国龙虾的分布规律。但在渔情分析和预报应用上，国内研究者主要还是将它们作为分析模型而非预报模型。牛明香等(2012)在研究东南太平洋智利竹荚鱼中心渔场预报时，使用广义加性模型作为预测因子选择模型。广义线性模型和广义加性模型能在一定程度上处理非线性问题，因此具有较好的预测精度，但它们的应用较为复杂，需要研究者对渔业生产数据中的误差分布、预测变量的变换具有较深的认识，否则极易对预测结果产生影响。

(3)贝叶斯统计法。基于贝叶斯定理，即通过先验概率以及相应的条件概率计算后验概率，其中先验概率是指渔场形成的总概率，条件概率是指渔场为“真”时环境要素满足某种条件的概率，后验概率是指当前环境要素条件下渔场形成的概率。贝叶斯统计法通过对历史数据的频率统计得到先验概率和条件概率，计算出后验概率之后，以类似查表的方式完成预报。已有研究表明，贝叶斯统计法具有不错的预报准确率，如樊伟等(2006)对1960—2000年西太平洋金枪鱼渔业和环境数据进行了分析，采用贝叶斯统计方法建立了渔情预报模型，综合预报准确率达到77.3%。

贝叶斯统计法的一个显著优点是易于集成的特性，几乎可以与任何现有的模型集成在一起应用，常用的方法就是以不同的模型计算和修正先验概率。目前，渔情预报应用中的贝叶斯模型采用的都是朴素贝叶斯分类器(simple bayesian classifier)，该方法假定环境条件对渔场形成的影响是相互独立的，这一假定显然并不符合渔场学实际。相信考虑各预测变量联合概率的贝叶斯信念网络(Bayesian belief network)模型在渔情预报方面也应该会有较大的应用空间。

(4)时间序列(time series)分析。时间序列是指具有时间顺序的一组数值序列。对于时间序列的处理和分析具有静态统计处理方法无可比拟的优势，随着计算机以及数值计算方法的发展，已经形成了一套完整的分析和预测方法。时间序列分析在渔情预报中主要应用在渔获量预测方面，如Grant等(1988)利用时间序列分析模型对墨西哥湾西北部的褐虾商业捕捞年产量进行了预测。Georgakarakosa等(2006)分别采用时间序列分析、人工神经网络和贝叶斯动态模型对希腊海域枪乌贼科和柔鱼科产量进行了预测，结果表明时间序列分析方法具有很高的精度。

(5)空间分析和插值。空间分析的基础是地理实体的空间自相关性，即距离越近的地理实体相似度越高，距离越远的地理实体差异性越大。空间自相关性被称为地理学第一定律(first law of geography)，生态学现象也满足这一规律。空间分析主要用来分析渔业资源在时空分布上的相关性和异质性，如渔场重心的变动、渔业资源的时空分布模式等。但也有部分学者使用基于地统计学的插值方法(如克里金插值法)对渔获量数据进行插值，在此基础上对渔业资源总量或空间分布进行估计，如 Monestiez 等(2006)使用地统计学方法对地中海西北部长须鲸的空间分布进行了预测。需要说明的是，渔业具有非常强的动态变化特征，而地统计学方法从本质上来讲是一种静态方法，因此对渔业数据的收集方法具有严格要求。

2)机器学习和人工智能方法

关于空间的渔场预测也可以看成是一种“分类”，即将空间中的每一个网格分成“渔场”和“非渔场”的过程。这种分类过程一般是一种监督分类(supervised classification)，即通过不同的方法从样本数据中提取出渔场形成规则，然后使用这些规则对实际的数据进行分类，将海域中的每个网格点分成“渔场”和“非渔场”两种类型。提取分类规则的方法有很多，一般都属于机器学习方法。机器学习是研究怎样模拟或实现人类的学习行为，以获取新的知识的方法。机器学习和人工智能、数据挖掘的内涵有相同之处且各有侧重，这里不做详细阐述。机器学习和人工智能方法众多，目前在渔情预报方面应用最多的是人工神经网络、基于规则的专家系统和范例推理方法。除此之外，决策树、遗传算法、最大熵值法、元胞自动机、支持向量机、分类器聚合、关联分析和聚类分析、模糊推理等方法都开始在渔情分析和预报中有所应用。

(1)人工神经网络模型。人工神经网络(artificial neural networks，ANN)模型是模拟生物神经系统而产生的。它由一组相互连接的结点和有向链组成。人工神经网络的主要参数是连接各结点的权值，这些权值一般通过样本数据的迭代计算至收敛得到，收敛的原则是最小化误差平方和。确定神经网络权值的过程称为神经网络的学习过程。结构复杂的神经网络学习非常耗时，但预测时速度很快。人工神经网络模型可以模拟非常复杂的非线性过程，在海洋和水产学科已经得到广泛应用。在渔情预报应用中，人工神经网络模型在空间分布预测和产量预测方面都有成功应用。

人工神经网络模型并不要求渔业数据满足任何假设，也不需要分析鱼类对环境条件的响应函数与各环境条件之间的相互关系，因此应用起来较为方便，在应用效果上与其他模型相比也没有显著的差异。但人工神经网络类型很多，结构多变，相对其他模型来说应用比较困难，要求建模者具有丰富的经验。另外，人工神经网络模型对于知识的表达是隐式的，相当于一种黑盒(black box)模型，这一方面使人工神经网络模型在高维情况下表现尚可，一方面也使人工神经网络模型无法对预测原理做出明确的解释。当然目前也已经有方法检验人工神经网络模型中单个输入变量对模型输出贡献度。

(2)基于规则的专家系统。专家系统是一种智能计算机程序系统，它包含特定领域人类专家的知识和经验，并能利用人类专家解决问题的方法来处理该领域的复杂问题。

在渔情预报应用中，这些专家知识和经验一般表现为渔场形成的规则。目前渔情预报中最常见的专家系统方法还是环境阈值法和栖息地适宜性指数模型。

环境阈值法(environmental envelope methods)是最早也是应用最广泛的渔情空间预报模型之一。鱼类对于环境要素都有一个适宜的范围，环境阈值法假设鱼群在适宜的环境条件出现而当环境条件不适宜时则不会出现。这种模型在实现时，通常先计算出满足单个环境条件的网格，然后对不同环境条件的计算结果进行空间叠加分析，得到最终的预测结果，因此也常被称为空间叠加法。环境阈值法能够充分利用渔业领域的专家知识，而且模型构造简单，易于实现，特别适用于海洋遥感反演得到的环境网格数据，因此在渔情预报领域得到了相当广泛的应用。

栖息地适宜性指数(habitat suitability index，HSI)模型是由美国地理调查局国家湿地研究中心鱼类与野生生物署提出的用于描述鱼类和野生动物的栖息地质量的框架模型。其基本思想和实现方法与环境阈值法相似，但也有一些区别：首先，HSI模型的预测结果是一个类似于“渔场概率”的栖息地适宜性指数，而不是环境阈值法的“渔场”和“非渔场”的二值结果；其次，在HSI模型中，鱼类对单个环境要素的适应性不是用一个绝对的数值范围描述，而是采用资源选择函数来表示；最后，在描述多个环境因子的综合作用时，HSI模型可以使用连乘、几何平均、算术平均、混合算法等多种表示方式。HSI模型在鱼类栖息地分析和渔情预报上已有大量应用，但栖息地适宜性指数作为一个平均化的指标，与实时渔场并不具有严格的相关性，因此在利用HSI模型来预测渔场时需要非常谨慎。

(3)范例推理方法。范例推理(case-based reasoning，CBR)是模拟人们解决问题的一种方式，即当遇到一个新问题时，先对该问题进行分析，在记忆中找到一个与该问题类似的范例，然后将该范例有关的信息和知识稍加修改，用以解决新的问题。在范例推理过程中，面临的新问题称为目标范例，记忆中的范例称为源范例。范例推理就是由目标范例的提示而获得记忆中的源范例，并由源范例来指导目标范例求解的一种策略。这种方法简化了知识获取，通过知识直接复用的方式提高解决问题的效率，解决方法质量较高，适用于非计算推导，在渔场预报方面有广泛应用。范例推理方法原理简单，并且其模型表现为渔场规则的形式，因此可以很容易地应用到专家系统中，但范例推理方法需要足够多的样本数据以建立范例库，而且提取出的范例主要还是历史数据的总结，难以对新的渔场进行预测。

3)机理/过程模型和理论模型

前面提到的两类模型都属于经验/现象模型。经验/现象模型是静态、平均化的模型，它假设鱼类行为与外界环境之间具有某种均衡。与经验/现象模型不同，机理/过程模型和理论模型注重考虑实际渔场形成过程中的动态性和随机性。在这一过程中，鱼类的行为时刻受到各种瞬时性和随机性要素的影响，不一定能与外界环境之间达到假设中的均衡。渔场形成是一个复杂的过程，对这个过程的理解不同，所采用的模型也不同。部分模型借助数值计算方法再现鱼类洄游和集群、种群变化等动态过程，常见的有生物量均衡模型、平流扩散交互模型、基于三维水动力数值模型的物理-生物耦合模型等，如 Doan 等(2010)采用生物量均衡方程对越南中部近海围网和流刺网渔业开展的渔情预报研究，Rudorff 等(2009)利用平流扩散交互方程研究大西洋低纬度地区龙虾幼体的分布，李曰嵩等(2012)利用非结构有限体积海岸和海洋模型建立了东海鲐鱼早期生活史过程的物理-生物耦合模型。另外一些模型则着眼于鱼类个体行为，通过个体的选择来研究群体的行为和变化，如 Dagorna 等(1997)利用基于遗传算法和神经网络的人工生命模型研究金枪鱼的移动过程，基于个体的生态模型(individual-based model, IBM)也被广泛地应用于鱼卵与仔稚鱼输运过程研究。

6.2 西北太平洋柔鱼渔情预报研究

6.2.1 基于栖息地适宜性指数的柔鱼中心渔场预测

1)材料与方法

(1)柔鱼渔获数据来源于上海海洋大学鱿钓技术组。时间为 1999—2005 年 8—10 月，海域范围为(39°—46°N，150°—165°E)，空间分辨率为 1°×1°，时间分辨率为月。数据内容包括作业位置、作业时间、渔获量和作业次数。

(2)西北太平洋海域海表温度资料来源于卫星遥感数据，空间分辨率为 1°×1°，时间分辨率为月。

(3)计算海表温度水平梯度(GSST)，如图 6-1 所示。$SST_{i,j}$点的水平梯度 $GSST_{i,j}$为

$$GSST_{i,j} = \sqrt{[(SST_{i,j-1} - SST_{i,j+1})^2 + (SST_{i+1,j} - SST_{i-1,j})^2]/2} \qquad (6-5)$$

(4)通常认为，作业次数可代表鱼类出现或鱼类利用情况的指标(Andrade et al., 1999)。CPUE 可作为渔业资源密度指标(Bertrand et al., 2002)。因此，利用作业次数和 CPUE 分别与 SST、GSST 来建立适宜性指数(SI)模型。

假定最高作业次数(NET_{max})或 CPUE 为 1 时通常认为是柔鱼资源分布最多的海域，认定其适宜性指数 SI 为 1，而作业次数(NET)或 CPUE 为 0 时通常认为是柔鱼资源分布很少的海域，认定 SI 为 0(Mohri，1998，1999)。SI 计算公式如下：

$$SI_{i,NET} = \frac{NET_{ij}}{NET_{i,\max}} \quad 或 \quad SI_{i,CPUE} = \frac{CPUE_{ij}}{CPUE_{i,\max}} \qquad (6-6)$$

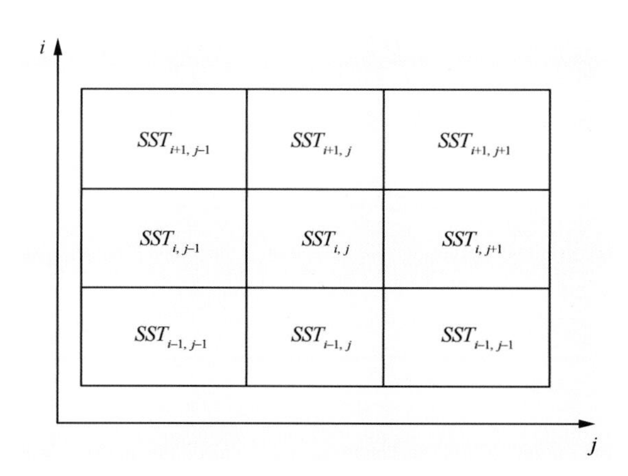

图 6-1　海表温度水平梯度计算示意图

式中，$SI_{i,NET}$为 i 月以作业次数为基础获得的适宜性指数；$NET_{i,\max}$为 i 月的最大作业次数；$SI_{i,CPUE}$为 i 月以单位捕捞努力量渔获量为基础获得的适宜性指数；$CPUE_{i,\max}$为 i 月的最大单位捕捞努力量渔获量。

$$SI_i = \frac{SI_{i,\ NET} + SI_{i,\ CPUE}}{2} \tag{6-7}$$

式中，SI_i为 i 月的适宜性指数。

(5)利用正态函数分布法建立 SST、GSST 和 SI 之间的关系模型，利用 DPS 软件进行求解。通过此模型将 SST、GSST 和 SI 离散变量关系转化为连续随机变量关系。

(6)利用算术平均(arithmetic mean，AM)法和几何平均(geometric mean，GM)法计算获得栖息地适宜性指数。HSI 值在 0(不适宜)到 1(最适宜)之间变化，计算公式如下：

$$HSI = \frac{1}{2}(SI_{\text{SST}} + SI_{\text{GSST}}) \quad HSI = \sqrt{SI_{\text{SST}} \times SI_{\text{GSST}}} \tag{6-8}$$

式中，SI_k为 SI 与 SST、SI 与 GSST 的适宜性指数关系。

(7)验证与实证分析。根据以上建立的模型，对 2005 年各月 SI 值与实际作业渔场进行验证，探讨预测中心渔场的可行性。

2)研究结果

(1)作业次数、CPUE 与 GSST 和 SST 的关系。8 月，作业次数主要分布在 SST 为 16~19℃和 GSST 为 3.5~4.5℃/°海域，分别占总作业次数的 75.9%和 51.4%，其对应的 CPUE 范围分别为 2.42~2.70 t/d 和 1.80~2.10 t/d[图 6-2(a)(b)]；9 月，作业次数主要分布在 SST 为 15~18℃和 GSST 为 3.0~4.0℃/°海域，分别占总作业次数的 80.5%和 54.1%，其对应的 CPUE 范围分别为 2.16~3.04 t/d 和 2.30~2.37 t/d[图 6-2

(c)(d)]；10月，作业次数主要分布在SST为13~16℃和GSST为3.5~4.5℃/°海域，分别占总作业次数的76.4%和84.9%，其对应的CPUE范围分别为1.94~2.78 t/d和1.70~3.34 t/d[图6-2(e)(f)]。

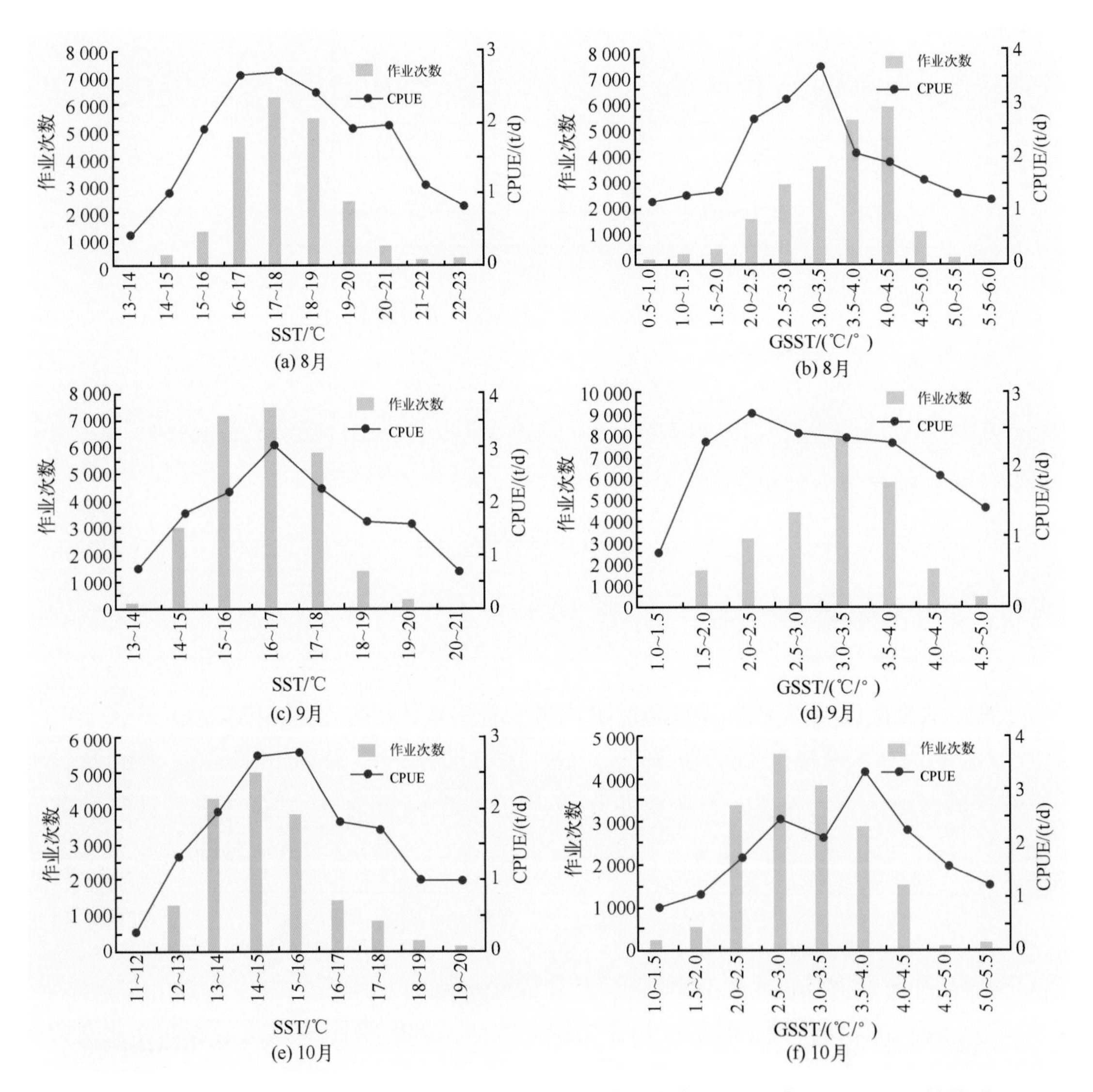

图6-2　1999—2004年8—10月西北太平洋柔鱼钓作业次数、CPUE与SST、GSST的关系

(2)SI曲线拟合及模型建立。利用正态分布模型分别进行以作业次数和CPUE为基础的SI与SST、GSST曲线拟合(图6-3)，拟合SI模型见表6-1，模型拟合通过显著性检验($P<0.01$)。

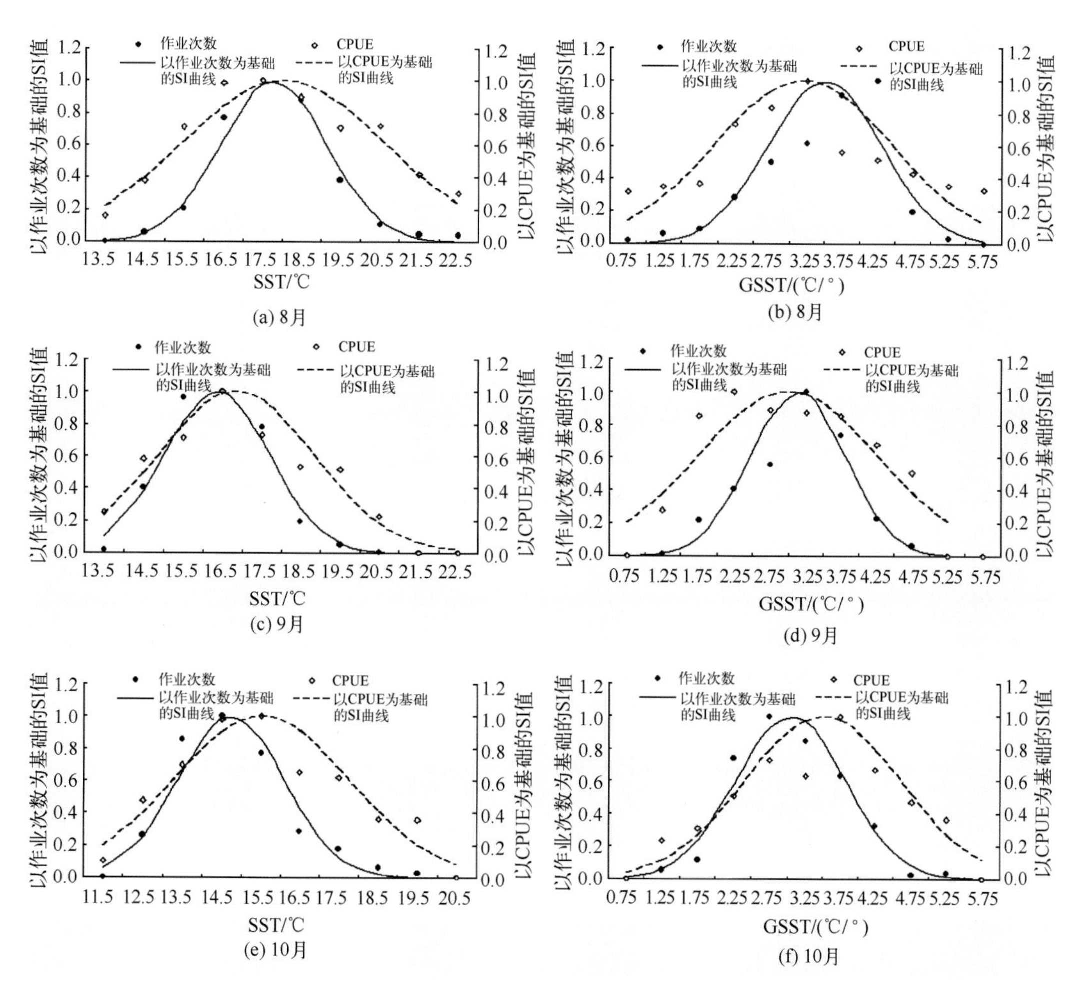

图 6-3　1999—2004 年 8—10 月西北太平洋柔鱼钓以作业次数、CPUE 为基础的 SI 与 SST、GSST 曲线拟合情况

表 6-1　1999—2004 年 8—10 月柔鱼适宜性指数模型

月份	变量	适宜性指数模型	P 值
8 月	*GSST*	$SI=\{\exp[-0.7969\times(GSST-3.51)^2]+\exp[-0.3259\times(GSST-3.21)^2]\}/2$	$P=0.0001$
	SST	$SI=\{\exp[-0.2733\times(SST-17.79)^2]+\exp[-0.0739\times(SST-18.05)^2]\}/2$	$P=0.0001$
9 月	*GSST*	$SI=\{\exp[-1.1412\times(GSST-3.14)^2]+\exp[-0.3178\times(GSST-3.01)^2]\}/2$	$P=0.0001$
	SST	$SI=\{\exp[-0.2788\times(SST-16.36)^2]+\exp[-0.1297\times(SST-16.86)^2]\}/2$	$P=0.0001$
10 月	*GSST*	$SI=\{\exp[-0.8461\times(GSST-3.05)^2]+\exp[-0.4288\times(GSST-3.51)^2]\}/2$	$P=0.0001$
	SST	$SI=\{\exp[-0.2749\times(SST-14.75)^2]+\exp[-0.1019\times(SST-15.53)^2]\}/2$	$P=0.0001$

(3)HSI模型分析。根据SI-SST和SI-GSST获得各月适宜性指数，然后利用栖息地适宜性指数公式，获得8—10月栖息地适宜性指数，见表6-2。从表6-2中可知，当HSI>0.6时，8月AM模型和GM模型的作业次数比重分别占82.88%和79.09%，CPUE均在2.10 t/d以上；9月分别为88.63%和73.84%，CPUE均在2.20 t/d以上；10月分别为79.38%和75.36%，CPUE均在2.10 t/d以上。

表6-2 1999—2004年8—10月不同HSI值下CPUE和作业次数占比

HSI	8月AM模型		8月GM模型		9月AM模型		9月GM模型		10月AM模型		10月GM模型	
	CPUE/(t/d)	作业次数占比(%)	CPUE/(t/d)	作业次数占比(%)	CPUE/(t/d)	作业次数占比(%)	CPUE/(t/d)	作业次数占比(%)	CPUE/(t/d)	作业次数占比(%)	CPUE/(t/d)	作业次数占比(%)
[0, 0.2)	1.12	0.59	1.48	1.03	0.00	0.00	2.90	0.18	0.90	0.35	1.46	1.57
[0.2, 0.4)	1.85	1.47	1.47	5.87	2.01	0.78	3.22	1.07	1.97	5.02	1.79	5.43
[0.4, 0.6)	1.59	15.07	1.64	14.00	2.98	10.59	2.49	24.91	1.72	15.25	1.78	17.64
[0.6, 0.8)	2.13	34.11	2.17	32.97	2.22	44.51	2.22	29.72	2.13	32.01	2.16	29.06
[0.8, 1.0]	2.88	48.77	2.88	46.12	2.31	44.12	2.31	44.12	2.59	47.37	2.57	46.30

而当HSI<0.2时，8月AM模型和GM模型的作业次数比重分别占0.59%和1.03%，CPUE均在1.5 t/d以下；9月分别为0.00%和0.18%，CPUE分别为0 t/d和2.90 t/d；10月分别为0.35%和1.57%，CPUE分别为0.90 t/d和1.46 t/d。由此可见，AM模型和GM模型均能较好地反映柔鱼中心渔场分布情况，但AM模型稍好于GM模型。

(4)渔场验证。利用AM模型，根据2005年8—10月SST值和GSST值，分别计算各月的HSI值，并与实际作业情况进行比较(图6-4和表6-3)。分析发现，HSI>0.6的海域主要分布：8月为(41°—43°N，150°—155°E)(40°—44°N，156°—157°E)和(40°—42°N，158°—165°E)海域，但作业渔船主要集中在前两个海区；9月为(42°—45°N，155°—159°E)和(41°—43°N，160°—165°E)海域，但作业渔船主要集中在前一个海区；10月为(41°—43°N，150°—153°E)(42°—45°N，154°—160°E)和(40°—43°N，160°—162°E)海域，作业渔船基本上分布在前两个海区。从表6-3中可以看出，当HSI>0.6时，其作业次数占比均在80%以上，平均CPUE均在3.0 t/d，这说明AM模型可获得较好的渔场预测结果。

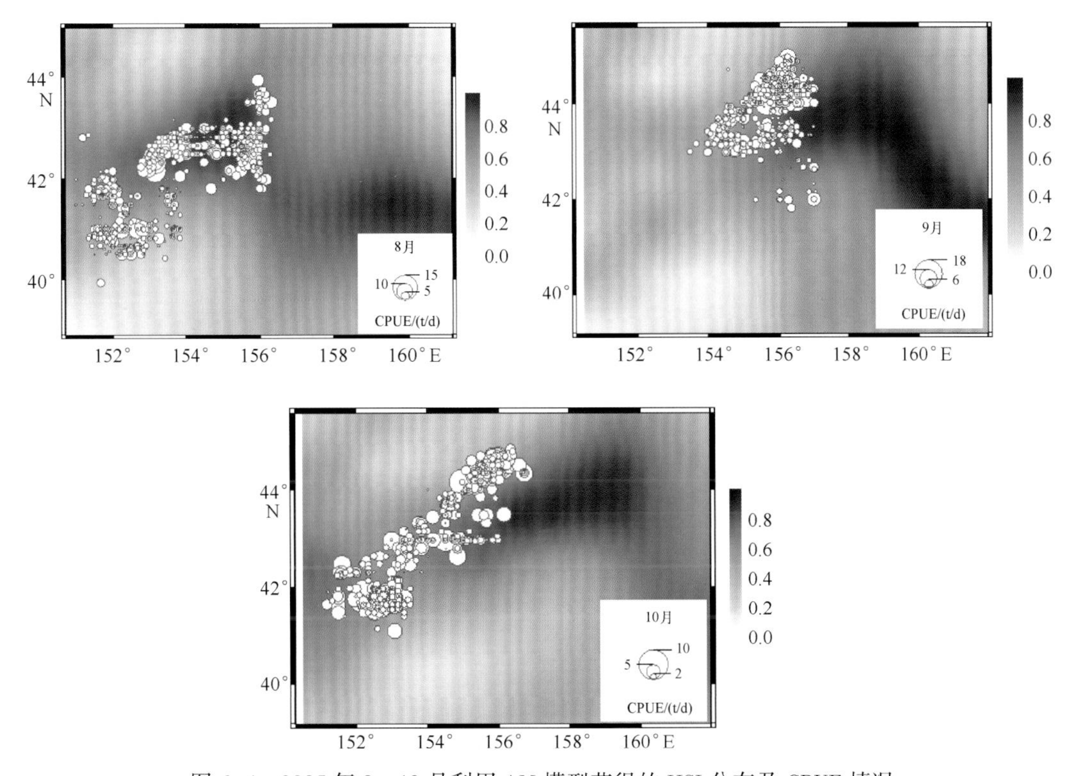

图 6-4　2005 年 8—10 月利用 AM 模型获得的 HSI 分布及 CPUE 情况

表 6-3　2005 年 8—10 月利用 AM 模型获得的 HSI 值与作业次数占比和 CPUE 情况

HSI	8 月		9 月		10 月	
	CPUE/(t/d)	作业次数占比(%)	CPUE/(t/d)	作业次数占比(%)	CPUE/(t/d)	作业次数占比(%)
[0, 0.2)	1.23	0.65	1.10	0.00	0.99	0.39
[0.2, 0.4)	2.22	1.76	2.41	0.94	2.36	6.02
[0.4, 0.6)	2.07	19.59	3.87	13.77	2.24	19.83
[0.6, 0.8)	3.20	37.52	3.33	40.10	3.20	35.21
[0.8, 1.0]	4.03	45.20	3.23	45.20	3.63	45.20

6.2.2　柔鱼资源补充量预报

气候变化对头足类资源的影响是通过对其生活史过程的影响来实现的。产卵场是头足类栖息的重要场所，大量的研究表明，产卵场海洋环境的适宜程度对头足类资源补充量极为重要，因此许多学者常常利用环境变化对产卵场的影响来解释资源量变化原因，并取得了较好的效果。因此，陈新军等(2012)尝试利用柔鱼产卵场环境状况来解释柔鱼资源补充量的变化。

1)材料与方法

(1)渔业数据。研究采用1995—2006年我国西北太平洋海域(38°—46°N，150°—165°E)的柔鱼渔业生产统计数据，包括日捕捞量、作业天数、日作业船数和作业区域(1°×1°为一个渔区)。CPUE为每天的捕捞量(t)。我国的鱿钓渔船功率和捕捞行为大体一致并且没有非目标渔获物，因此CPUE可以作为柔鱼资源量丰度的指数。

(2)环境数据。西北太平洋柔鱼产卵场(20°—30°N，130°—170°E)和索饵场(38°—46°N，150°—165°E)的海表温度数据来自国家卫星海洋应用中心，空间分辨率为1°×1°。

(3)研究方法。以往的研究表明，柔鱼补充量的大小取决于其产卵场适合水温的范围，因此研究利用柔鱼产卵场适合海表层水温范围占总面积的比例(PFSSTA)作为一个环境变量，来分析柔鱼补充量与环境之间的关系。研究还表明，柔鱼在索饵场的分布与海表温度有密切关系，从而在一定程度上影响CPUE反映柔鱼资源量丰度的准确性。因此，本研究选取柔鱼索饵场的PFSSTA作为另一个环境变量，来分析环境变动与CPUE之间的关系。

根据前人研究结果，每年1—4月为柔鱼产卵期，其适宜海表温度为21～25℃；8—11月为柔鱼主要索饵期，各月的海表温度分别为15～19℃(8月)、14～18℃(9月)、10～13℃(10月)和12～15℃(11月)。利用Marine Explorer 4.0分别作图如图6-5所示。

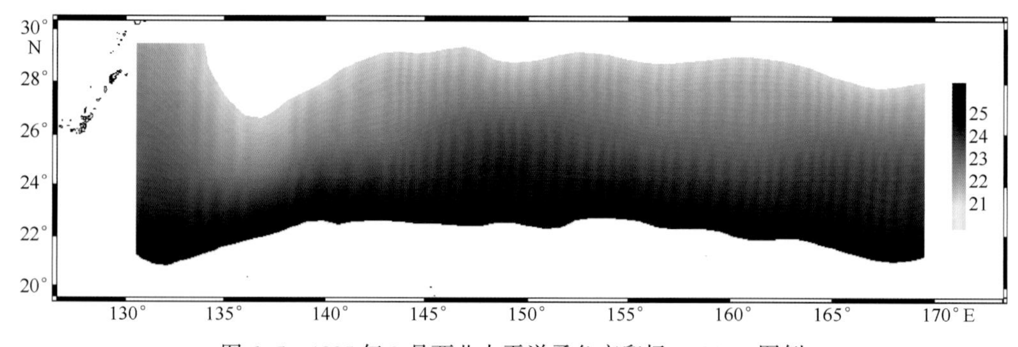

图6-5　1995年2月西北太平洋柔鱼产卵场PFSSTA图例

对1995—2004年PFSSTA数据进行反正弦平方根转换，以确保数据服从正态分布和拥有恒定的方差。利用方差分析(ANOVA)法分析1995—2004年PFSSTA的年际和年间变动，利用相关系数分析产卵场和索饵场PFSSTA与CPUE之间的关系。根据方差分析和相关系数分析的结果选取产卵场与索饵场某个或者某几个月份的PFSSTA建立柔鱼资源量预报模型：

$$CPUE_i = \alpha_0 + \alpha_1 P_1 + \alpha_2 P_2 + \varepsilon_i \qquad (6-9)$$

式中，$CPUE_i$ 为第 i 年的单位捕捞努力量渔获量；P_1 为产卵场的 PFSSTA；P_2 为索饵场的 PFSSTA；ε_i 为误差项(均值为 0，方差恒定且服从正态分布)。

预报模型建立后，利用 2005 年和 2006 年的 CPUE 及环境数据对模型进行检验。

2)研究结果

(1)产卵场环境分析。西北太平洋柔鱼产卵场(20°—30°N，130°—170°E)的总面积为 2 860 506 km^2。1995—2004 年，产卵场 1—4 月适合海表层水温水域范围为 1 557 048 km^2(1999 年 4 月)至 2 837 771 km^2(1997 年 1 月)，对应 PFSSTA 的范围为 54.4%~99.2%(图 6-6)。产卵场 PFSSTA 年间变动不显著($F_{9,30}$= 2.25，P> 0.05，ANOVA)，年际变动显著($F_{3,36}$= 8.93，P < 0.000 1，ANOVA)，表明了季节变动显著大于年际变动。1995—2004 年 1 月平均 PFSSTA(86.8%，±6.47%)最高，4 月平均 PFSSTA(69.8%，±9.90%)最低，1—4 月逐渐降低(图 6-6)。相关系数分析表明，2 月(r = 0.48，P<0.01)和 4 月(r = 0.38，P<0.05)的 PFSSTA 与 CPUE 有显著的正相关性，1 月(r = 0.12，P>0.05)、3 月(r=0.01，P>0.05)和 4 个月平均(r=0.27，P>0.05)的 PFSSTA 与 CPUE 无显著相关性。

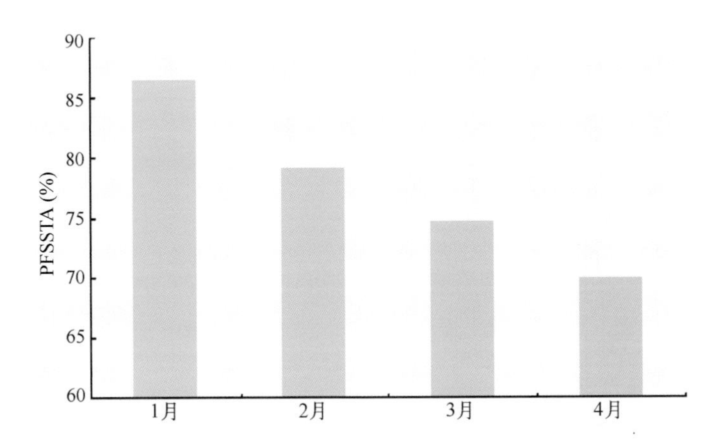

图 6-6　1995—2004 年 1—4 月西北太平洋柔鱼产卵场的平均 PFSSTA

(2)索饵场环境分析。西北太平洋柔鱼索饵场(38°—46°N，150°—165°E)的总面积为 890 406 km^2。1995—2004 年，产卵场 8—11 月适合海表层水温水域范围为 136 923 km^2(2000 年 10 月)至504 110 km^2(1996 年 8 月)，对应 PFSSTA 的范围为 15.3%~56.6%。产卵场 PFSSTA 年间变动不显著($F_{9,30}$=0.89，P>0.05，ANOVA)，年际变动显著($F_{3,36}$=12.30，P<0.001，ANOVA)，表明了季节变动显著大于年际变动。月平均 PFSSTA 从 8 月的 39.9%(±7.80%)逐渐降至 11 月的 25.1%(±2.36%)。相关系数分析表明，8—11 月任何一个月的 PFSSTA 与 CPUE 都没有显著的相关性(8 月：r = −0.06，P>0.05；9 月：r = −0.15，P>0.05；10 月：r = 0.08，P>0.05；11 月：r = −0.37，

$P>0.05$）。

（3）CPUE 和 PFSSTA 的回归分析。根据 ANOVA 和相关性分析结果，选取产卵场 2 月的 PFSSTA（P_1）和索饵场 8—11 月 4 个月 PFSSTA 乘积的四次方根（P_2）作为自变量。结果该模型在统计学上显著（$P<0.05$），这表明了 CPUE 与产卵场 2 月的 PFSSTA 有显著的正相关性（表 6-4）。模型参数 a_1 的值比 a_2 大，表明了产卵场 2 月的 PFSSTA 对 CPUE 的影响比索饵场 8—11 月的大。除了 1995 年，当产卵场 2 月的 PFSSTA 高时，柔鱼的资源量也表现为较高的水平；当产卵场 2 月的 PFSSTA 表现为中等水平时，柔鱼的资源量也表现为平均水平；当产卵场 2 月的 PFSSTA 低时，柔鱼的资源量也表现为较低水平（图 6-7）。2 月 PFSSTA 高、中、低时的适合表层水温分布如图 6-8 所示，其中黑色阴影部分表示适合水温（21～25℃）范围。

表 6-4　西北太平洋柔鱼产卵场的 PFSSTA 与 CPUE 回归模型结果

模型	95%置信限
$CPUE = -9.5350+20.0663P_1-12.7812P_2$	α_0：（−18.8267，−0.2433）（$p=0.045$）
$R^2=0.60$	α_1：（5.2710，34.8616）（$p=0.014$）
剩余方差 4.3426	α_2：（−24.8188，−0.7436）（$p=0.040$）
$F=5.1627$	—

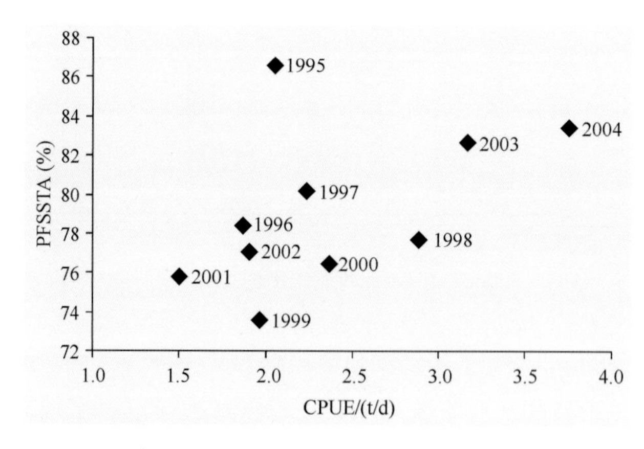

图 6-7　1995—2004 年 2 月西北太平洋柔鱼产卵场的 PFSSTA 与 CPUE 的关系

索饵场 8—11 月 4 个月 PFSSTA 乘积的四次方根（P_2）与 CPUE 有显著的负相关性，表明了 CPUE 受到索饵场 8—11 月 4 个月 PFSSTA 的共同影响。

（4）预报模型检验。利用 2005 年和 2006 年的 CPUE 数据对模型进行了检验，通过 Bootstrap 计算得出 1995—2004 年 CPUE 的总体方差和模型预测的置信区间。结果表明，2005 年和 2006 年西北太平洋柔鱼的 CPUE 实测值都落在模型预测值的置信区间内（表 6-5）。

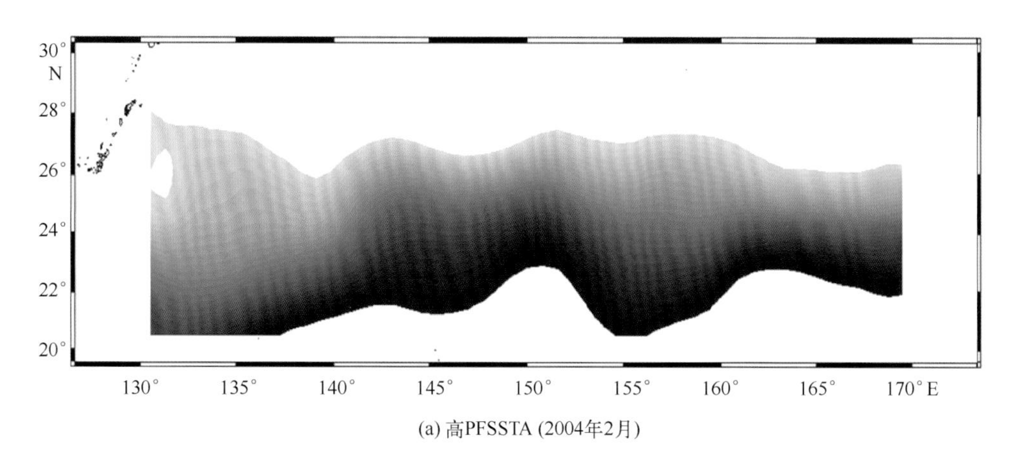

(a) 高PFSSTA (2004年2月)

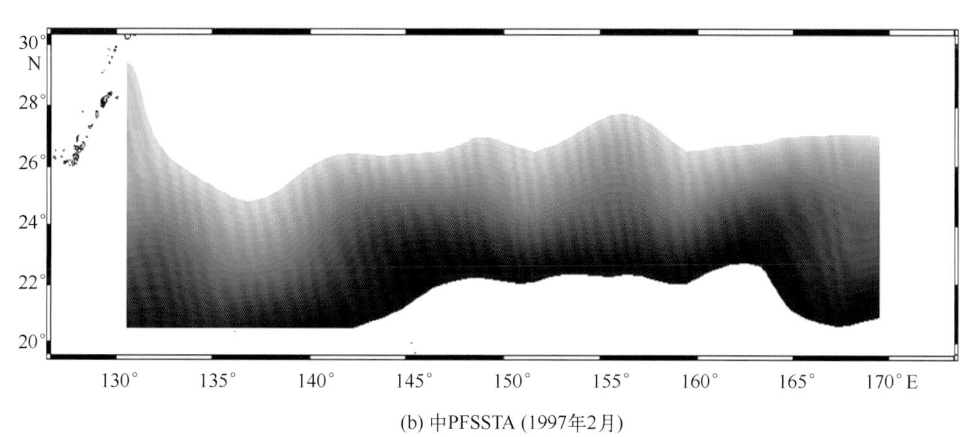

(b) 中PFSSTA (1997年2月)

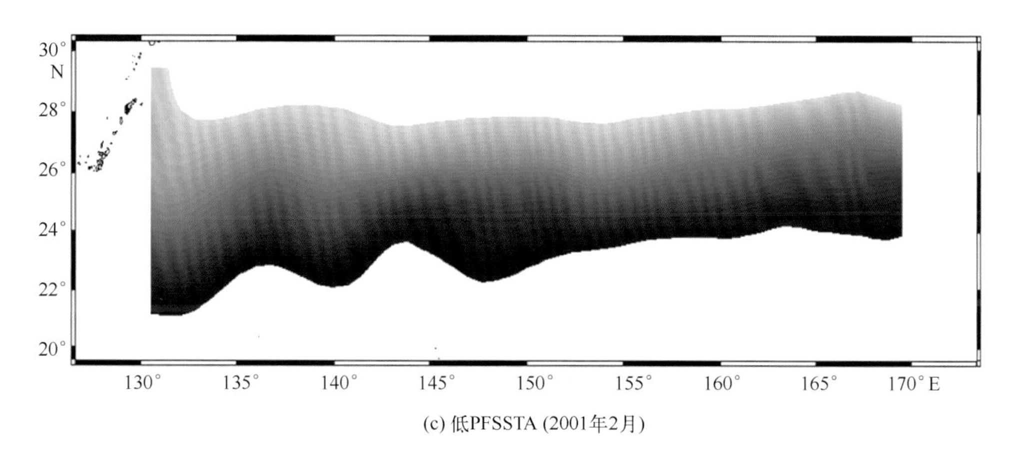

(c) 低PFSSTA (2001年2月)

图 6-8　西北太平洋柔鱼产卵场 PFSSTA 变化

表 6-5　回归模型检验结果

变量	2005 年	2006 年
P_1(%)	89.29	81.37
P_2(%)	31.10	35.72
实际 CPUE/(t/d)	4.82	1.95
σ^2	0.203 8	0.203 8
预测 CPUE/(t/d)	4.41	2.23
置信限范围/(t/d)	(4.00, 4.83)	(1.94, 2.35)

(5)资源补充量预报分析。回归模型的结果表明了西北太平洋柔鱼产卵场和索饵场的 PFSSTA 与 CPUE 的关系密切。这与本研究的假设一致，产卵场海表层适合水温范围的大小将影响柔鱼补充量的大小，从而对表示柔鱼资源量丰度指数的 CPUE 产生影响。另外，索饵场海表层适合水温范围的大小一定程度上影响了西北太平洋柔鱼的分布，从而对渔业 CPUE 产生影响。本研究结果与前人的研究结果一致，Waluda 等(2001)利用产卵场海表层适合水温范围大小解释了阿根廷滑柔鱼补充量的变化，高水平的阿根廷滑柔鱼资源量通常出现在产卵场具有大范围的海表层适合水温水域或者小范围的锋区水域的年份，然而他并没有研究阿根廷滑柔鱼索饵场海表层适合水温范围对 CPUE 的影响。本研究表明，西北太平洋柔鱼产卵场 2 月的 PFSSTA 决定了其补充量的大小，因此推测 2 月可能是西北太平洋柔鱼的产卵高峰月份。

季节的变动导致了西北太平洋柔鱼产卵场和索饵场海表温度的变动。产卵场 PFSSTA 年间的显著变化也可能是一些大尺度海洋物理过程导致的。拉尼娜现象的出现改变了西北太平洋柔鱼产卵场的海洋环境从而使其补充量减少，然而厄尔尼诺的出现则使西北太平洋柔鱼产卵场的海洋环境趋于适合其补充量的发生和生长（Chen et al., 2007）。本研究认为，拉尼娜和厄尔尼诺现象主要是通过改变西北太平洋柔鱼产卵场 2 月的 PFSSTA，从而对补充量的大小产生影响的。1995—2004 年的 1—4 月，拉尼娜现象一共出现了 3 次，分别在 1999 年、2000 年和 2001 年，而这 3 个年份的 2 月的 PFSSTA 是这 11 年中 2 月份最低的 3 年。2003 年 2 月产卵场处于厄尔尼诺现象发生时期，其 PFSSTA 相对较高。因此推测拉尼娜现象的出现对西北太平洋柔鱼补充量的发生创造不利的海洋环境，而厄尔尼诺现象的出现则对西北太平洋柔鱼补充量的发生创造有利的海洋环境。另外，北赤道海流和黑潮的分布对产卵场的 PFSSTA 可能也有一定的影响，当北赤道海流很强并且在 130°—170°E 海域内向北的支流强势时，产卵场的 25℃等温线北偏从而使产卵场的 PFSSTA 降低[图 6-9(a)]，相反则产卵场的 PFSSTA

很高[图 6-9(b)]。黑潮在 135°—140°E 海域内发生的大弯曲同样也会使西北太平洋柔鱼产卵场内 21℃等温线南移而降低了产卵场的 PFSSTA[图 6-9(b)]，相反则产卵场的 PFSSTA 很高[图 6-9(a)]。

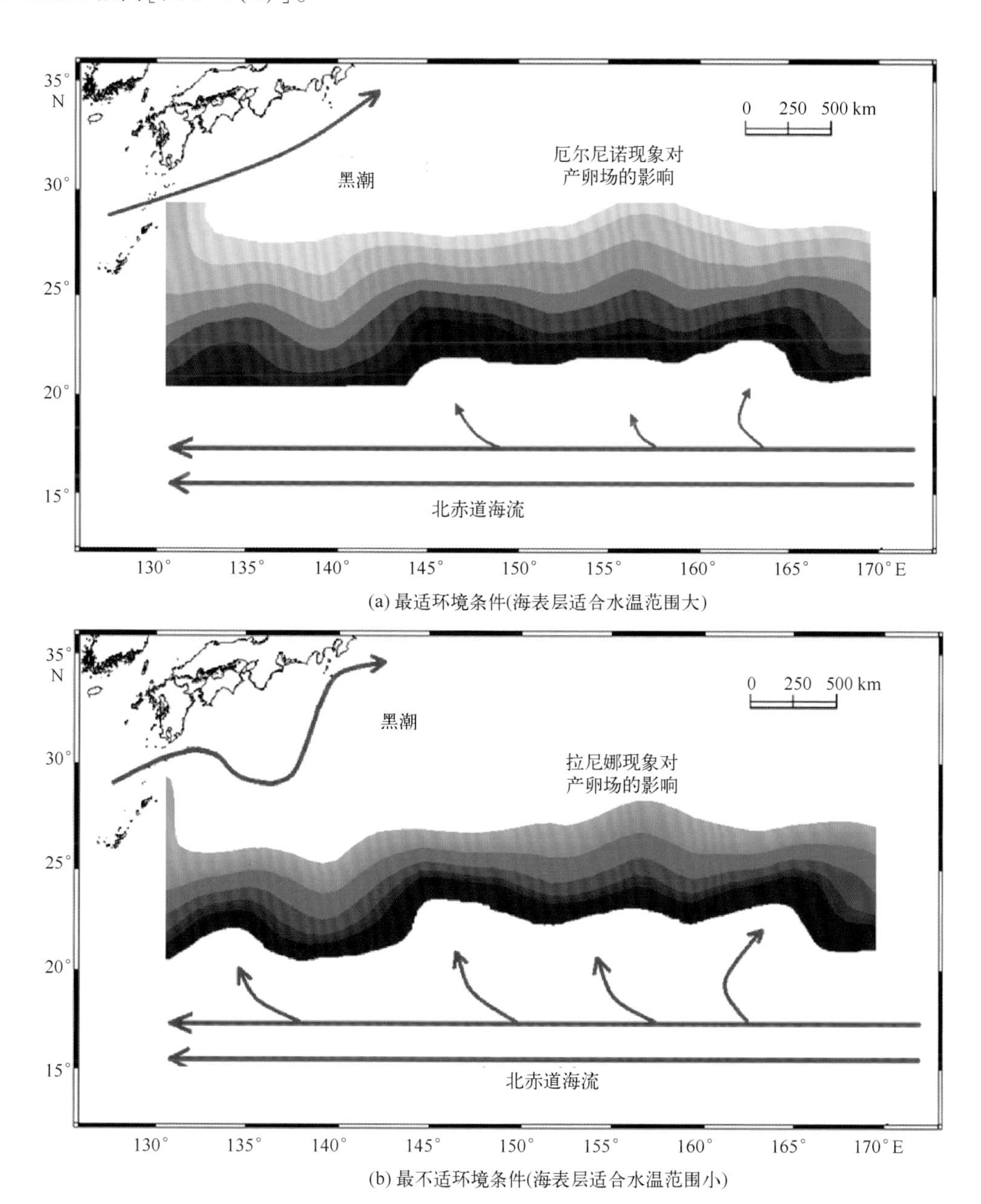

图 6-9　西北太平洋柔鱼产卵场两种极端海洋表层环境分布示意图

6.3 中西太平洋鲣鱼渔情预报研究

6.3.1 材料与方法

1)材料来源

(1)中西太平洋鲣鱼围网渔获生产统计数据来自南太平洋区域渔业管理组织(South Pacific Regional Fisheries Management Organisation, SPRFMO)。时间为1990—2010年，空间分辨率为5°×5°，时间分辨率为月，数据内容包括时间、经纬度、作业次数和渔获量。

(2)ENSO指标拟用Niño 3.4区海表温度距平值(SSTA)来表示，其数据来自美国NOAA气候预报中心(http://www.cpc.ncep.noaa.gov/)，时间单位为月。

2)研究方法

(1)渔场重心的表达。采用各月的产量重心来表达鲣鱼中心渔场的时空分布情况。以月为单位计算1990—2010年各月产量重心，各季度产量重心取3个月平均值。产量重心的计算公式为

$$X = \sum_{i=1}^{K}(C_i \times X_i) \Big/ \sum_{i=1}^{K} C_i, \quad Y = \sum_{i=1}^{K}(C_i \times Y_i) / \sum_{i=1}^{K} C_i \qquad (6-10)$$

式中，X、Y分别为重心位置的经度和纬度；C_i为i渔区的产量；X_i、Y_i分别为i渔区的中心经纬度位置；K为渔区的总个数。

(2) ENSO指标计算及与渔场重心的相关性分析。计算季度ENSO指标数据，即取3个月Niño 3.4区的SSTA平均值(以后简称SSTA值)。采用线性相关性方法，使用DPS软件分别计算各季度产量重心经纬度与SSTA值相关性系数。

(3)采用基于欧式空间距离的聚类方法，使用DPS软件，对各季度产量重心进行聚类，分析(2)中相关性系数高且具有显著性的数据与季度SSTA的关系。

(4)使用Matlab软件，利用一元线性回归模型和基于快速算法的BP神经网络模型建立基于Niño 3.4区的SSTA季度平均值的鲣鱼渔场重心预测模型，并进行预报结果比较。

6.3.2 研究结果

1)各年1—12月产量重心变化分析

由图6-10可知，在经度方向上，1990—2010年1—12月产量重心的分布规律为：1月分布在147.07°—163.79°E海域，2月分布在144.29°—160.08°E海域，3月分布

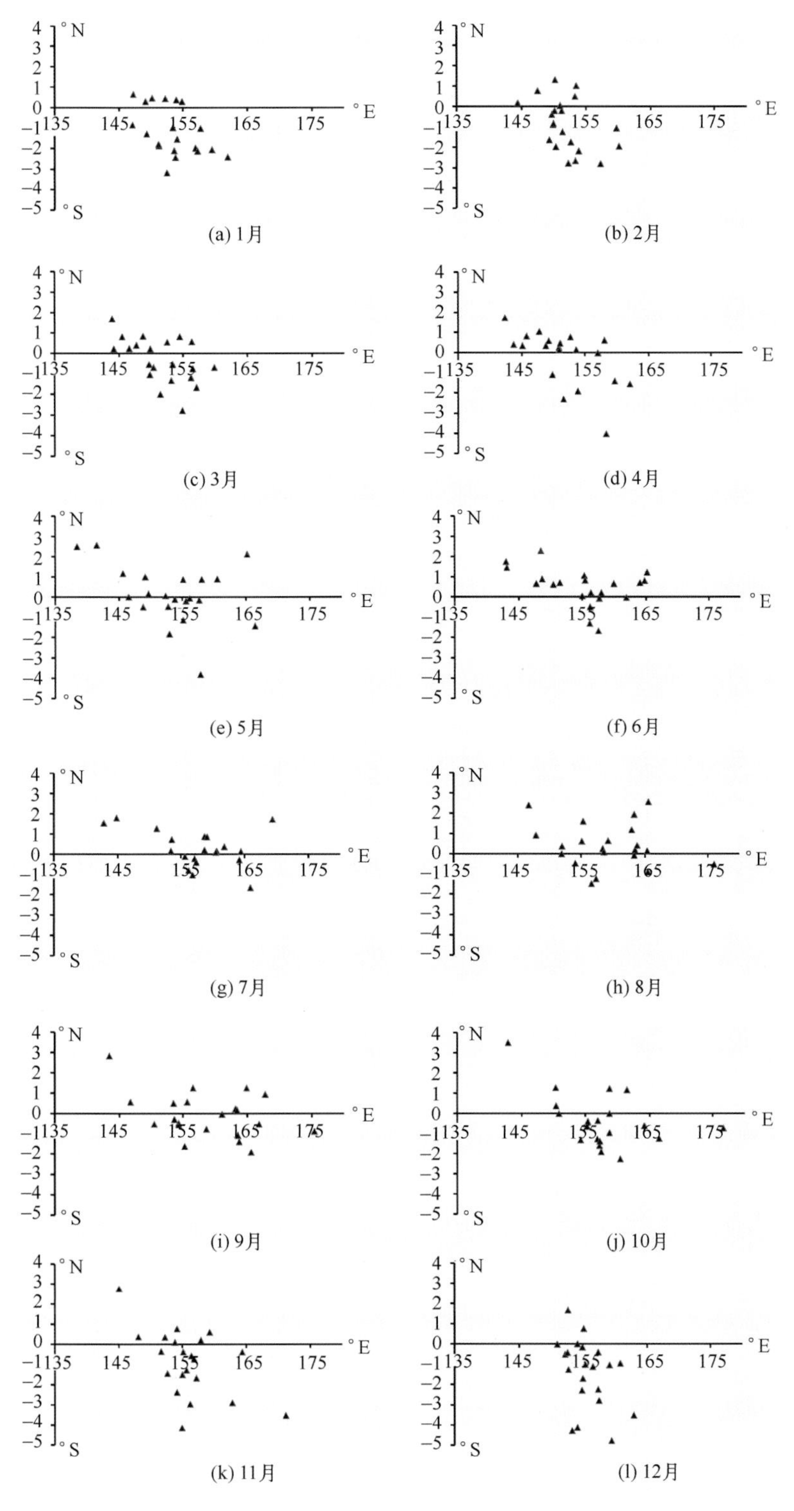

图 6-10　1990—2010 年 1—12 月鲣鱼渔场重心分布图

在 143. 84°—159. 76°E 海域，4 月分布在 142. 26°—162. 02°E 海域，1—4 月这 4 个月经度方向上分布相对集中；5 月分布在 138. 33°—166. 34°E 海域，6 月分布在 142. 94°—165. 06°E 海域，7 月分布在 142. 76°—169. 37°E 海域，8 月分布在 146. 69°—175. 95°E 海域，9 月分布在 143. 4°—175. 35°E 海域，10 月分布在 142. 79°—176. 6°E 海域，11 月分布在 144. 96°—171. 14°E 海域，5—11 月这 7 个月经度方向上分布相对分散；12 月分布在 150. 86°—162. 84°E 海域。而在纬度方向上，渔场重心各月变化不大，分布在 4. 78°S—3. 51°N。

2）各年度季度产量重心经纬度与 SSTA 的关系分析

分析认为，经度向的季度产量重心与季度 SSTA 之间存在显著相关性（$r=0.35$，$P<0.01$，$n=84$）（图 6-11），但是纬度向的季度产量重心与季度 SSTA 之间没有明显相关性（$r=0.03$，$P<0.01$，$n=84$）（图 6-12）。

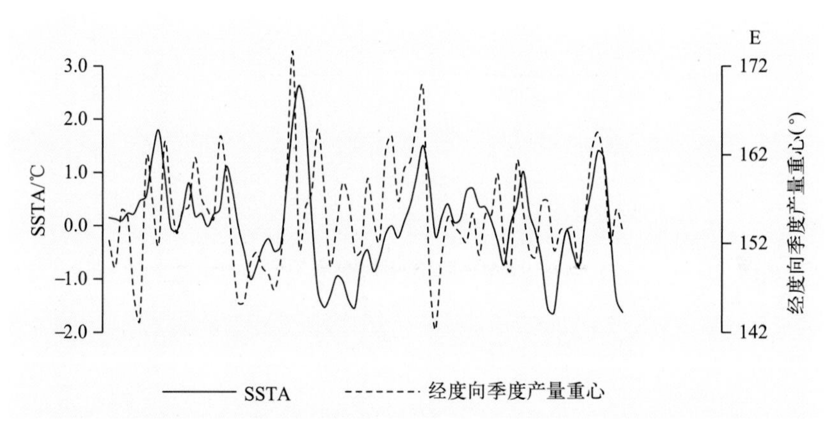

图 6-11　经度向季度产量重心与季度 SSTA 变化关系图

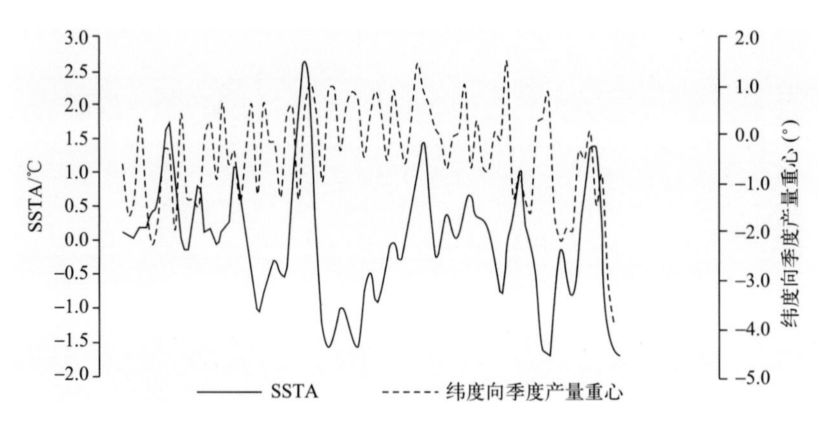

图 6-12　纬度向季度产量重心与季度 SSTA 变化关系图

将各年季度产量重心通过基于最小欧式距离进行聚类，得到4个类别(图6-13)。4个类别数据的平均值见表6-6。由图6-13和表6-6可知，随着SSTA增大，产量重心经度向东偏，SSTA越高，向东偏的趋势越明显。

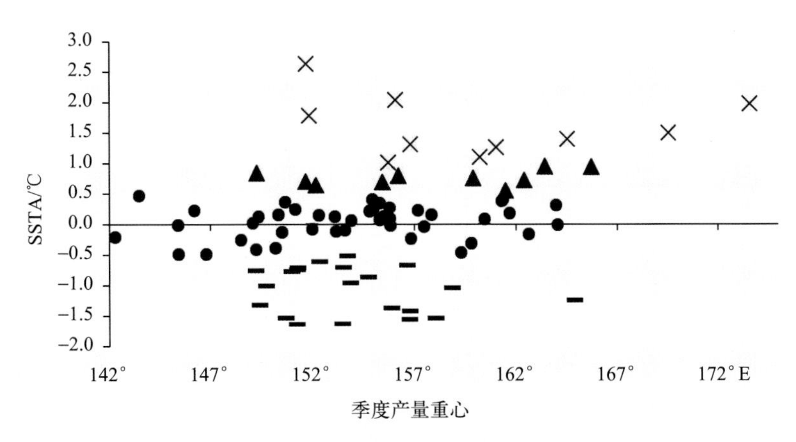

图6-13 鲣鱼季度产量重心与Niño 3.4区SSTA的关系

表6-6 Niño 3.4区的SSTA与鲣鱼季度产量重心的平均经度关系

Nino3.4区SSTA/℃	产量重心平均经度/(°E)
SSTA≤-0.5	153.96
-0.5<SSTA<0.5	153.91
0.5≤SSTA<1	157.12
SSTA≥1	160.08

3)基于SSTA值的鲣鱼产量重心经度预测模型

样本总共84个，其中60个作为训练数据建立模型，剩余的样本作为测试数据。建立一元线性回归模型，协方差分析表明SSTA值和经度值存在显著性差异($F=8.3815$，$P<0.05$)，其建立的方程如下：

$$Y_E = 1.995 \times X_{SSTA} + 155.05 \qquad (6-11)$$

式中，Y_E表示经度值，X_{SSTA}表示SSTA值。

建立基于快速算法的BP神经网络模型，设置输入神经元为1个，其值是SSTA值；输出神经元为1个，其值是经度值；隐藏层神经元为3个，其函数为Sigmoid函数。经过训练后拟合的残差$\delta=0.0296$，得到的模型数据见表6-7。

表 6-7 BP 神经网络模型数据

输入层到隐藏层权重	隐藏层到输出层权重
0. 098 6	-0. 247 3
-1. 828 3	-0. 705
1. 246 2	0. 277 1

通过计算均方差(MSE)大小以比较两个模型预测的准确率。其结果为 $MSE_{Y}=19.25$，$MSE_{BP}=11.34$，这表明 BP 模型要优于一元线性模型。

6.4 东南太平洋智利竹荚鱼渔情预报研究

6.4.1 材料与方法

1)数据来源

(1)智利竹荚鱼商业捕捞数据来源于上海海洋大学竹荚鱼工作组。本研究中使用了 2000—2008 年各年度 5—8 月 4 个月内上海、大连和烟台 3 个远洋渔业公司共 9 237 网次的拖网生产数据，数据信息包括作业地点、作业时间、渔获量、捕捞努力量等。

(2)海洋环境数据由哥伦比亚大学数据库下载的美国国家海洋与大气管理局对外公布的卫星数据，包括海表温度、表层盐度、海面高度和等温层深度。数据区域为(35°—50°S，80°—110°W)，数据的空间分辨率为 1°×1°。

2)数据处理

CPUE 的计算方法为首先计算出每个月内 1°×1°区域内渔获量和捕捞努力量的总和，然后计算出该月该区域内的平均 CPUE，计算公式为

$$CPUE = \sum_{i=1}^{K} catch / \sum_{i=1}^{K} fishing\ hours \tag{6-12}$$

其中，$\sum catch$ 是该月该区域内所有拖网船捕捞渔获量之和；$\sum fishing\ hours$ 是该月该区域内所有拖网船捕捞作业小时数之和。CPUE 可看作资源丰度指数来建立 HSI 模型。

3)建模方法

HSI 模型是一种模拟生物体对周围环境变量反应的离散数值模型。首先将竹荚鱼对渔场海域各环境变量的反应用一个合适的适宜性指数来表示；其次计算和比较各月份不同环境变量值对应的 CPUE，做出智利竹荚鱼对海表温度、海表盐度、海面高度和等温层深度的适宜性指数曲线；再次，根据各环境的适宜性指数曲线，计算智利竹荚鱼对各环境要素的单因素 SI 值(0~1)；最后利用不同的数学方法把各 SI 值关联起来得到

综合 HSI。HSI 值在 0 和 1 之间变化，0 代表不适宜，1 代表最适宜。

本研究采用了 4 种数学关联方法：算术平均法(arithmetic mean，AM)、几何平均法(geometric mean，GM)、最小值法(minimum，Min)和最大值法(maximum，Max)，其公式分别为

$$
\begin{cases}
HSI = \dfrac{1}{4}\sum_{i=1}^{4} SI(i) & \text{(AM)} \\
HSI = \sqrt[4]{\prod_{i=4}^{4} SI(i)} & \text{(GM)} \\
HSI = \mathrm{Min}\{SI(1), SI(2), SI(3), SI(4)\} & \text{(Min)} \\
HSI = \mathrm{Max}\{SI(1), SI(2), SI(3), SI(4)\} & \text{(Max)}
\end{cases}
\qquad (6-13)
$$

式中，i 表示环境变量；1、2、3、4 分别表示海表温度、海表盐度、海面高度和等温层深度 4 个环境变量。

4)模型验证调查时间、区域和方法

根据以上建立的各模型，对 2008 年 5—8 月 4 个月的智利竹荚鱼商业捕捞数据进行比较验证，以选出最佳模型。

6.4.2　研究结果

1)各环境变量的适宜性指数曲线

按高产 CPUE 频次统计，各月份的渔获量主要出现在海表温度为 11~16℃的区域，其中 13~14℃海域出现最多。把高频次的环境变量区间所对应的栖息地适宜性指数设定为 1(最适区域)，将分布区间以外的栖息地适宜性指数设定为 0(不适区域)。按照该方法处理其他 3 个环境变量，可得：海表盐度最适区间为 34.1~34.2；海面高度最适为 -0.05 m；等温层深度最适区间为 90~100 m。画出海表温度、海表盐度、海面高度及等温层深度的适宜性指数曲线(图 6-14)。

2)不同 HSI 模型的空间分布比较

采用不同建模方法计算出的 HSI 空间分布图如图 6-15 至图 6-18 所示。根据算术平均法所绘 HSI 分布图，40°S 位置附近的竹荚鱼适宜性指数在 0.7 左右，并向南北方向逐渐减小，7 月和 8 月的适宜区域有北移趋势；根据几何平均法所绘 HSI 分布图，适宜性指数分布曲线将海域分割成带状环形区域，并且可以看出，7 月和 8 月相对 5 月和 6 月的适宜区域明显北移；根据最大值法所绘 HSI 分布图，图中大片区域均为高适宜性海域，各月份间的变化情况不明显；根据最小值法所绘 HSI 分布图，适宜性指数分布曲线与几何平均法较为类似，呈带状环形，高适宜性区域居中，并可明显观察到中心区域北移。

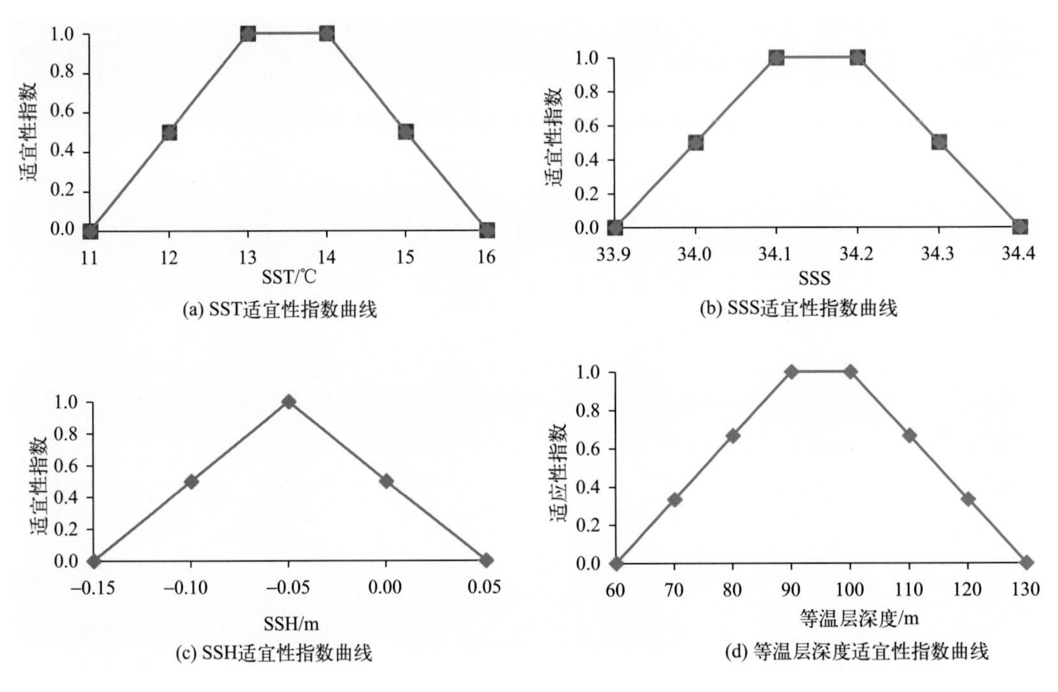

(a) SST适宜性指数曲线

(b) SSS适宜性指数曲线

(c) SSH适宜性指数曲线

(d) 等温层深度适宜性指数曲线

图 6-14　适宜性指数曲线图

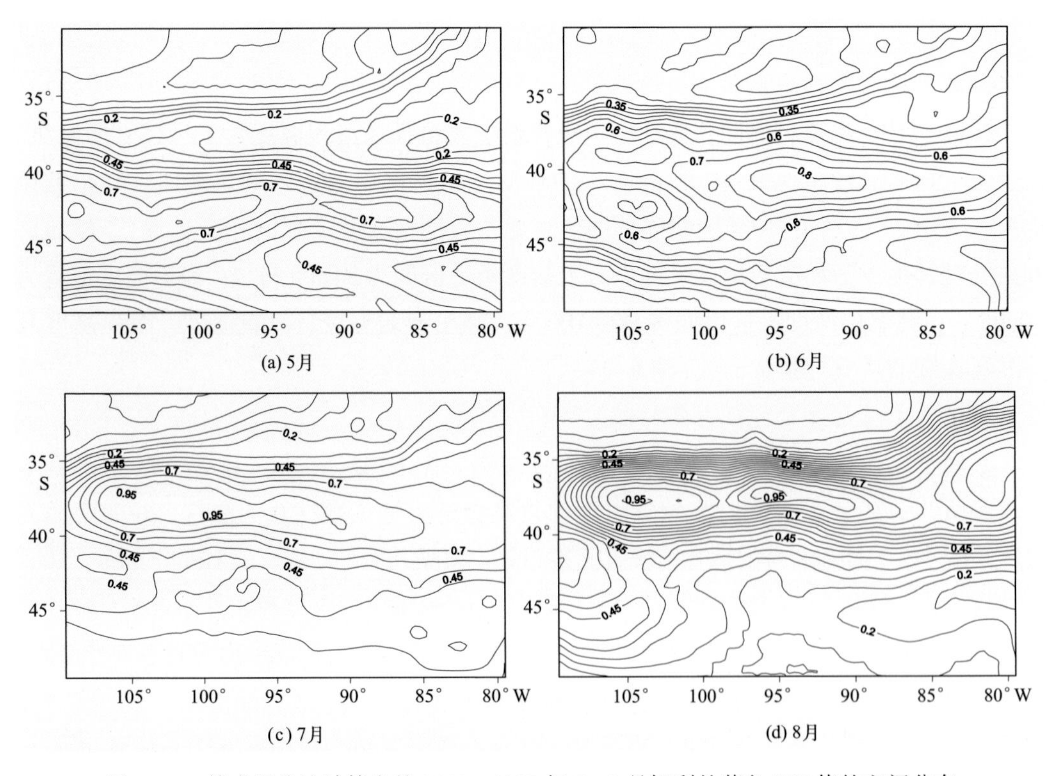

(a) 5月

(b) 6月

(c) 7月

(d) 8月

图 6-15　算术平均法计算出的 2000—2007 年 5—8 月智利竹荚鱼 HSI 值的空间分布

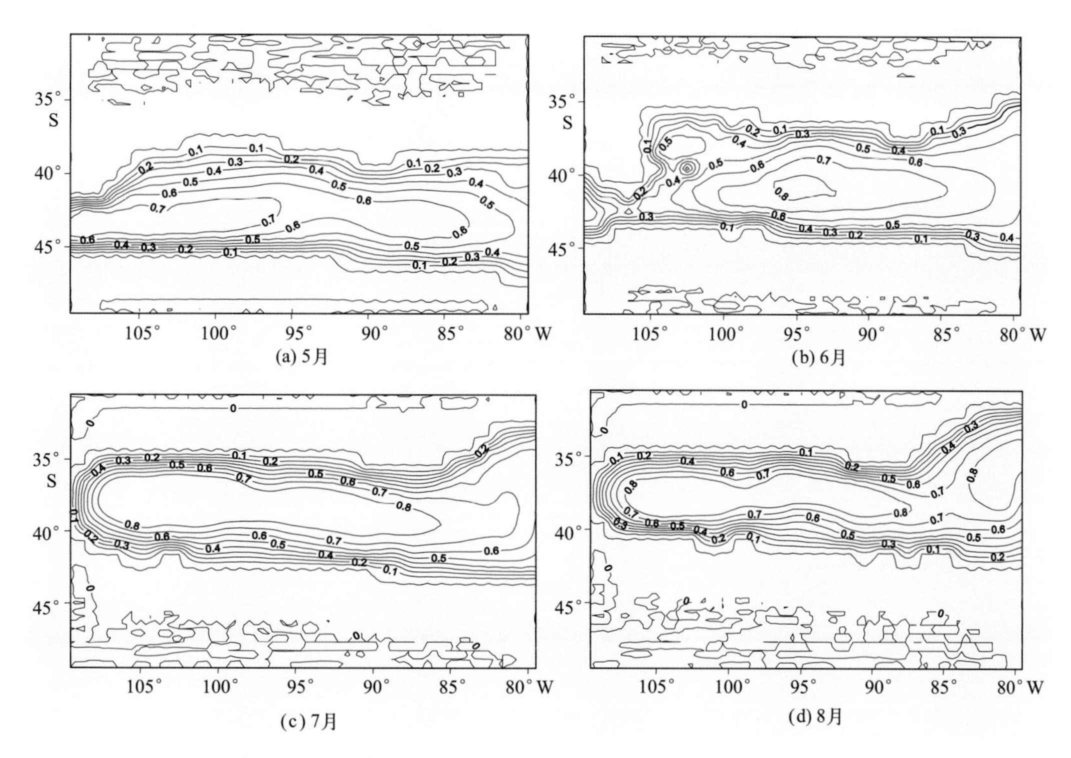

图6-16　几何平均法计算出的2000—2007年5—8月智利竹荚鱼HSI值的空间分布

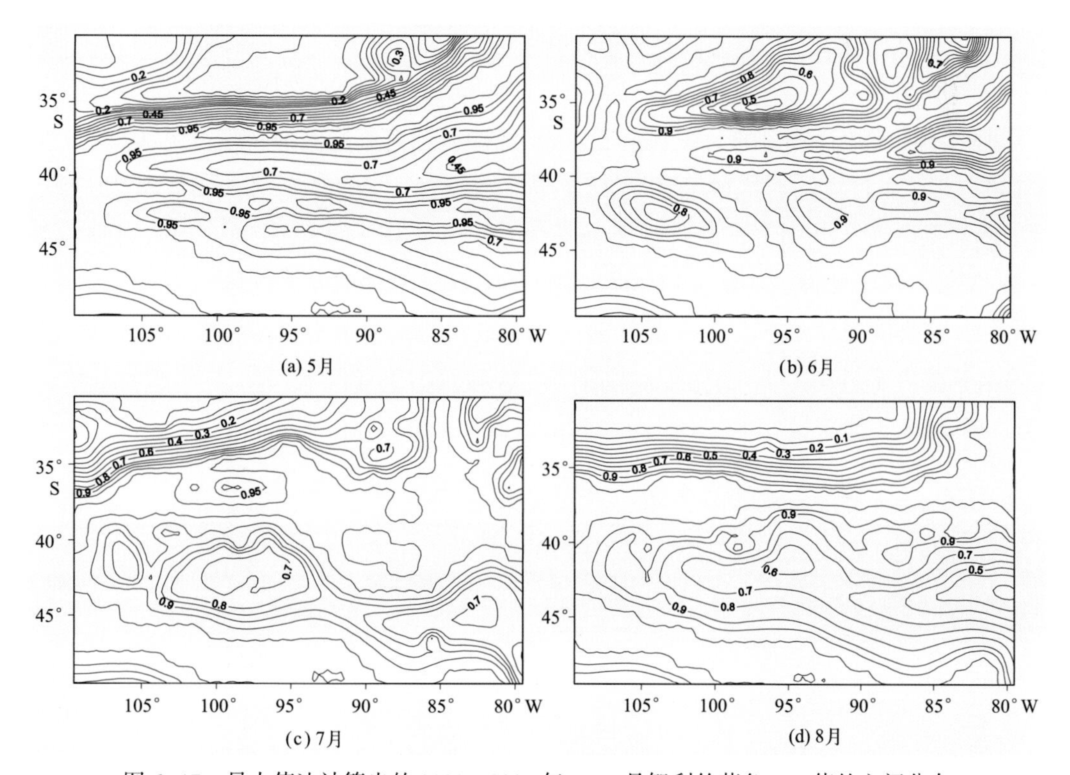

图6-17　最大值法计算出的2000—2007年5—8月智利竹荚鱼HSI值的空间分布

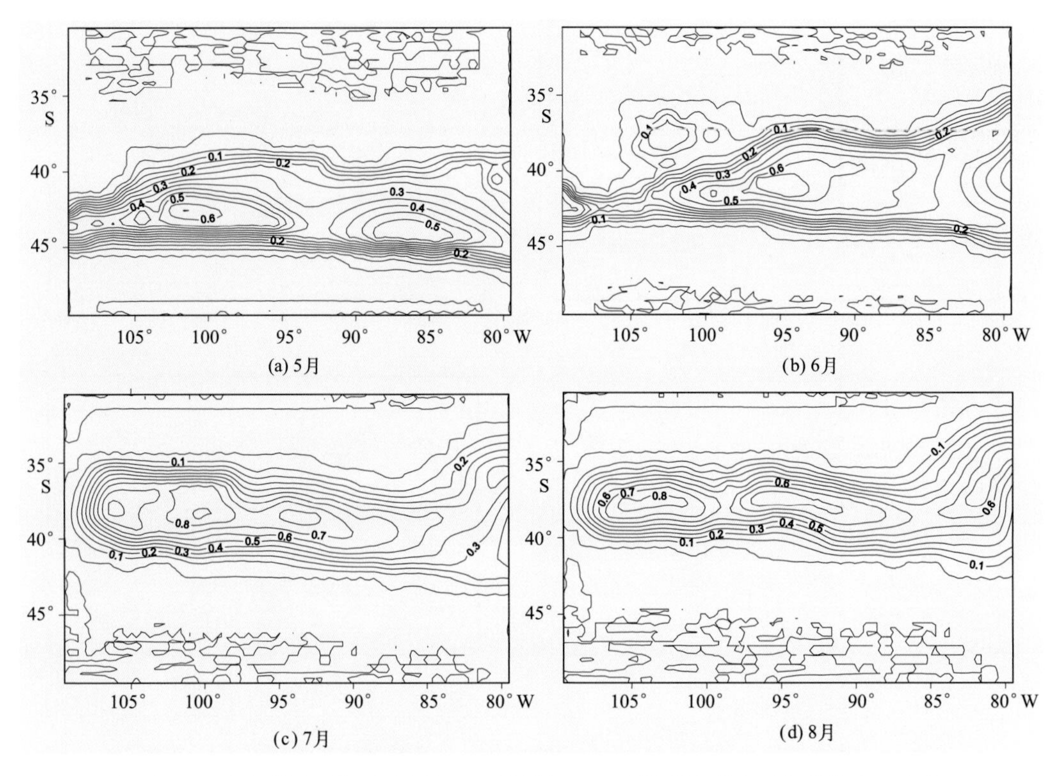

图 6-18 最小值法计算出的2000—2007年5—8月智利竹荚鱼HSI值的空间分布

3）不同HSI模型的产量分布比较

根据不同方法计算出的HSI水平下2008年智利竹荚鱼拖网渔获情况见表6-8。在HSI>0.7时，4种方法对应的渔获比例分别为56.41%、46.65%、90.55%和21.79%。对于算术平均法，77.99%的渔获量集中在HSI为0.6~0.9的范围，其中0.7~0.8区间占38.35%；对于几何平均法，72.89%的渔获量集中在HSI>0.6的区间，并且分布较为均匀，在不同HSI水平下无显著差别；对于最大值法和最小值法，最大值法对应的主要渔获集中于HSI>0.8的区间，而最小值法对应的主要渔获则集中于HSI在0.3~0.6。将2008年渔获量分布与HSI分布图进行叠加，如图6-19所示。

表 6-8 2008年不同HSI水平下智利竹荚鱼拖网捕捞状况统计

HSI	算术平均法(AM)		几何平均法(GM)		最大值法(Max)		最小值法(Min)	
	产量/t	占总产量(%)	产量/t	占总产量(%)	产量/t	占总产量(%)	产量/t	占总产量(%)
[0~0.1)	—	—	—	—	—	—	9 865	16.88
[0.1~0.2)	—	—	—	—	—	—	3 838	6.57
[0.2~0.3)	—	—	7 510	12.85	—	—	4 790	8.20

续表

HSI	算术平均法(AM)		几何平均法(GM)		最大值法(Max)		最小值法(Min)	
	产量/t	占总产量(%)	产量/t	占总产量(%)	产量/t	占总产量(%)	产量/t	占总产量(%)
[0.3~0.4)	942	1.61	3 653	6.25	—	—	7 171	12.27
[0.4~0.5)	5 854	10.02	4 683	8.01	—	—	6 065	10.38
[0.5~0.6)	5 788	9.90	4 278	7.32	1 122	1.92	12 509	21.40
[0.6~0.7)	12 888	22.05	11 055	18.92	4 403	7.53	1 467	2.51
[0.7~0.8)	22 413	38.35	6 628	11.34	4 800	8.21	960	1.64
[0.8~0.9)	10 275	17.58	9 853	16.86	7 230	12.37	5 338	9.13
[0.9~1.0)	280	0.48	10 780	18.45	49 885	69.96	6 437	11.01

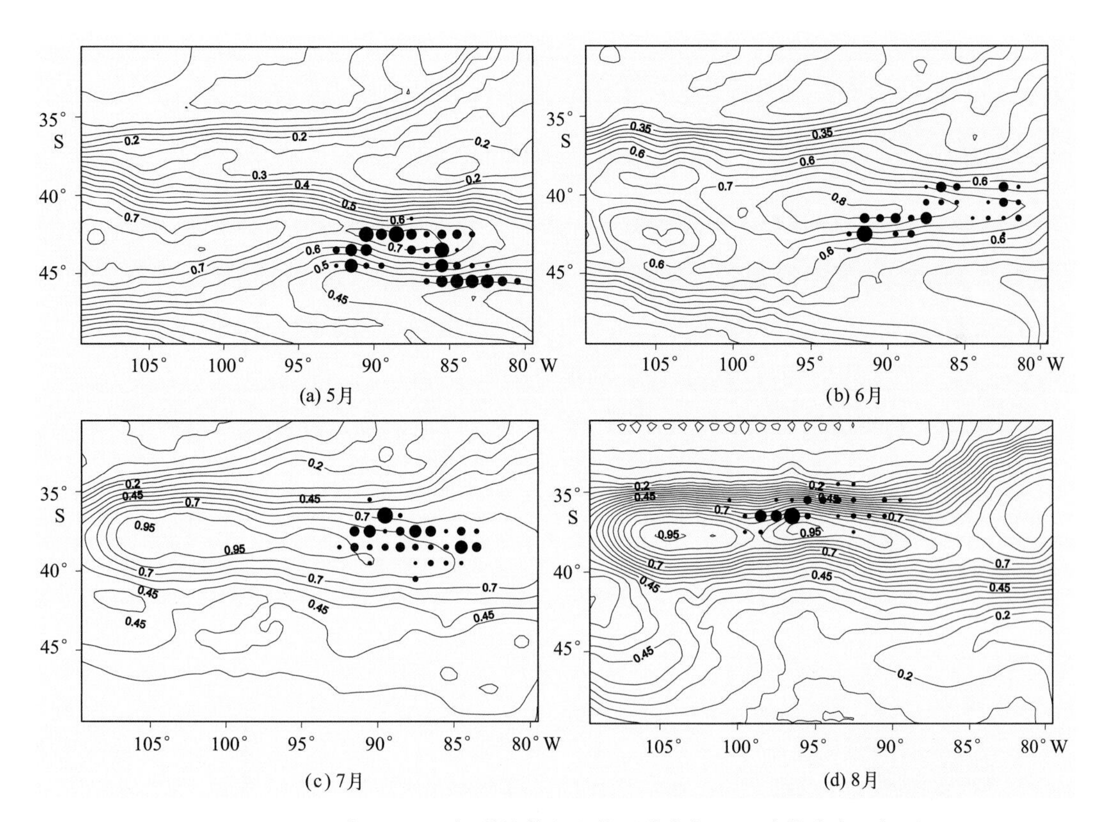

图 6-19　2008 年 5—8 月智利竹荚鱼渔获量分布与 HSI 计算分布叠加图

6.5 太平洋长鳍金枪鱼渔情预报

6.5.1 基于栖息地适宜性指数的东太平洋长鳍金枪鱼渔场分析

本研究根据东太平洋长鳍金枪鱼渔业生产数据，结合卫星遥感获得的海表温度和海面高度数据，分析了东太平洋长鳍金枪鱼渔场与各海洋环境因子之间的关系，建立基于多环境因子渔情预报模型，开展东太平洋长鳍金枪鱼渔情预报技术研究，为我国鱿钓船在东太平洋海域进行高效捕捞长鳍金枪鱼提供科学依据。

1)材料来源

作业海域为东太平洋海域(30°S—20°N，85°—150°W)。生产统计数据包括作业时间、作业位置、渔获量(kg)、钩数等，空间分辨率为5°×5°，时间分辨率为月，数据来源于上海海洋大学金枪鱼技术组。海洋环境数据包括海表温度(SST,℃)、海面高度(SSH，m)，这些数据均来自美国国家航空航天局的卫星遥感数据库，空间分辨率为1°×1°，时间分辨率为月。

2)研究方法

(1)渔获量和CPUE与海洋环境因子的关系。首先以经纬度5°×5°为空间统计单位(称为一个渔区)，按月对作业位置和渔获量进行初步统计，同时计算平均每千钩产量(CPUE，kg/千钩)，由于不考虑船长水平，并且捕捞渔船属于同一作业船型，因此研究认定渔获量和CPUE可作为表征中心渔场分布的指标。

利用频度分析法按SST=1℃、SSH=0.1 m为组距来分析各月渔获量和CPUE与SST和SSH的关系，获得各月作业渔场最适SST和SSH范围；最后，利用Kolmogorov-Smirnov(K-S)方法来检验渔获量和CPUE与SST和SSH之间的关系是否显著，其表达公式为

$$f(t)=\frac{1}{n}\sum_{i=1}^{n}l(x_i),$$

$$g(t)=\frac{1}{n}\sum_{i=1}^{n}\frac{y_i}{y}l(x_i),$$

$$D=\max|g(t)-f(t)| \tag{6-14}$$

式中，n为资料个数；t为分组SST值(以1℃为组距)；x_i为第i月SST值；y_i为第i月的产量或CPUE；y为所有月份的平均产量或平均CPUE；若$x_i \leqslant t$，$l(x_i)$值为1或0；D为累积频率曲线$f(t)$和$g(t)$之间的差异度。通过比较D的大小来判断产量或CPUE与SST/SSH之间的关系是否显著。

(2)栖息地模型的建立。利用渔获量和 CPUE 分别与 SST、SSH 来建立相应的适宜性指数模型。本书假定最高渔获量(PRO_{max})为长鳍金枪鱼资源分布最多的海域，认定其适宜性指数为 1；渔获量为 0 时，则认定是长鳍金枪鱼资源分布较少的海域，认定其适宜性指数为 0。适宜性指数计算公式如下：

$$SI_i = \frac{PRO_{i,j}}{PRO_{i,max}} \quad (6-15)$$

式中，SI_i为 i 月得到的适宜性指数；$PRO_{i,max}$为 i 月的最大产量；$PRO_{i,j}$为 i 月 j 渔区的产量。

利用一元非线性回归建立 SST、SSH 与 SI 之间的关系模型，利用 Matlab 进行一元非线性曲线拟合。通过此模型将 SST、SSH 两个因子和 SI 的离散变量关系转化为连续随机变量关系。

利用算术平均法计算栖息地适宜性指数(HSI)，HSI 在 0(不适宜)到 1(最适宜)之间变化。计算公式如下：

$$HSI = \frac{1}{2}(SI_{SST} + SI_{SSH}) \quad (6-16)$$

式中，SI_{SST}和 SI_{SSH}分别代表 SI 与 SST、SSH 的适宜性指数。

将 2012 年生产统计数据和栖息地适宜性指数均分为 5 个级别。将产量统计数据 PRO 采用自然边界法进行划分：$0 \leq PRO < 500$ t，记为等级 1；$500\ t \leq PRO < 1\ 000$ t，记为等级 2；$1\ 000\ t \leq PRO < 5\ 000$ t，记为等级 3；$5\ 000\ t \leq PRO < 10\ 000$ t，记为等级 4；$PRO > 10\ 000$ t，记为等级 5。同样，栖息地适宜性指数也划分为 5 个等级，即：$0.0 \leq HSI < 0.1$，记为等级 1；$0.1 \leq HSI < 0.3$，记为等级 2；$0.3 \leq HSI < 0.5$，记为等级 3；$0.5 \leq HSI < 0.7$，记为等级 4；$0.7 \leq HSI \leq 1.0$，记为等级 5。对于同一个作业渔区($5° \times 5°$)，如果其产量数据级别与栖息地适宜性指数级别相同或相差的绝对值小于等于 2，则认为模型能够准确预测该渔区渔场形成的情况，即渔场的适宜度；如果级别相差的绝对值大于 2，则认为模型不能正确预测。

3)研究结果

(1)产量及 CPUE 的逐月分布。高产(月产量超过 15 t)分布在 3—4 月和 7—12 月，产量最高为 8 月，达 50 t 以上[图 6-20(a)]，占全年总产量的 19.03%，其 CPUE 为 921.97 kg/千钩[图 6-20(b)]。产量最低的为 2 月，仅为 0.84 t[图 6-20(a)]，占全年总产量的 0.29%，其 CPUE 为 5.94 kg/千钩[图 6-20(b)]。

(2)产量及 CPUE 与海洋环境因子的关系。1 月产量和 CPUE 最高时的 SST 均为 28℃[图 6-21(a)]；2 月产量和 CPUE 最高时的 SST 均为 29℃[图 6-21(b)]；3 月产量和 CPUE 最高时的 SST 均为 27℃[图 6-21(c)]；4 月产量和 CPUE 最高时的 SST 均

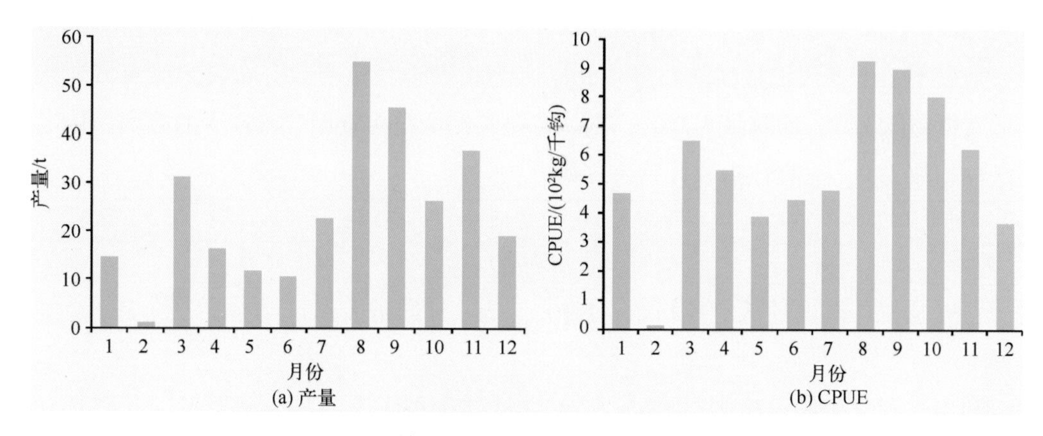

图 6-20 长鳍金枪鱼延绳钓产量和 CPUE 月变化

为 28℃[图 6-21(d)]；5 月产量和 CPUE 最高时的 SST 分别为 26℃和 29℃[图 6-21(e)]；6 月产量和 CPUE 较高时的 SST 分布在 27~28℃海域[图 6-21(f)]；7 月和 8 月产量和 CPUE 最高时的 SST 均为 28℃[图 6-21(g)(h)]；9 月产量和 CPUE 最高时的 SST 分布在 27~28℃海域[图 6-21(i)]；10 月产量和 CPUE 较高时的 SST 均为 27℃[图 6-21(j)]；11 月产量和 CPUE 较高时的 SST 均为 26℃[图 6-21(k)]；12 月产量和 CPUE 较高时的 SST 均为 25℃[图 6-21(l)]。

1 月产量和 CPUE 最高时的 SSH 均为 0.3 m[图 6-22(a)]；2 月产量和 CPUE 最高时的 SSH 均为 0.7 m[图 6-22(b)]；3 月产量和 CPUE 最高时的 SSH 均为 0.4 m[图 6-22(c)]；4—7 月产量和 CPUE 最高时的 SSH 均为 0.4 m[图 6-22(d)~(g)]；8—9 月产量最高时的 SSH 为 0.6 m，CPUE 最高时的 SSH 为 0.4 m[图 6-22(h)~(i)]；10 月产量最高时的 SSH 分布在 0.2 m、0.4 m 和 0.6 m，CPUE 最高时的 SSH 为 0.4 m[图 6-22(j)]；11—12 月产量最高时的 SSH 均为 0.6~0.7 m，CPUE 最高时的 SSH 均为 0.3 m[图 6-22(k)~(l)]。

(3)K-S 检验。计算各月 K-S 检验的统计量，并以 $\alpha=0.2$ 做显著性检验。通过 K-S 检验可知：产量与 SST 的 $D=0.092\ 165<P(\alpha/2)$，CPUE 与 SST 的 $D=0.086\ 485<P(\alpha/2)$；产量与 SSH 的 $D=0.075\ 812<P(\alpha/2)$，CPUE 与 SSH 的 $D=0.093\ 354<P(\alpha/2)$，此时假设检验条件 $f(t)=g(t)$ 成立，没有显著性差异，即认为各月作业渔场产量、CPUE 分布与 SST 和 SSH 关系较为密切。

(4)HSI 模型的建立及比较。以 CPUE 为适宜性指数的各季节 SI 模型如图 6-23(a)、图 6-23(c)、图 6-23(e)和图 6-23(g)所示。以渔获量为适宜性指数的各季节 SI 模型如图 6-23(b)、图 6-23(d)、图 6-23(f)和图 6-23(h)所示。所建的 SI 模型均为显著($P<0.01$)(表 6-9 和表 6-10)。

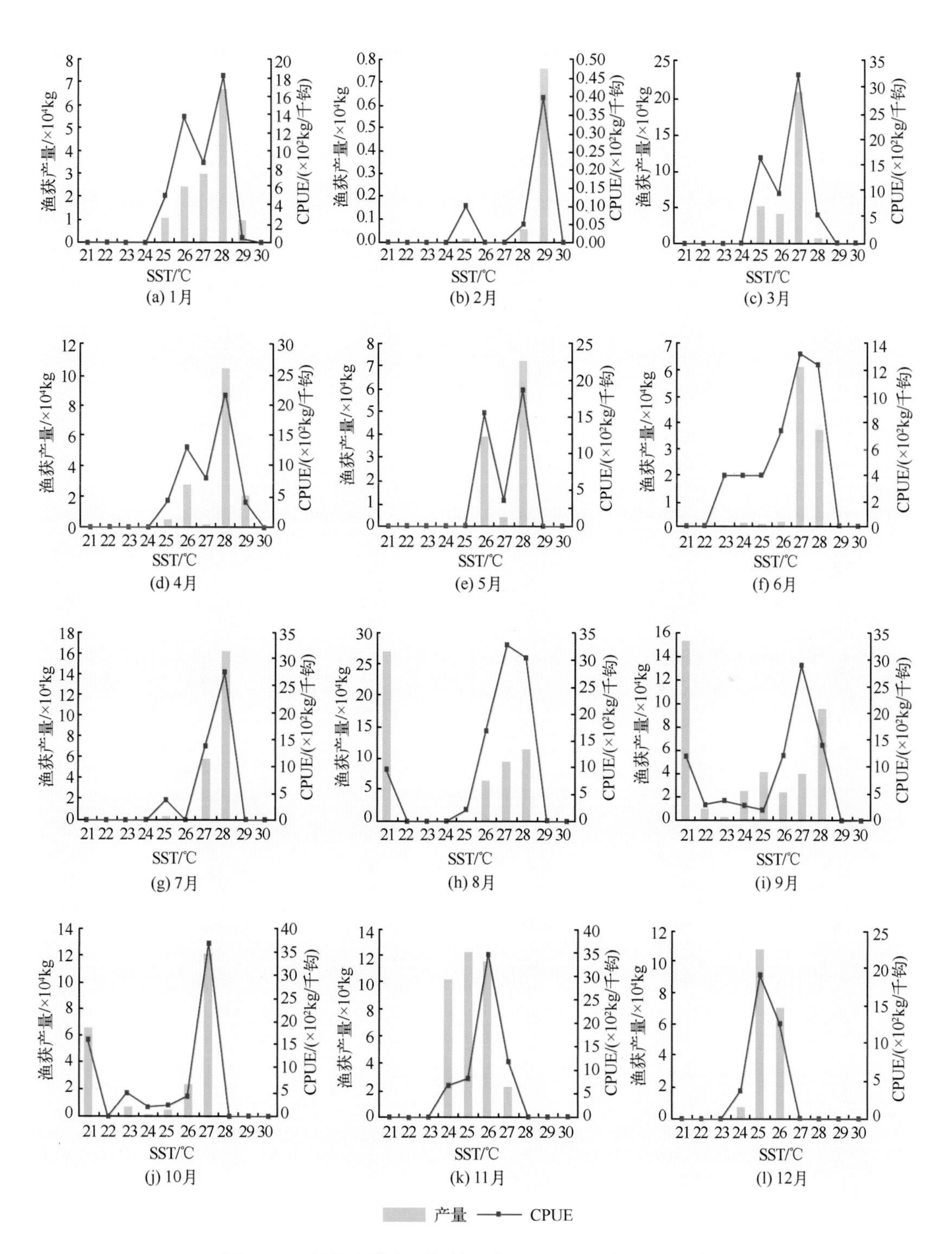

图 6-21　长鳍金枪鱼延绳钓月产量和 CPUE 与 SST 的关系

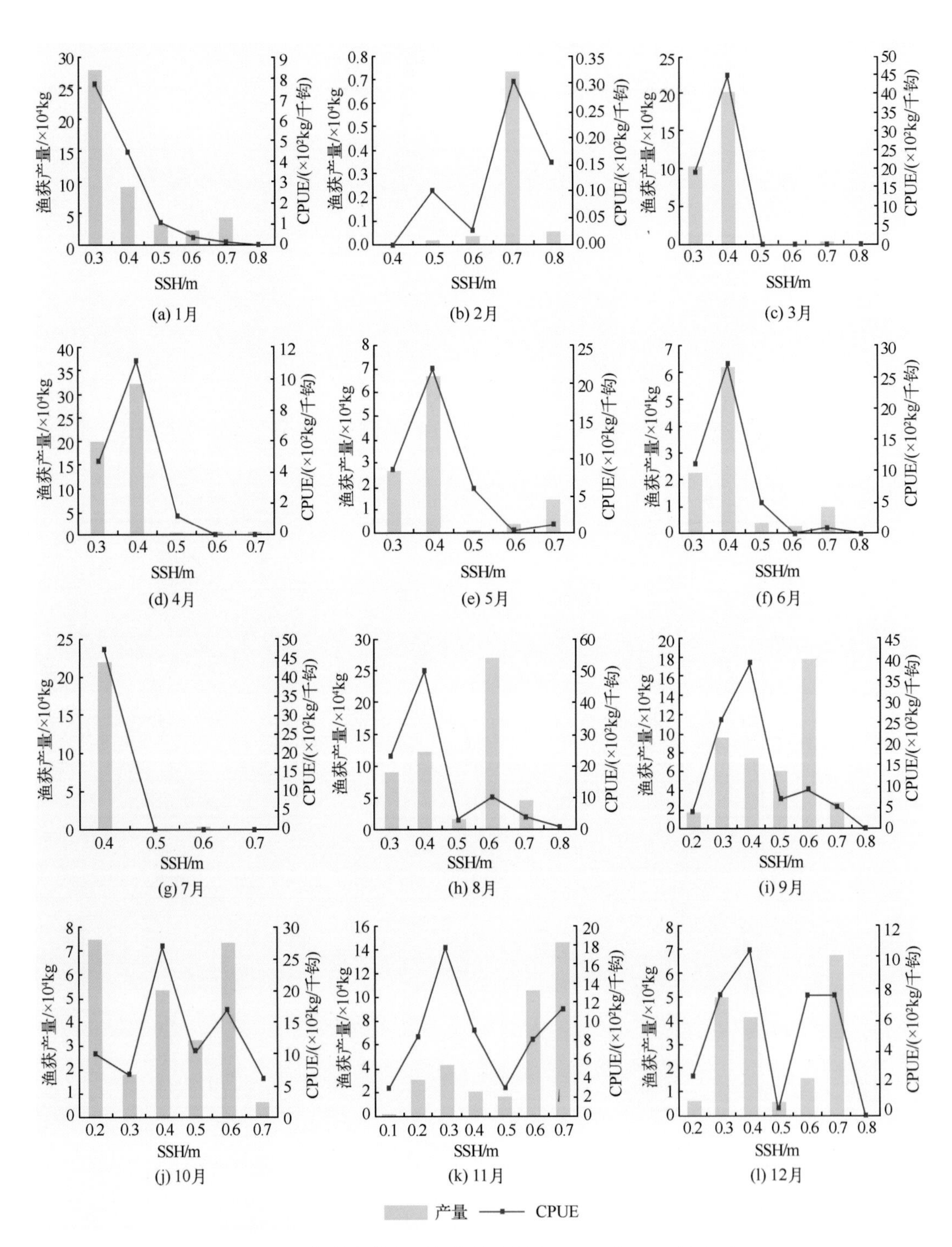

图 6-22　长鳍金枪鱼延绳钓月产量和 CPUE 与 SSH 的关系

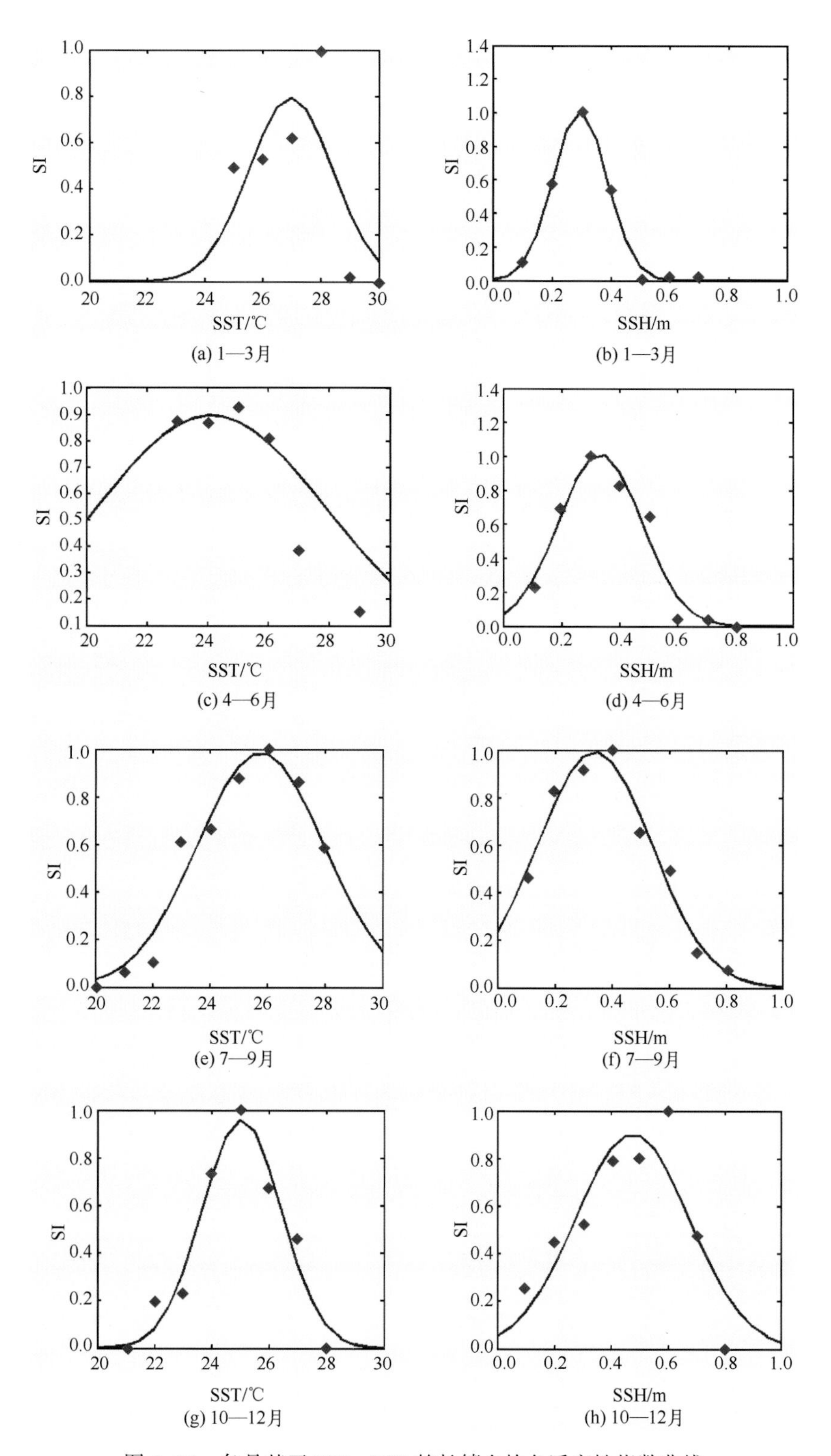

图 6-23　各月基于 SST、SSH 的长鳍金枪鱼适宜性指数曲线

表 6-9　以 CPUE 为基础的各月长鳍金枪鱼栖息地适宜性指数模型

月份	变量	适宜性指数模型	P 值
1—3	SST	$SI=0.7927\times e^{-0.2399\times(SST-26.9725)^2}$	0.000 1
	SSH	$SI=1.0126\times e^{-61.0527\times(SSH-0.2955)^2}$	0.000 1
4—6	SST	$SI=0.8976\times e^{-0.0349\times(SST-24.1305)^2}$	0.000 1
	SSH	$SI=1.0133\times e^{-24.6389\times(SSH-0.3330)^2}$	0.000 3
7—9	SST	$SI=0.9856\times e^{-0.1039\times(SST-25.7739)^2}$	0.000 3
	SSH	$SI=0.9927\times e^{-12.5266\times(SSH-0.3395)^2}$	0.000 3
10—12	SST	$SI=0.9599\times e^{-0.2640\times(SST-25.0569)^2}$	0.000 1
	SSH	$SI=0.9031\times e^{-12.5634\times(SSH-0.4754)^2}$	0.000 1

表 6-10　以渔获量为基础的各月长鳍金枪鱼栖息地适宜性指数模型

月份	变量	适宜性指数模型	P 值
1—3	SST	$SI=1.0077\times e^{-1.6587\times(SST-27.0710)^2}$	0.000 1
	SSH	$SI=1.1599\times e^{-226.7630\times(SSH-0.3744)^2}$	0.000 1
4—6	SST	$SI=1.0135\times e^{-1.1629\times(SST-27.8574)^2}$	0.000 1
	SSH	$SI=0.9952\times e^{-53.1166\times(SSH-0.2799)^2}$	0.002 1
7—9	SST	$SI=1.0336\times e^{-3.7319\times(SST-21.0942)^2}$	0.001 1
	SSH	$SI=1.0175\times e^{-187.3320\times(SSH-0.5903)^2}$	0.000 3
10—12	SST	$SI=0.6343\times e^{-0.1563\times(SST-23.6844)^2}$	0.000 1
	SSH	$SI=0.8465\times e^{-29.1335\times(SSH-0.6107)^2}$	0.000 1

根据建立的栖息地适宜性指数模型分别计算 2009—2011 年各月理论 HSI（表 6-11 和表6-12）。由表 6-11 中可知，以 CPUE 为基础的 HSI 模型，当 HSI>0.4 时，全年作业点个数为 299 个，占总作业点数的 77.46%。由表 6-12 中可知，以渔获量为基础的 HSI 模型，当 HSI>0.4 时，全年作业点个数为 139 个，占总作业点数的 36.01%。因此，以 CPUE 为基础的 HSI 模型能较好地反映东太平洋长鳍金枪鱼渔场的分布情况。

表 6-11　基于 CPUE 的各月 HSI 值与作业渔区比重分布

HSI	1 月	2 月	3 月	4 月	5 月	6 月	7 月	8 月	9 月	10 月	11 月	12 月
[0, 0.2)	5	5	7	1	0	0	1	0	0	0	0	0
[0.2, 0.4)	15	12	9	5	4	8	0	3	5	5	1	1
[0.4, 0.6)	8	4	4	4	11	2	2	6	9	19	7	3
[0.6, 0.8)	4	1	5	11	5	13	7	13	11	13	17	13
[0.8, 1)	6	0	4	4	0	6	17	21	22	4	11	12

表 6-12　基于渔获量的各月 HSI 值与作业渔区比重分布

HSI	1月	2月	3月	4月	5月	6月	7月	8月	9月	10月	11月	12月
[0, 0.2)	15	12	14	5	2	4	23	33	35	9	12	0
[0.2, 0.4)	9	5	2	6	5	15	2	4	5	12	6	12
[0.4, 0.6)	9	2	6	6	7	5	2	3	5	15	12	15
[0.6, 0.8)	3	2	2	5	3	2	0	0	0	5	6	2
[0.8, 1)	2	1	5	3	3	3	0	3	2	0	0	0

(5) 模型验证。利用以 CPUE 为基础的 HSI 模型，分别计算 2012 年各月的栖息地适宜性指数，并与实际作业渔场进行比较(表 6-13)。由表 6-13 中可知，1—3 月中心渔场预报准确率为 73%，其间作业渔区数分别为 34 个、24 个和 26 个；4—6 月预报准确率提高到 67%，其间作业渔区数分别为 25 个、33 个和 41 个；7—9 月预报准确率为 76%，其间作业渔区分别为 45 个、47 个和 38 个；10—12 月预报准确率为 88%，其间作业渔区分别为 41 个、24 个和 24 个。1—12 月累计平均准确率为 78%。

表 6-13　中心渔场预报结果统计

月份	作业渔区数	预测正确渔区数	占比	预测不正确渔区数	占比
1—3	84	61	73%	23	27%
4—6	99	66	67%	33	33%
7—9	130	99	76%	31	34%
10—12	24	21	88%	3	12%

6.5.2　南太平洋长鳍金枪鱼渔场预报模型研究

该研究根据 2008—2009 年上海金优远洋渔业有限公司在南太平洋长鳍金枪鱼延绳钓的实际生产数据，分析区域性长鳍金枪鱼渔场各季度变化以及与各环境因子的关系，建立栖息地适宜性指数模型，为我国南太平洋冰鲜金枪鱼渔业生产提供相应的参考。

1) 材料来源

渔业生产统计数据来自 2008—2009 年上海金优远洋渔业有限公司南太平洋金枪鱼延绳钓船队，共 6 艘生产船，每艘船吨位均为 157 t，主机功率均为 407 kW，冷海水保鲜。作业海域为瓦努阿图附近海域(10°—25°S，155°—180°E)。数据包括作业时间、作业位置、长鳍金枪鱼渔获量(kg)、钩数，环境数据包括海表温度(SST,℃)、105 m水深温度(T_{105},℃)、205 m水深温度(T_{205},℃)、海面高度(SSH，cm)、叶绿素a浓度(Chl-a，mg/m^3)，环境数据均来自美国国家航空航天局的卫星遥感数据，空间分辨率为1°×1°。

2)研究方法

首先以经纬度1°×1°为空间统计单位，按月对其作业位置和渔获量进行初步统计。不考虑船长水平和海洋环境条件，由于属于同一作业船型，因此研究初步认定，渔获量可作为表征中心渔场分布的指标之一。

由于7月下旬至8月渔场位置南移，故将7—9月分为南北两个部分分别统计，7月1日至7月20日、9月渔场位置偏北，7月21日至8月31日渔场位置偏南，故按照1—3月、4—6月、7月1日至7月20日、7月21日至8月31日、9月和10—12月对其作业位置、渔获量和放钩数进行初步统计。

利用渔获量分别与SST、T_{105}、T_{205}、SSH、Chl-a来建立相应的适宜性指数模型。本书假定最高渔获量(PRO_{max})为长鳍金枪鱼资源分布最多的海域，认定其HSI为1；渔获量为0时，则认定是长鳍金枪鱼资源分布较少的海域，认定其HSI为0。单因素栖息地适宜性指数计算公式如下：

$$SI_i = \frac{PRO_{i,j}}{PRO_{i,\max}} \tag{6-17}$$

式中，SI_i为i月得到的适宜性指数；$PRO_{i,\max}$为i月的最大产量；$PRO_{i,j}$为i月j渔区的产量。

利用一元非线性回归建立SST、T_{105}、T_{205}、SSH、Chl-a与SI之间的关系模型，利用DPS7.5软件求解。通过此模型将SST等5个因子和SI两离散变量关系转化为连续随机变量关系。

利用算术平均法计算栖息地适宜性指数HSI，HSI在0(不适宜)到1(最适宜)之间变化，计算公式如下：

$$HSI = \frac{1}{5}(SI_{SST} + SI_{T_{105}} + SI_{T_{205}} + SI_{SSH} + SI_{Chl-a}) \tag{6-18}$$

式中，SI_{SST}、$SI_{T_{105}}$、$SI_{T_{205}}$、SI_{SSH}和SI_{Chl-a}分别为SI与SST、T_{105}、T_{205}、SSH、Chl-a的适宜性指数。

3)研究结果

(1) HSI模型的建立。利用一元非线性回归拟合以SST、T_{105}、T_{205}、SSH和Chl-a为基础的SI曲线。拟合的SI曲线模型见表6-14，各回归模型的方差分析显示SI模型均为显著($P<0.05$)。分季度的各因子SI曲线分别如图6-24至图6-28所示。

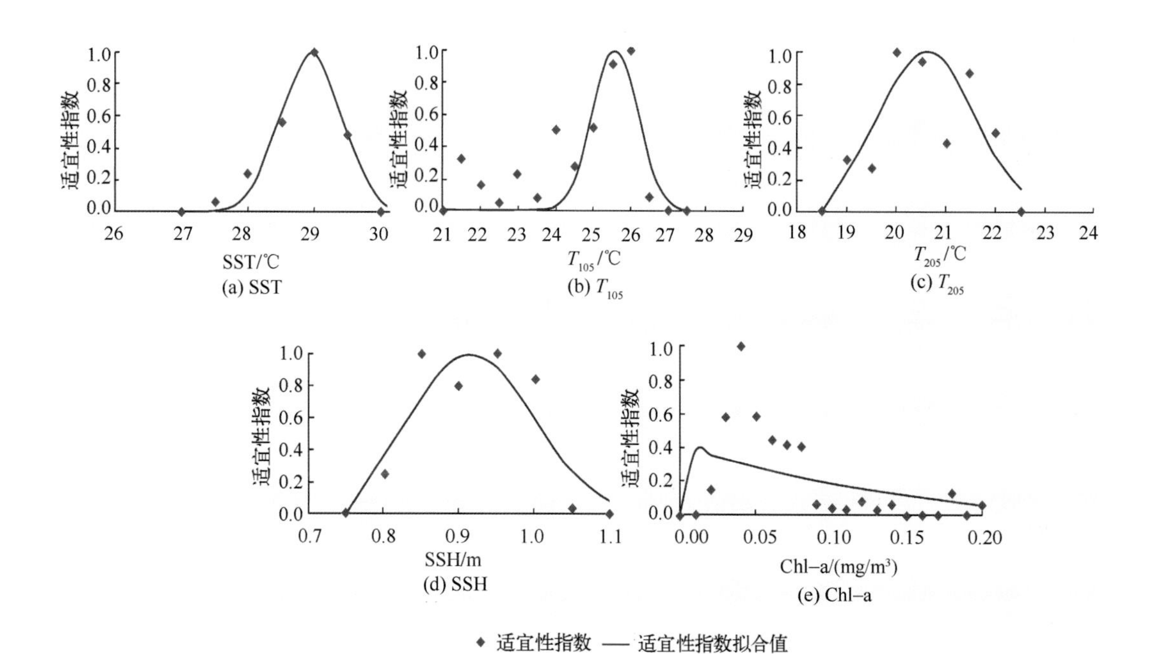

图 6-24　1—3 月基于 SST、T_{105}、T_{205}、SSH、Chl-a 的长鳍金枪鱼适宜性指数曲线

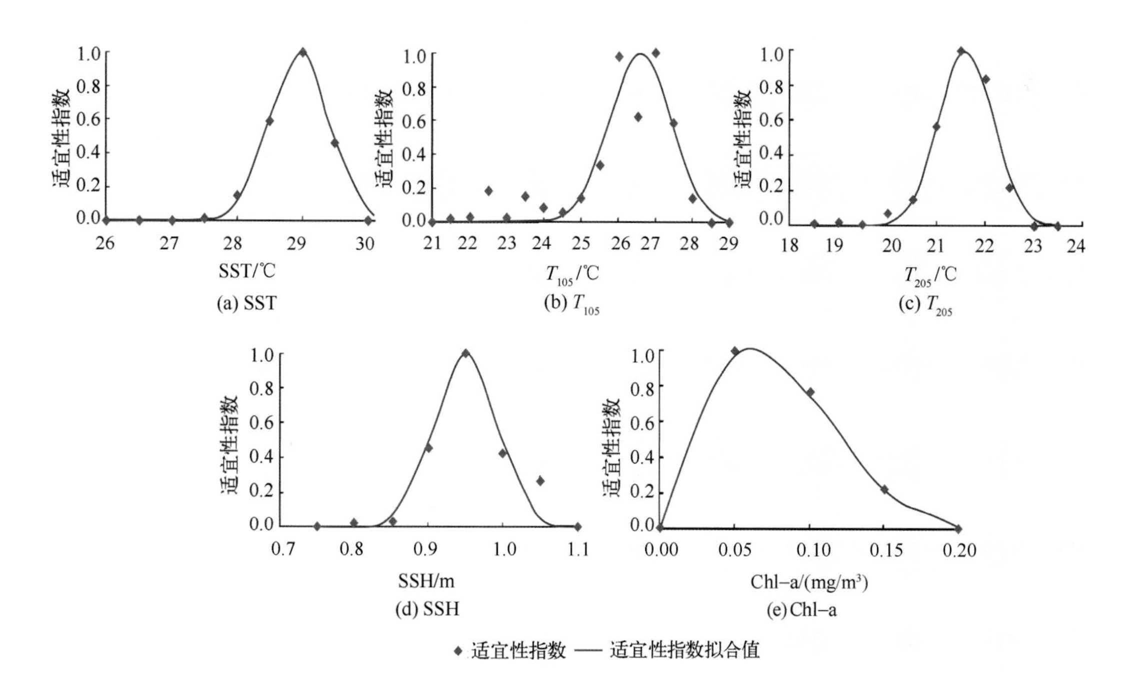

图 6-25　4—6 月基于 SST、T_{105}、T_{205}、SSH、Chl-a 的长鳍金枪鱼适宜性指数曲线

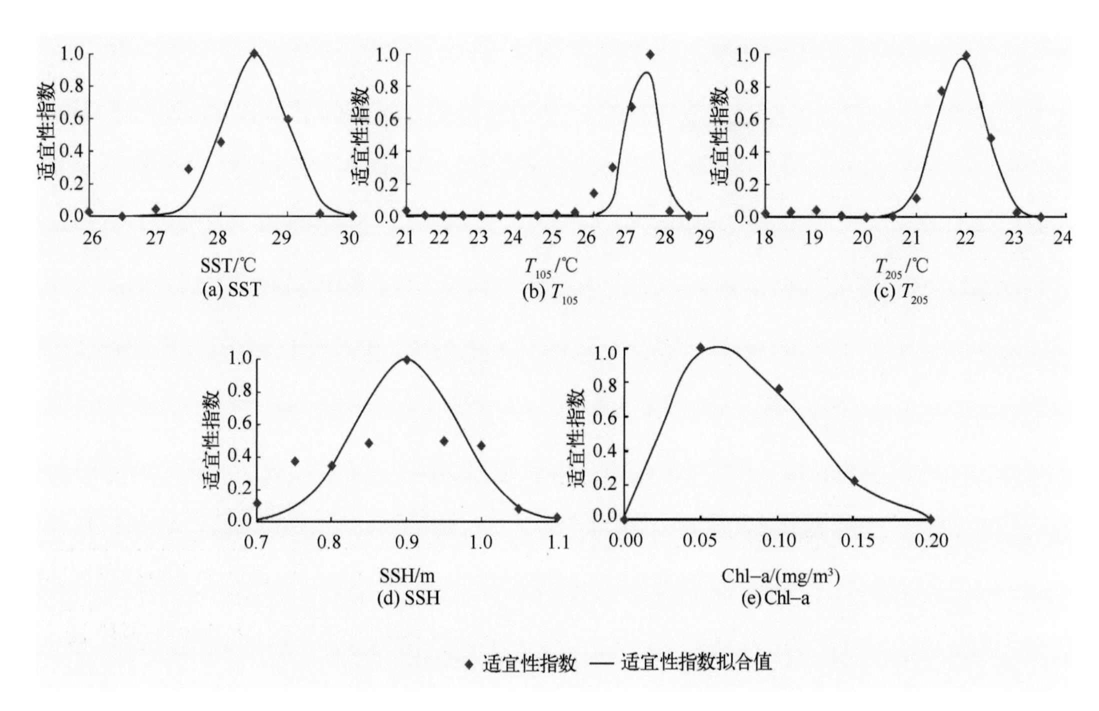

图 6-26　7 月中上旬和 9 月基于 SST、T_{105}、T_{205}、SSH、Chl-a 的长鳍金枪鱼适宜性指数曲线

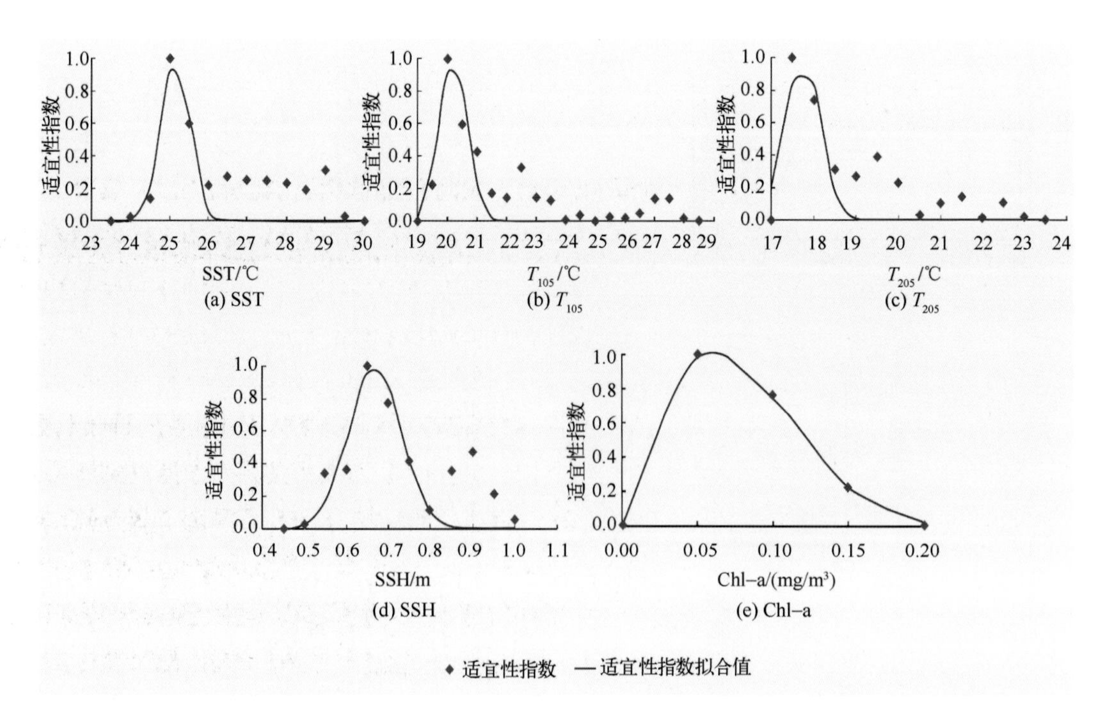

图 6-27　7 月下旬和 8 月基于 SST、T_{105}、T_{205}、SSH、Chl-a 的长鳍金枪鱼适宜性指数曲线

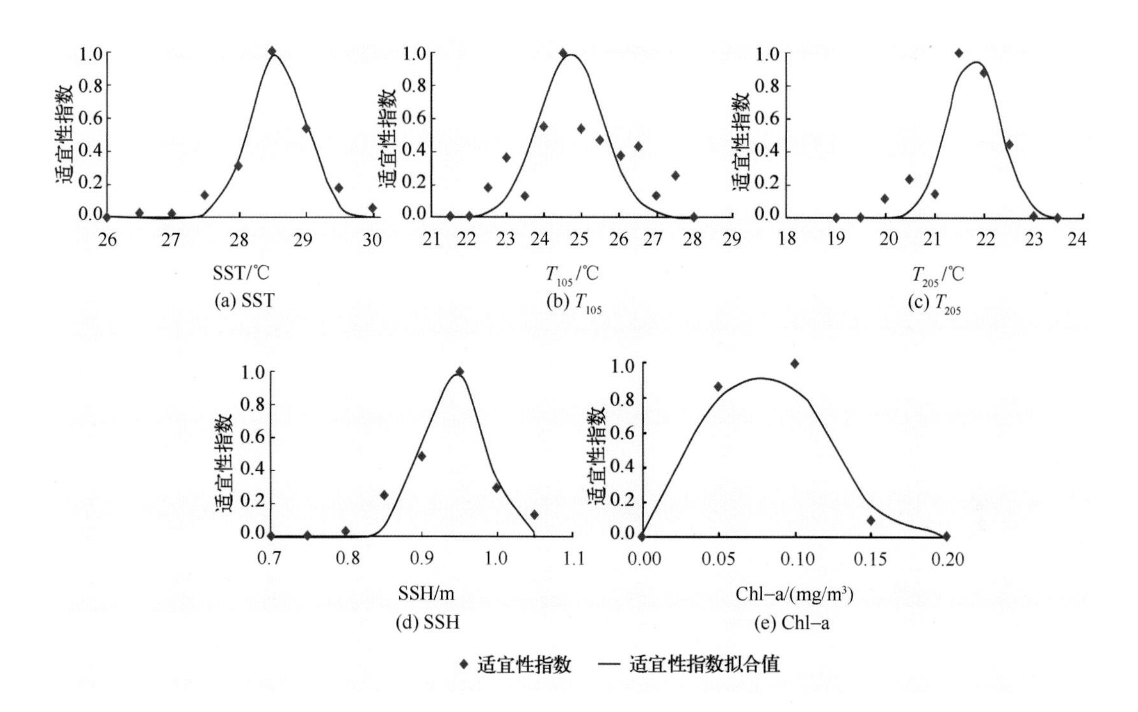

图 6-28 10—12 月基于 SST、T_{105}、T_{205}、SSH、Chl-a 的长鳍金枪鱼适宜性指数曲线

由图 6-24 至图 6-28 和表 6-14 可以得出，各模型的方差分析显示 SI 模型均为显著(P<0.05)，这说明采用一元非线性回归建立的各因子适宜性指数曲线拟合度很高。

表 6-14 各月长鳍金枪鱼月栖息地适宜性指数模型

月份	变量	适宜性指数模型	P 值
1—3	SST	$SI=e^{-2.3515\times(SST-28.9455)^2}$	0.000 1
	T_{105}	$SI=e^{-1.4\times(T_{105}-27.0871)^2}$	0.000 9
	T_{205}	$SI=e^{-0.5322\times(T_{205}-21.6125)^2}$	0.000 1
	SSH	$SI=e^{-73.49\times(SSH-0.9167)^2}$	0.002 1
	$Chl-a$	$SI=e^{-12.2008\times(Chl-a+0.2703)^2}$	0.015
4—6	SST	$SI=e^{-2.5143\times(SST-28.9417)^2}$	0.000 1
	T_{105}	$SI=e^{-0.7402\times(T_{105}-26.5905)^2}$	0.000 1
	T_{205}	$SI=e^{-1.629\times(T_{205}-21.6014)^2}$	0.001
	SSH	$SI=e^{-287.33\times(SSH-0.9007)^2}$	0.000 1
	$Chl-a$	$SI=e^{-187.641\times(Chl-a-0.0109)^2}$	0.000 2

续表

月份	变量	适宜性指数模型	P 值
7月1日至 7月20日、9月	SST	$SI=e^{-2.3045\times(SST-29.0149)^2}$	0.000 1
	T_{105}	$SI=e^{-3.4084\times(T_{105}-27.2964)^2}$	0.000 1
	T_{205}	$SI=e^{-2.1667\times(T_{205}-21.8959)^2}$	0.000 1
	SSH	$SI=e^{-105.724\times(SSH-0.9004)^2}$	0.000 3
	$Chl\text{-}a$	$SI=e^{-187.641\times(Chl\text{-}a-0.0109)^2}$	0.000 1
7月21日至 8月31日	SST	$SI=e^{-3.6532\times(SST-25.1499)^2}$	0.002 6
	T_{105}	$SI=e^{-2.1926\times(T_{105}-20.2005)^2}$	0.000 1
	T_{205}	$SI=e^{-2.9679\times(T_{205}-17.7414)^2}$	0.004
	SSH	$SI=e^{-126.4\times(SSH-0.669)^2}$	0.041
	$Chl\text{-}a$	$SI=e^{-38.5925\times(Chl\text{-}a+1.049)^2}$	0.02
10—12	SST	$SI=e^{-3.0793\times(SST-28.5809)^2}$	0.000 1
	T_{105}	$SI=e^{-0.6885\times(T_{105}-24.7208)^2}$	0.006 7
	T_{205}	$SI=e^{-1.872\times(T_{205}-21.7919)^2}$	0.000 1
	SSH	$SI=e^{-317.209\times(SSH-0.9424)^2}$	0.000 1
	$Chl\text{-}a$	$SI=e^{-304.408\times(Chl\text{-}a-0.0271)^2}$	0.023

（2）模型验证分析。根据计算获得各月栖息地适宜指数 HSI，并进行分类统计。由表6-15 可知，当 HSI>0. 6 时，1 月作业渔区为 11 个，占全月作业渔区数的 68. 75%；2 月作业渔区为 20 个，占全月作业渔区数的 55%；3 月作业渔区为 27 个，占全月作业渔区数的 69. 23%；4 月作业渔区为 25 个，占全月作业渔区数的 69. 45%；5 月作业渔区为 22 个，占全月作业渔区数的 71. 07%；6 月作业渔区为 20 个，占全月作业渔区数的 60. 00%；7 月作业渔区为 21 个，占全月作业渔区数的 67. 83%；8 月作业渔区为 29 个，占全月作业渔区数的 76. 32%；9 月作业渔区为 23 个，占全月作业渔区数的 76. 67%；10 月作业渔区为 25 个，占全月作业渔区数的 71. 43%；11 月作业渔区为 25 个，占全月作业渔区数的 75. 76%；12 月作业渔区为 22 个，占全月作业渔区数的 66. 67%。当 HSI >0. 6 时，全年作业渔区共计 261 个，占总作业渔区数的 70. 43%。因此，模型能够较好地反映南太平洋长鳍金枪鱼渔场的分布情况。

表 6-15　各月 HSI 值与作业渔区比重分布　　单位：%

HSI	1月	2月	3月	4月	5月	6月	7月	8月	9月	10月	11月	12月
[0, 0.2)	12.50	5.00	0.00	8.33	6.45	5.88	9.68	2.63	0.00	8.57	6.06	3.03
[0.2, 0.4)	12.50	15.00	12.82	11.11	6.45	20.59	12.90	5.26	10.00	5.71	12.12	15.15
[0.4, 0.6)	6.25	25.00	17.95	11.11	16.13	14.71	9.68	15.79	13.33	14.29	6.06	15.15

续表

HSI	1月	2月	3月	4月	5月	6月	7月	8月	9月	10月	11月	12月
[0.6, 0.8)	37.50	30.00	28.21	41.67	41.94	20.59	38.71	36.84	43.33	45.71	36.36	36.36
[0.8, 1)	31.25	25.00	41.03	27.78	29.03	38.24	29.03	39.47	33.33	25.71	39.39	30.30

4)讨论分析

南太平洋长鳍金枪鱼资源作为我国重要的金枪鱼目标种群，研究中心渔场分布及其与环境的关系，特别是在国际油价日益攀升的背景下，显得尤为重要。本研究根据SST、T_{105}、T_{205}、SSH和Chl-a等环境因子建立栖息地适宜性指数模型进行渔情预报。研究表明，各环境因子与渔场位置的关系均为显著，对指导渔业生产和节省生产成本有一定指导意义。

尽管上述建立的南太平洋长鳍金枪鱼栖息地适宜性指数模型达到较高的精确度，但是长鳍金枪鱼渔场不仅与海表温度、深层水温结构、海面高度、叶绿素浓度等有关，而且温跃层、饵料生物分布、锋面和涡旋以及ENSO等大尺度海洋事件均对长鳍金枪鱼渔场有一定的影响，因此，基于温度、海面高度和叶绿素浓度的栖息地适宜性指数模型仍然存在一定缺陷，在以后的研究中需综合考虑上述因子，以完善长鳍金枪鱼栖息地适宜性指数模型，同时结合实际生产情况，修正栖息地适宜性指数模型，从而实现对南太平洋长鳍金枪鱼渔场动态监测与分析，为海洋渔业生产提供科学参考。

第7章 业务化全球海洋渔业生产综合信息共享服务技术

业务化全球海洋渔业生产综合信息服务平台主要建设全球卫星遥感大洋渔场环境数据库及网络发布平台，通过基于卫星广播的渔业信息快速发布系统实现对大洋渔业生产船只的信息发布，通过船载渔情预报及渔捞日志应用系统实现渔情信息分析和渔捞信息收集，并通过基于卫星广播的渔业信息快速发布系统实现数据回传。

7.1 全球卫星遥感大洋渔场环境数据库

全球卫星遥感大洋渔场环境数据库能够实现渔场环境信息数据的业务化高效组织与管理，并能满足数据不断增加的需求。在此基础上，可为数据使用者提供方便的数据查询、数据获取手段，通过多样化的数据分发服务手段和服务接口，来满足用户不同级别、不同规格的服务目标，解决我国远洋渔业生产中渔场环境与渔情不明的瓶颈问题，提高我国远洋渔业综合效益，促进我国远洋渔业可持续发展。

大洋渔场环境信息数据涉及全球渔场的信息处理，主要数据类型有：卫星遥感要素专题数据、数值预报数据、渔市状况和渔情分析资料数据4类。数值预报数据包括表面风场、温度、流、盐度和断面等类型数据；渔市状况主要描述渔市信息；渔情分析资料数据目前主要有东南太平洋竹荚鱼渔情、西太平洋围网金枪鱼渔情、印度洋延绳钓金枪鱼渔情、中部大西洋延绳钓金枪鱼渔情和中东太平洋延绳钓金枪鱼渔情数据；卫星遥感要素专题数据包括风、浪、流、叶绿素、海温、海面高度、典型海洋信息提取等要素数据。

作为渔情分析与预报的环境数据基础，全球卫星遥感大洋渔场环境数据库是由海量、多分辨率、多时项、多类型卫星遥感要素专题数据和融合分析数据构成的标准化海洋环境信息背景数据库，包括我国自主研发的海洋遥感卫星专题数据和部分国外遥感卫星数据加工处理后得到的高级产品数据，是渔场环境、渔情信息产品制作与服务支持的重要数据源。通过对国家卫星海洋应用中心所研制的具有自主知识产权的渔场环境要素的卫星遥感数据处理加工生产软件的集成，并以该系统平台为依托，实现渔场环境要素的卫星遥感数据的加工生产自动化，同时实现所生产数据的自动化编目存档管理与信息发布的一体化。并借助多种技术手段提供高时空覆盖的、多要素的、多元的大洋渔场环境信息与渔情信息的及时发布，提高渔场环境信息的服务能力。借助 WebGIS 技术提供渔场环境卫星遥感产品可视化专题图和地理信息叠加专业服务等。

全球卫星遥感大洋渔场环境数据库主要是整合了现有 HY-1 和 HY-2 系列卫星数据及 MODIS 等其他遥感卫星数据专题产品，包括海表温度、水色、海面风场和海面高度等环境要素，建立的满足业务化运行要求的海洋环境遥感监测与定量化产品数据库，为渔情预报服务平台和船载平台提供各类卫星遥感数据影像及产品。全球卫星遥感大洋渔场环境数据信息产品要素内容、产品格式、更新频次及分辨率见表 7-1。

表 7-1　全球卫星遥感大洋渔场环境数据库包括的数据资料种类

要素内容	产品格式	更新频次	分辨率
融合海表温度	HDF/jpg	1 次/天	9 km
融合叶绿素浓度	HDF/jpg	1 次/天	9 km
融合海流	HDF/jpg	1 次/天	1/3°
融合有效波高	HDF/jpg	1 次/天	0. 25°
融合海面风场	HDF/jpg	1 次/天	0. 25°
融合海面高度	HDF/jpg	1 次/天	0. 25°

7. 1. 1　数据库设计原则

全球卫星遥感大洋渔场环境数据库是在卫星遥感监测的基础上建立的数据库系统，目的是为渔业部门提供渔场环境信息，数据类型多，来源广泛，并且数据量大，需要对大型的数据库系统进行科学的组织和管理，才能适应多渠道应用的需求，为此需要遵循科学、优化的设计原则。

(1)系统建设具有科学性与实用性，便于数据的提取、管理和分析，易于拓展后续应用及开发。

(2)数据库系统数据要进行全面与统一地规划，保证数据库的系统性和完整性。

(3)使用标准统一的数据库分类和编码，使要素类具有唯一代码，便于系统扩充。

7. 1. 2　数据库体系结构

全球卫星遥感大洋渔场环境数据库通过统一的规范和标准制，以 XML 描述交换的数据格式和数据本身，能够尽可能消除由于应用范围、构建方式、系统结构、数据资源等方面所产生的各系统间的差异，实现信息的高度共享，保证数据交换的透明、简便、可靠和安全。整个数据库建设包括海洋遥感环境要素信息获取与更新、数据生产加工、产品元数据信息编目存档、产品数据监控四部分。通过对我国自主海洋卫星及国内外其他卫星数据获取的全球大洋区域的卫星遥感数据快速处理、存档、入库，最终能够通过网络发布平台向渔业各部门和船载平台提供最新的面向全球大洋渔场的环境信息快速播报及环境信息专题产品。数据库管理采用先进的数据库技术、元数据管理技术、海量存储技术、海量数据的压缩解压缩技术，并配合先进的数据组织和管理手段，实现海量遥感卫星影像数据的高效存储、检索和获取。海量遥感卫星影像保存在相对独立的存储和管理子系统中，通过 OGC 标准的地图服务接口(WMS)及高速网络接口为整个渔业服务平台提供海洋环境数据服务，实现海洋遥感专题数据的网络查询和分发服务功能(图 7-1)。

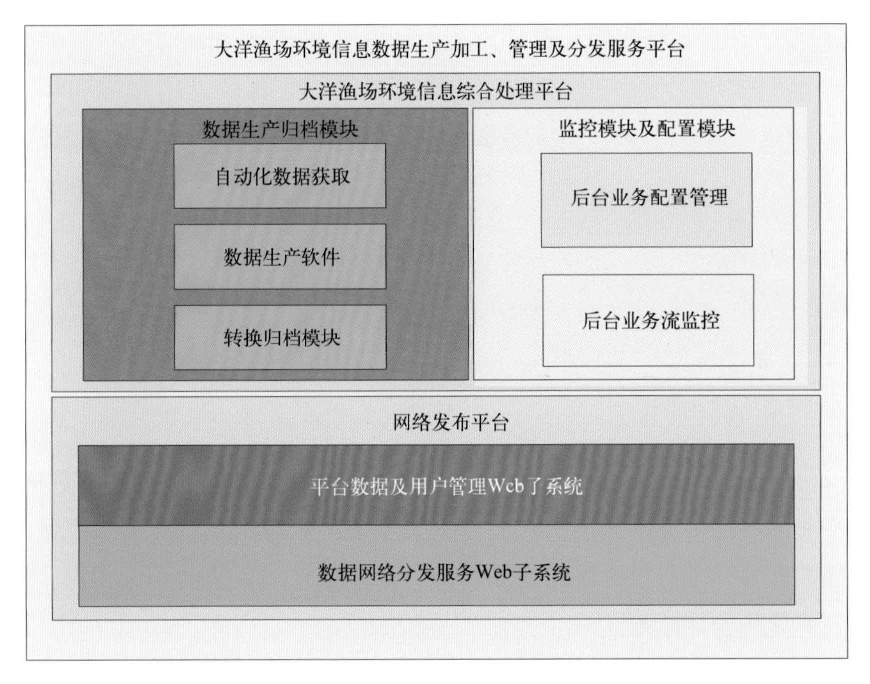

图 7-1　全球卫星遥感大洋渔场环境数据库结构图

(1)海洋遥感数据获取。对卫星数据发布的 FTP 和 HTTP 站点数据定期扫描自动下载，其中 HY-1、HY-2 及 MODIS 卫星数据由海洋卫星地面系统直接提供。

(2)数据生产加工。在获取卫星遥感数据产品后，调用相应的专题数据加工程序模块按照数据种类和专题数据生产加工流程进行专题数据的生产。HY-1、MODIS 专题要素包括叶绿素浓度、海表温度；SSMIS、AMSR-E、ASCAT、Jason 系列卫星数据产品包括海表温度、海面高度、海面风场、海面有效波高及海流。元数据信息提取模块提取专题数据产品的元数据信息，并生成 XML 格式的元数据文件，存储到在线数据产品信息库中；同时将数据产品文件按照归档策略永久保存到存储系统中，实现数据产品在线存储管理的目标，满足随后的数据产品在线分发服务需要。

(3)产品元数据信息编目存档。专题数据产品信息编目及入库程序模块将元数据文件提取编目信息，并加载到空间数据库的相应表单中。具体包括任务收集、元数据提取、产品数据归档和元数据编目入库，将专题产品数据的完整信息存储至数据库。任务收集从工作目录中获取产品的文件信息，当产品的新文件出现在工作目录中，创建新的产品的条目，将产品的相关文件加入作业表中。元数据提取是对产品数据的元数据信息进行解析，在工作目录中生成 XML 格式的元数据文件。产品数据归档是将工作目录下的产品文件及其生成的快试图和元数据文件按照特定的目录结构进行归档到指定数据存储池中。元数据编目入库是将产品的元数据信息和与产品关联的信息录入业务表中。数据归档中的诸多程序模块都是命令行工具形式的软件，没有图形化的人机交互界面，程序的执行采用系统任务计划进行定时间间隔调度执行的方式。程序的运行状态在数据库作业表中进行登记，运行过程中的消息信息被输出到日志文件中，操作员可以定期查看日志文件内容来发现问题，或通过监控应用程序模块直接监视观察。

(4)产品数据监控。该模块主要完成各要素专题产品存档过程的实时监控，统计当日存档数据量。提供历史数据的快速检索能力，并可以查看产品数据快视图和元数据信息。同时可监控本地系统资源，如 CPU、网络连通状态以及存储服务器存储空间等。

产品数据实时信息及存档状态是监控系统的主要监控对象。后台存档程序将要求存档的产品数据信息和存档状态信息添加到作业表中，并根据处理过程修改存档状态。产品数据实时监控模块能够捕获作业表中新产品记录的添加、更新、删除等变化，并显示产品信息和状态信息。在状态信息变化时，能够捕获这种变化并友好显示，并可查看当日处理的产品数据的当前状态、数据信息等。要求对于不同的状态值显示为不同的可视化图标清晰展示。监控内容包括：到达产品关键文件名称列表、产品名称、产品类别、要素类型、卫星名称、接收时间、处理时间、生产状态、转换状态、归档状态、入库状态和完成状态。

7.1.3　数据库表设计

(1)核心业务表，见表 7-2。

表 7-2　卫星数据表

表名称	数据库表定义	功能说明
HY-1 产品数据表	HY-1	描述 HY-1A 卫星和 HY-1B 卫星专题要素的产品数据表
HY-2 产品数据表	HY-2	描述 HY-2 卫星专题要素的产品数据表
MODIS 产品数据表	MODIS	描述 MODIS 卫星专题要素的产品数据表

续表

表名称	数据库表定义	功能说明
JASON 产品数据表	Jason-1	描述 Jason 卫星专题要素的产品数据表
ASCAT 产品数据表	ASC	描述 ASCAT 卫星专题要素的产品数据表
AMSR-E 产品数据表	AMSR-E	描述 AMSR-E 卫星专题要素的产品数据表
SSM/I 产品数据表	SSM/I	描述 SSM/I 卫星专题要素的产品数据表

(2)产品描述文件。产品描述文件是数据资源的结构化描述信息及信息资源有序化的基础，且以 XML 格式为标准，表 7-3 是卫星产品描述文件存放的内容及标签定义。

表 7-3　产品描述文件格式

标签名	存放内容	数据类型	极限值或域值
<ProductMeta>	产品描述文件开始标签		
<PRODUCTNAME>	产品名称	string	
<PRODUCTSIZE>	产品大小	int	
<ELEMENTNAME>	产品要素名称	string	
<DATAFILENAME>	数据文件名称	string	
<DATAFILEEXTENSION>	数据文件扩展名	string	
<SATELLITENAME>	卫星名称	string	
<SENSORNAME>	传感器名称	string	
<RECEIVINGTIME>	接收时间	string	
<PROCESSINGCENTER>	处理中心	string	
<PROCESSINGTIME>	数据处理时间	string	
<ARCHIVINGCENTER>	数据存档机构	string	
<UPPERLEFTLATITUDE>	左上角纬度	float	
<UPPERLEFTLONGITUDE>	左上角经度	float	
<UPPERRIGHTLATITUDE>	右上角纬度	float	
<UPPERRIGHTLONGITUDE>	右上角经度	float	
<LOWERLEFTLATITUDE>	左下角纬度	float	
<LOWERLEFTLONGITUDE>	左下角经度	float	
<LOWERRIGHTLATITUDE>	右下角纬度	float	
<LOWERRIGHTLONGITUDE>	右下角经度	float	
<ROWNUMBER>	产品行数	int	
<COLUMNNUMBER>	产品列数	int	
<PROJECTION>	投影信息	string	
<LATSTEP>	纬度步长	float	

续表

标签名	存放内容	数据类型	极限值或域值
<LONSTEP>	经度步长	float	
<UNITS>	单位	string	
<STATISTICPERIOD>	统计周期	int	
<PERIODSTARTTIME>	数据开始时间	string	
<PERIODENDTIME>	数据结束时间	string	
<MISSING>	缺省值	int	
<SLOPE>	比例因子	float	
<OFFSET>	偏移量	float	
<ORGANIZATION>	组织机构	string	

(3) 专题数据库内容。海洋遥感专题产品数据库包括叶绿素 a 浓度、海表温度和海面风场等。

海洋遥感专题产品数据库标准涉及的专题要素名称见表 7-4。

表 7-4　海洋遥感专题信息要素代码与名称

要素代码	要素名称	说明
1000000	叶绿素 a 浓度	
2000000	海表温度	
3000000	海流	
4000000	海面风场	
5000000	有效波高	
6000000	海面高度	

海洋遥感专题要素所对应的基本属性结构见表 7-5。

表 7-5　海洋遥感专题要素属性结构

名称	数据类型	说明
OBJECTID	NUMBER	ID 号
DATA_ID	NUMBER	数据 ID
PRODUCT_NAME	NVARCHAR2	产品名称
DATA_TYPE	NVARCHAR2	产品类型
SATELLITE_NAME	NVARCHAR2	卫星名
RECEIVING_TIME	DATE	接收时间

续表

名称	数据类型	说明
PROCESSING_CENTER	NVARCIIAR2	处理组织
ARCHIVING_CENTER	NVARCHAR2	归档组织
CENTER_LATITUDE	NUMBER	中心纬度
CENTER_LONGITUDE	NUMBER	中心经度
ROW_NUMBER	NUMBER	行数
COL_NUMBER	NUMBER	列数
LATSTEP	NUMBER	纬度步长
LONSTEP	NUMBER	经度步长
START_DATE	DATE	开始时间
END_DATE	DATE	结束时间
UNITS	NVARCHAR2	数据单位
FISHERY_AREA	NUMBER	渔场区域
DATA_SOURCE	NVARCHAR2	数据来源
STORAGE_CONFIG_ID	NUMBER	存储点 ID
DATA_PATH	NVARCHAR2	数据存储地址
META_FILE_NAME	NVARCHAR2	元数据文件名
SMALL_QUICK_LOOK	NVARCHAR2	小快视图文件名
BIG_QUICK_LOOK	NVARCHAR2	大快视图文件名
IMAGE_FILE_NAME	NVARCHAR2	图像文件名
DATA_VERSION	NVARCHAR2	数据版本
ORIGINAL_DATA_FILE_NAME	NVARCHAR2	原数据文件名
IS_FUSION	NUMBER	是否融合数据
FUSION_SOURCE_NUM	NUMBER	融合数据源个数
FUSION_SOURCE_STR	NVARCHAR2	融合数据源文件列表
PROCESSING_TIME	DATE	处理时间
SHAPE	SDE. ST_GEOMETRY	Shape 字段
JP2_FILE	NVARCHAR2	JP2 文件名
STANDARD_FILE	NVARCHAR2	已截取图像文件名

7.2　网络发布平台

渔场环境信息分发系统主要是以我国自主研发的海洋卫星获取的全球大洋区域的卫星遥感数据、“风云三号”(FY-3)卫星大洋数据和环境与减灾小卫星群的大洋数据为主，结合国内外其他卫星数据，经地理定位、辐射定标、大气校正、水色环境要素反演和动力环境要素反演等一系列的处理过程，形成面向全球大洋渔场的环境信息快速报及环境信息专题产品，建立大洋渔场环境信息网络发布平台，供我国渔业相关部门和大洋渔业生产船只上安装的配套的船载数据自动下载系统自动下载使用。

7.2.1　发布平台技术路线

数据分发共享及快速服务平台以互联网技术为基础，辅以电子邮件数据包等方式发布。具体来说，建立基于 WebGIS 技术的网络信息服务网站，实现用户随需、随时、随地索取。WebGIS 是 Web 技术和 GIS 技术结合的产物。在 WebGIS 中空间数据以图形、图像的形式发布到 Web 上，用户通过交互操作，得到所需要的空间信息。一般说来，无论是在概念设计、逻辑设计，还是在物理设计中，构建基于 Web 的空间信息发布模型都需要从客户端、应用服务器和数据库服务器三方面考虑，因此 WebGIS 平台上空间信息的发布大致有 3 种形式：基于服务器的技术、基于客户端的技术和基于服务器/客户端的混合技术。WebGIS 依托于互联网，结合万维网的网络功能，可实现全球化的 GIS 服务和数据共享。对主要以图形为信息载体的渔场信息产品来说，WebGIS 技术适合于渔场信息服务应用。WebGIS 渔场信息的网络发布技术应用体系结构如图 7-2 所示。

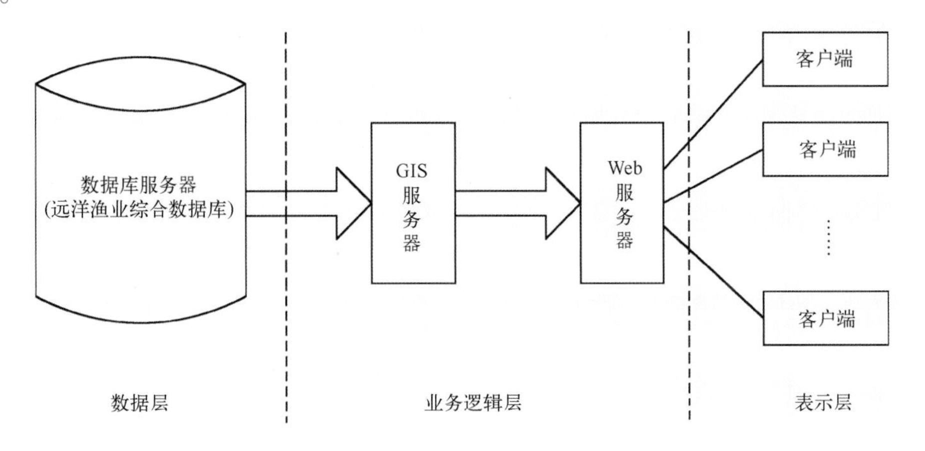

图 7-2　数据分发共享与快速服务平台技术路线

7.2.2 共享平台机制

整个数据共享平台是一个基于 B/S 结构、分布式的系统，被分别部署在不同的节点上，由主节点门户通过统一的信息共享平台为各用户节点提供数据信息共享服务。共享平台是一个多层次的共享系统，针对硬件条件和应用特点，国家卫星海洋应用中心作为主节点共享平台为其他分节点提供卫星遥感大洋渔场环境信息；上海海洋大学和中国水产科学研究院东海水产研究所作为分节点，通过数据共享平台实时提供的背景环境信息，进行渔情分析和预报；同时将分析和预报结果通过子节点共享端口反馈回主节点；通过门户网站对整个数据共享平台进行发布，作为船载移动平台，也实时将现场采集的海洋环境信息和渔情信息通过共享平台发送到主节点，用于海洋卫星数据的定标和检验，能有效提高卫星遥感渔场环境信息反演的精度和渔情预报的准确度。

7.2.3 共享平台建设

大洋渔场环境信息网络发布平台系统包括 7 个模块，每个模块实现了多个子功能，具体划分见表 7-6。

表 7-6　大洋渔场环境信息网络发布平台系统模块及功能

模块	子功能
系统首页	系统首页
用户身份认证模块	用户注册； 登录功能； 用户身份信息修改； 用户密码修改
渔场数据服务模块	最新数值预报数据[地图查询模式]； 最新卫星监测数据[地图查询模式]； 数值预报历史数据[地图查询模式]； 卫星监测历史数据[地图查询模式]； 数值预报历史数据[文字查询模式]； 卫星监测历史数据[文字查询模式]； 查询结果图片贴图； 查询结果数据下载[地图查询模式]； 查询结果数据下载[文字查询模式]

续表

模块	子功能
渔场情况介绍模块	渔场介绍； 渔市状况； 渔情分析
相关下载模块	软件资源； 共享文档
留言板模块	用户留言
门户内容管理模块	系统管理； 会员管理； 内容管理； 事务管理

(1)用户注册和登录。用户访问数据服务模块时，必须登录后才有权限进行数据查询和文件下载等。如果用户在未登录的状态下访问以上页面，则页面会提示用户先登录。用户登录的入口在页面的右上角，点击“登录”按钮，可以进入登录页面。登录成功后，系统显示登录用户 ID 相关的欢迎信息以及用户信息管理接口；注册表单页面提供用户所需填写的信息。信息分两部分：必填信息和可选信息。必填信息要求用户必须全部填写，如有空缺则页面无法提交；可选信息作为网站管理员辅助信息来源，用户可以选填。用户注册成功则转入登录页面(图 7-3)。

图 7-3　用户登录界面

(2)用户信息修改。可进行用户密码(图 7-4)和用户身份信息的修改(图 7-5)。其中，用户身份信息修改是修改用户注册的个人资料，用户名是不可修改的。

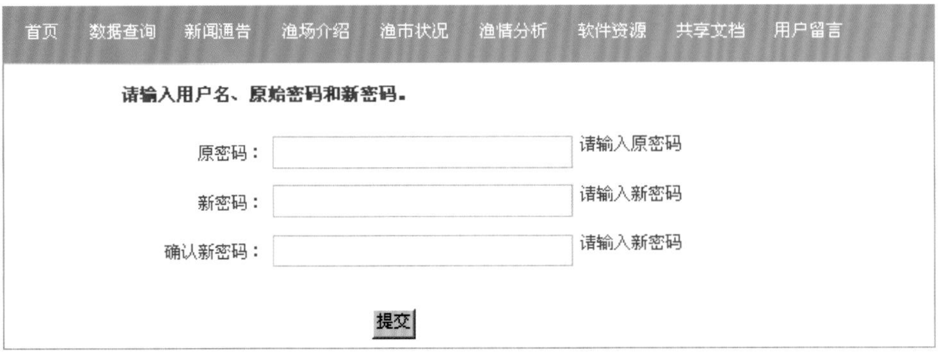

首页 数据查询 新闻通告 渔场介绍 渔市状况 渔情分析 软件资源 共享文档 用户留言

请输入用户名、原始密码和新密码。

原密码： 请输入原密码

新密码： 请输入新密码

确认新密码： 请输入新密码

提交

图 7-4 修改密码界面

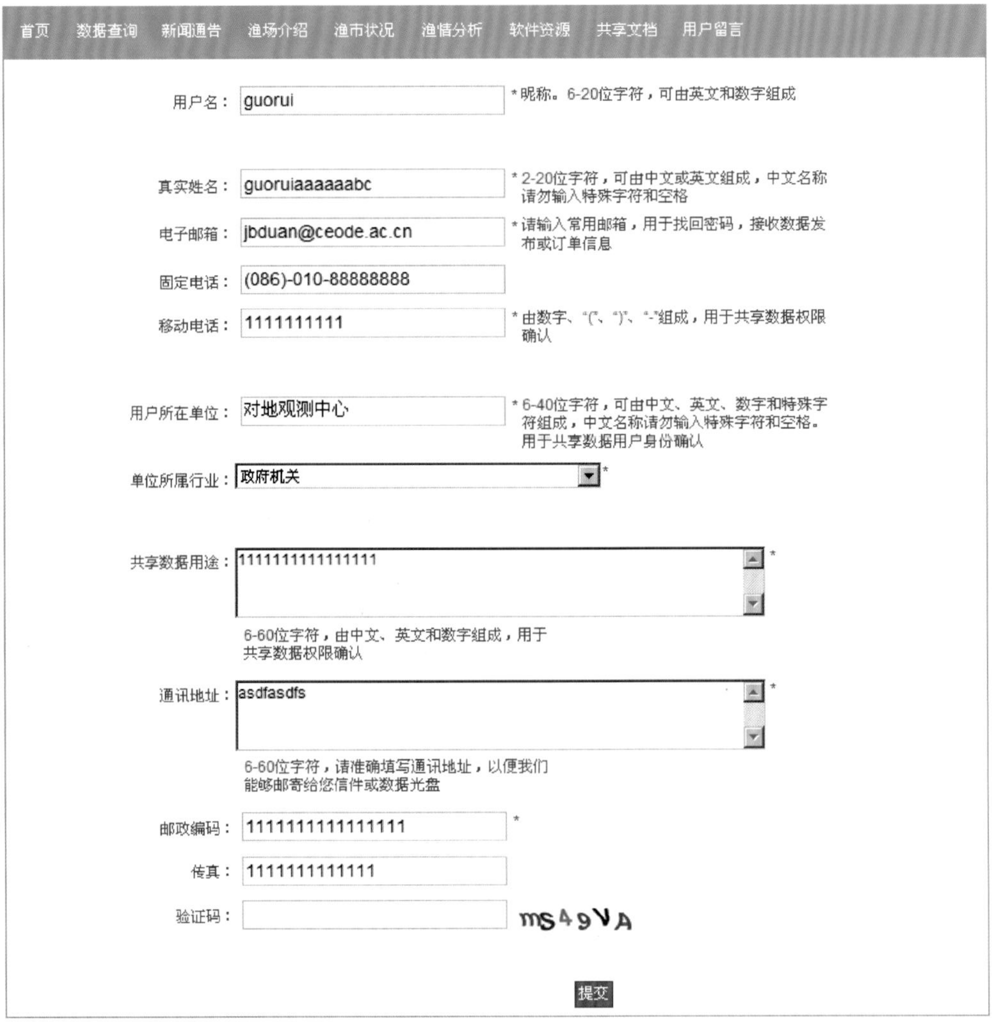

首页 数据查询 新闻通告 渔场介绍 渔市状况 渔情分析 软件资源 共享文档 用户留言

用户名： guorui *昵称。6-20位字符，可由英文和数字组成

真实姓名： guoruiaaaaaabc *2-20位字符，可由中文或英文组成，中文名称请勿输入特殊字符和空格

电子邮箱： jbduan@ceode.ac.cn *请输入常用邮箱，用于找回密码，接收数据发布或订单信息

固定电话： (086)-010-88888888

移动电话： 1111111111 *由数字、"("、")"、"-"组成，用于共享数据权限确认

用户所在单位： 对地观测中心 *6-40位字符，可由中文、英文、数字和特殊字符组成，中文名称请勿输入特殊字符和空格。用于共享数据用户身份确认

单位所属行业： 政府机关 *

共享数据用途： 1111111111111111 *

6-60位字符，由中文、英文和数字组成，用于共享数据权限确认

通讯地址： asdfasdfs *

6-60位字符，请准确填写通讯地址，以便我们能够邮寄给您信件或数据光盘

邮政编码： 1111111111111111 *

传真： 1111111111111

验证码： ms49VA

提交

图 7-5 用户身份信息修改界面

(3)渔场数据服务模块。该功能模块主要是通过网络向用户分发数值预报数据和卫星监测数据。网络发布的数据均分为最新数据展示(当日)和历史数据查询。其中，数值预报数据包括风场、温度、流、盐、温度断面、流断面、盐断面7种要素；卫星监测数据包括风、浪、流、叶绿素、海温、海面高度、典型海洋信息提取7种要素。该模块向用户分发的数据共分布在10个海区，包括西太平洋金枪鱼围网渔场区、西北太平洋柔鱼钓及秋刀鱼渔场区、西南大西洋阿根廷滑柔鱼渔场区、中东太平洋金枪鱼延绳钓渔场区、东南太平洋竹荚鱼拖网渔场区、中大西洋金枪鱼延绳钓渔场区、印度洋金枪鱼延绳钓重点渔场区、中国近海海域、智利竹荚鱼海域和秘鲁外海海域。用户对数据的访问权限依附于用户对海区的访问权限。该模块向用户发布数据的界面提供两种方式：地图查询模式和文字查询模式。

用户通过该模块获取自己所需的数值预报数据和卫星监测数据。该功能模块包括：最新数值预报数据[地图查询模式]；数值预报历史数据[地图查询模式]；最新卫星监测数据[地图查询模式]；卫星监测历史数据[地图查询模式]；数值预报历史数据[文字查询模式]；卫星监测历史数据[文字查询模式]；查询结果图片贴图功能；查询结果数据下载[地图查询模式]；查询结果数据下载[文字查询模式]。

(4)渔场情况介绍模块。该功能模块提供的是各大洋渔场区域的一些相关信息的介绍。

①渔场介绍：该功能的显示内容由门户网站提供。后台管理员在后台页面上输入介绍信息，点击大洋渔场的名称，即可在右侧显示出相关介绍信息(图7-6)。

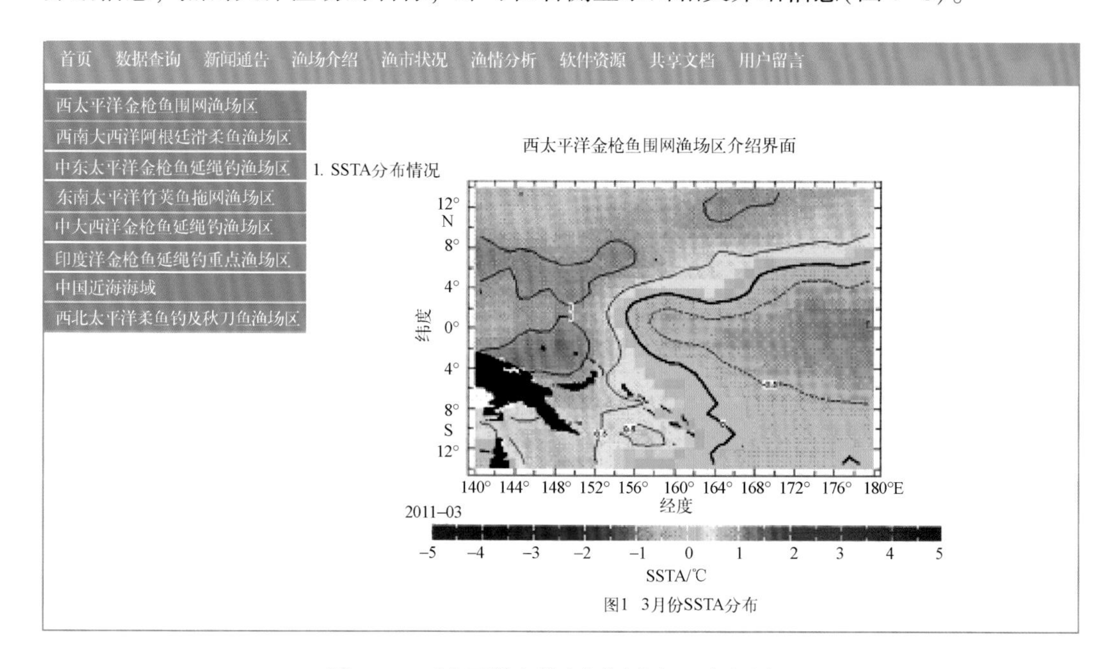

图7-6　西太平洋金枪鱼围网渔场区介绍界面

②渔市状况：该功能的显示内容由数据归档模块提供。系统把数据存档到数据库中，用户登录网站之后，可以获取所具有权限的状况文档(图 7-7)。如果没有登录网站，或者登录之后没有任何下载权限，系统会予以提示。

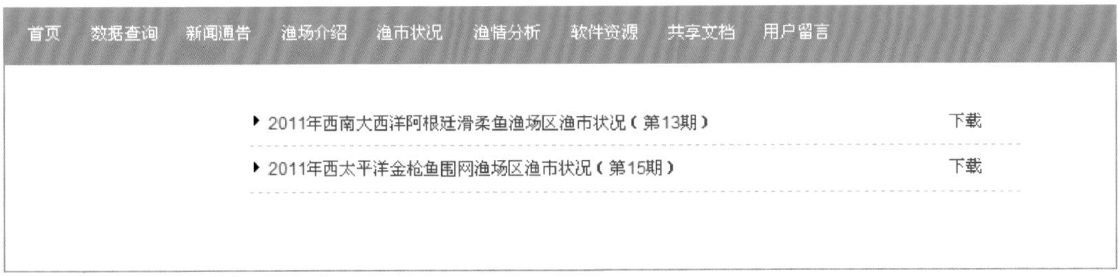

首页
数据查询
新闻通告
渔场介绍
渔市状况
渔情分析
软件资源
共享文档
用户留言
2011年西南大西洋阿根廷滑柔鱼渔场区渔市状况（第13期）
下载
2011年西太平洋金枪鱼围网渔场区渔市状况（第15期）
下载

图 7-7　渔市状况界面

③渔情分析：同渔市状况功能。

(5)相关下载模块。该模块提供海洋渔业服务相关文档以及一些常用工具的下载(图 7-8)。该部分要求用户登录后才可以使用，如果没有登录，在点击文档列表中下载按钮后，则跳转到登录页面。在该模块的两个用例中，都是向用户提供文件的下载，只是提供文件的类型不同。

首页
数据查询
新闻通告
渔场介绍
渔市状况
渔情分析
软件资源
共享文档
用户留言
说明
网站使用手册
下载

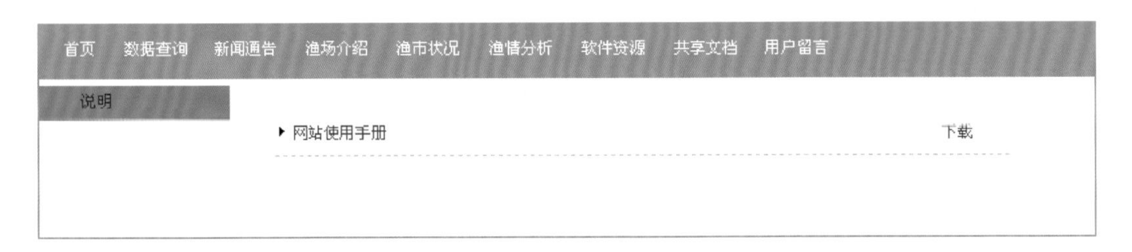

图 7-8　相关下载模块界面

(6)留言板模块。该模块是为了方便用户与系统管理员之间的沟通和交流，仅限于登录用户使用，用户在匿名情况下不可以提交自己的意见或者建议。要求用户输入留言标题，留言正文。留言板模块的界面如图 7-9 所示。

(7)门户内容管理模块。在系统中，系统管理员可分为超级管理员和各个模块管理员等。当一个模块管理员注册了 ID 之后，并未为其赋予任何权限。只有通过超级管理员为其赋予某种权限之后，模块管理员才能管理相关模块的信息。这样每个模块的管理员责任分明，有利于整个系统的管理。系统角色设置权限界面如图 7-10 所示。

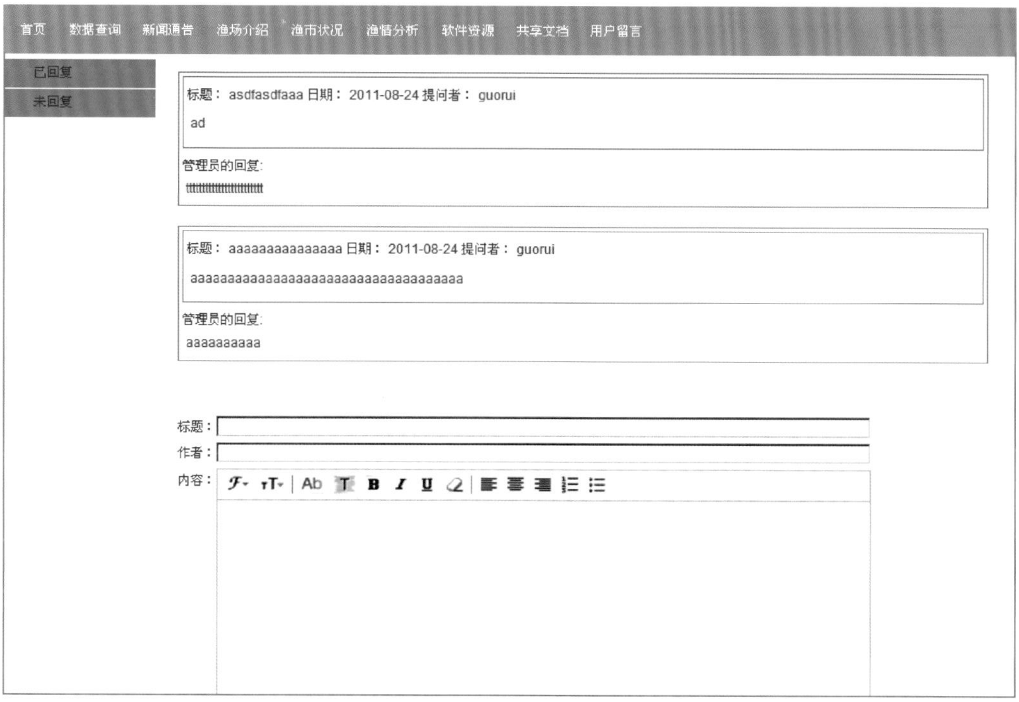

首页　数据查询　新闻通告　渔场介绍　渔市状况　渔情分析　软件资源　共享文档　用户留言

已回复

未回复

标题：asdfasdfaaa 日期：2011-08-24 提问者：guorui

ad

管理员的回复:

ttttttttttttttttttttttt

标题：aaaaaaaaaaaaaaa 日期：2011-08-24 提问者：guorui

aaaaaaaaaaaaaaaaaaaaaaaaaaaaaaaaaaaaa

管理员的回复:

aaaaaaaaaa

标题：

作者：

内容：

图 7-9　留言板界面

设置角色权限

未选择权限

权限名称	权限描述
角色管理	角色管理
用户管理	用户管理
会员级别	会员级别
图片模块	图片模块
目录模块	目录模块
新闻模块	新闻模块

置为已选权限　置为未选权限

已选择权限

权限名称	权限描述
会员列表	会员列表

图 7-10　设置管理员角色界面

该程序模块主要管理网站门户上的内容，包括图片管理、新闻模块、目录模块、文档模块、软件模块和渔场信息模块。

7.3 基于卫星广播的渔业信息快速发布系统

基于卫星广播的渔业信息快速发布系统在卫星广播系统和北斗导航系统基础上，采用统一的信息中心处理，实现前向高速数据广播分发及返向北斗链路信息回传、点播及位置信息上传(图 7-11)。在充分考虑用户应用需求的条件下，系统具有前向链路的广域信息广播及分发、船载终端点播或查询及船船之间的通信等多种不同的工作模式。

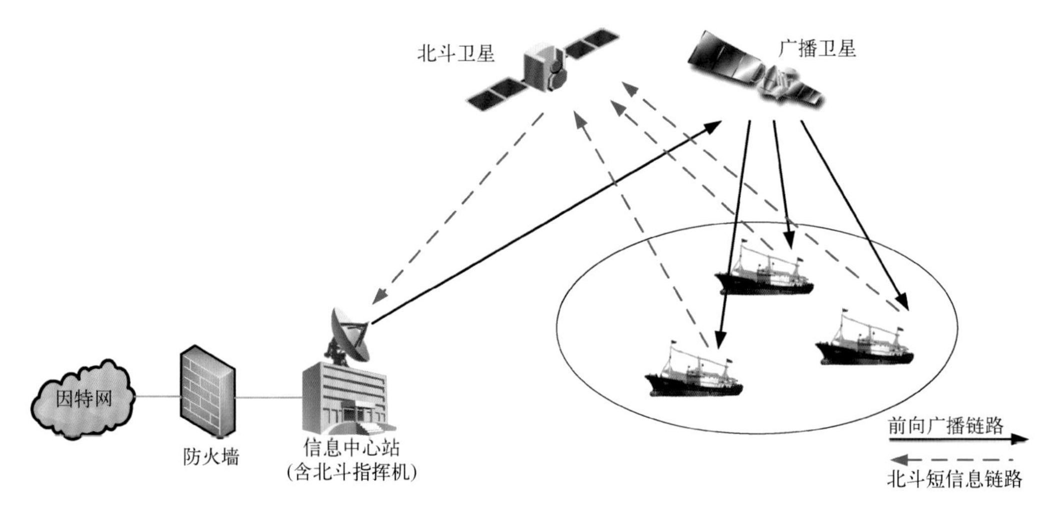

图 7-11　基于卫星广播的渔业信息快速发布系统示意图

(1)前向链路的广域信息广播及分发：信息中心站可以通过广播卫星以有条件地发布的广播方式，将实时气象信息、渔船密度信息、鱼群位置等信息广播分发给船载终端，各船载终端根据自身的接收权限及业务需求接收相应的信息，实现信息的有条件接收及应用。

(2)船载终端点播或查询：船载终端通过北斗短信息传输通道，向发布中心发送信息点播申请或查询请求，并上传自身的位置信息。业务系统对上传信息进行认证请求后，向相应终端单播(单个用户需求)或组播(多个用户需求)所查询或请求的数据，实现返向信息请求、查询。

(3)船船之间的通信：各船载终端还可以利用北斗卫星的短信息通道，实现船和船之间的通信。

7.3.1　链路设计

卫星传输链路参数计算是卫星传输系统总体设计的重要步骤，目的是根据卫星运营公司提供的卫星转发器给定的运行参数以及地球站站址、天馈线设备的技术指标，计算出上行地球站载波有效全向辐射功率，从而得知所需高功放的输出功率额定值。另外，从整个卫星传输系统的传输质量指标——比特差错率（BER）或给定接收机的载噪比门限值（E/N）TH，计算出整个传输链路载噪比的门限储量。通过计算机仿真，得到的达到误码性能要求时理想的信噪比门限 E_b/N_0（dB）= 4 dB。

卫星传输链路示意图如图 7-12 所示。

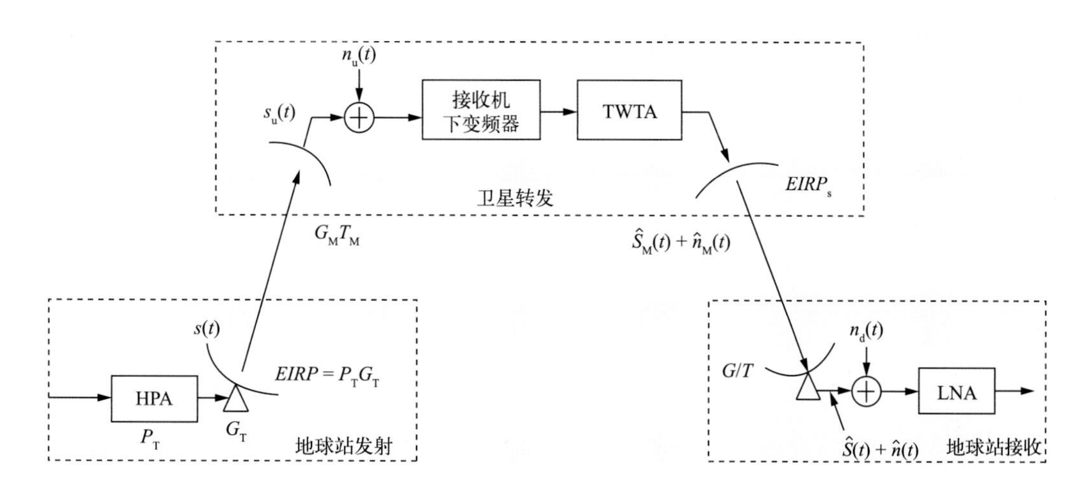

图 7-12　卫星传输链路示意图

$s_u(t)$是卫星接收到的载波电压；$n_u(t)$是平均值为 0 的加性白噪声，它将对$s_u(t)$产生干扰；

$s_u(t)+n_u(t)$是卫星接收到的载波加噪声电压；$EIRP$是卫星辐射强度（对接收到的信号进行转发）

接收站的接收能力是接收到的信号乘以接收天线增益再除以接收系统的噪声温度。

上行链路载噪比公式：

$$C_u/N_u(\text{dB}) = EIRP_E(\text{dBW}) - L_{pu} - L_{mu} + G_u/T_u(\text{dB/K}) - 10\log(k) - 10\log(B) \tag{7-1}$$

式中，$EIRP_E$为地球站等效全向辐射功率；G_u/T_u为卫星接收机的品质因素，其值越大，表示灵敏度越高。

下行链路载噪比公式：

$$C_d/N_d(\text{dB}) = EIRP_S(\text{dBW}) - L_{pd} - L_{md} + G_d/T_d(\text{dB/K}) - 10\log(k) - 10\log(B) \tag{7-2}$$

式中，C_d是最坏链路情况下接收到的载波功率；$EIRP_S$是卫星等效全向辐射功率；L_{pd}是上行或下行路经损耗；L_{md}是最坏链路情况下的附加损耗；G_d是对着发射机方向接收站天线的增益。

以“亚洲四号”卫星为例，通过链路计算可以得到表 7-7 所列指标。

表 7-7　链路计算表

指标	参数			
地球站天线直径/m	3.7	3.7	2.4	2.4
接收端天线直径/m	0.45	0.45	0.45	0.45
馈源发射总功率/W	16	25	16	25
地球站与卫星的距离/km	35 786	35 786	35 786	35 786
下行工作频率/GHz	12.5	12.5	12.5	12.5
上行工作频率/GHz	14.25	14.25	14.25	14.25
卫星天线效率	0.55	0.55	0.55	0.55
地面站天线效率	0.6	0.6	0.6	0.6
卫星 G/T 值/(dB/K)	9.0	9.0	9.0	9.0
卫星天线 $EIRP$/dBW	54	54	54	54
数据带宽/MHz	0.25	0.5	1	2
经计算，得到的上行链路参数				
地球站天线最大增益/dBi	52.62	52.62	48.86	48.86
地球站天线 $EIRP$/dBW	64.66	66.60	60.90	62.84
卫星饱和流量密度/(dBW/m^2)	-97.40	-95.46	-101.17	-99.22
上行自由空间损耗/dB	206.59	206.59	206.59	206.59
卫星天线的最大增益/dB	33.31	33.31	33.31	33.31
卫星天线接收到的信号功率/dBW	-108.16	-106.22	-104.18	-106.46
CN_0/dB	95.07	97.01	91.31	93.25
CN/dB	40.99	39.92	31.21	30.14
经计算，得到的下行链路参数				
地面站接收功率流量密度/(dBW/m^2)	-108.07	-108.07	-108.07	-108.07
下行自由空间损耗/dB	205.45	205.45	205.45	205.45
接收机天线的最大增益/dBi	33.18	33.18	33.18	33.18
接收机天线的接收功率/dBW	-118.27	-118.27	-118.27	-118.27
CN_0/dB	84.96	84.96	84.96	84.96
CN/dB	30.88	27.87	24.86	21.85

根据计算结构，中心站用 2.4 m 天线，25 W 功放，能支持 98.4 kbit/s 至 4.134 4 Mbit/s 的发布速率。具体收发参数如下：

- 中心站天线尺寸：2.4 m；
- 中心站功放：25 W；
- 接收站天线≥0.45 m；
- 前向传输速率：98.4 kbit/s 至 4.134 4 Mbit/s。

7.3.2　信息中心站设计

信息中心站由中心站 IDU 设备、北斗指挥机、天馈单元以及业务软件系统等部分组成。其中，中心站 IDU 设备完成前向广播信号的调制；北斗指挥机完成北斗短信息的收发；天馈单元包括天线和 LNB，实现调制信号的上星广播发布；业务软件系统实现信息中心站的管理、控制以及业务发布，包括播控服务软件、系统管理服务软件、广播服务软件、存储服务软件、卫星网关软件、北斗信息服务软件及安全管理服务软件等，根据信息中心站的实际处理能力，这些软件可以部署到一台或多台通用服务器上。图 7-13 给出了信息中心站的组成，其中业务软件分别部署到不同服务器上，构成了不同的业务系统设备(如播控服务设备、广播服务设备、北斗服务设备、系统管理设备、存储服务设备、安全管理设备以及卫星网关设备)。

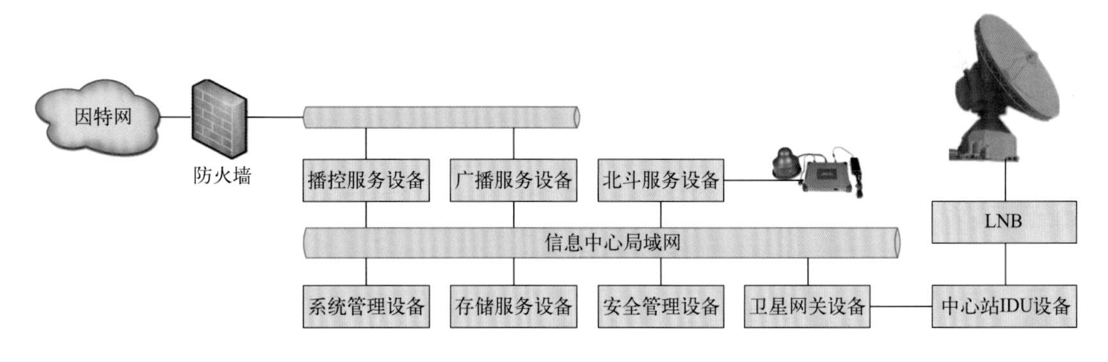

图 7-13　信息中心站设备方案

信息中心站是发布信息集中上星点，支持低速、中速和高速业务的发布，兼顾大、中、小型用户终端和不同卫星信道条件下的接收能力。信息中心站的功能设计涉及信息复接处理、有条件接收控制、返向信息集中处理、前向复接体制、编码调制体制、链路层体制和网络层体制等。

复接、信道纠错编码与调制体制：前向广播链路采用自适应时分复接 A-TDM (Adaptive TDM)方式。A-TDM 根据发布业务需求与信道条件、船载终端接收状况，选择合适的码率、调制方式与扩频比对发布业务数据进行相应的编码、调制、扩频处理。不同发布速率的数据帧按速率从低到高的顺序时分复接在一个超帧中，形成一个物理帧进行传输。

链路层传输体制：前向链路链路层采用定长信元传输协议，以统一的定长信元链路帧格式动态复接传输各种类型的业务。

前向链路资源管理：前向广播链路资源管理及业务服务质量保障策略采用基于业务服务质量(QoS)分类的资源管理。根据业务特征、业务QoS需求与优先级需求，将业务进行QoS与优先级分类和标识，在业务接入过程中，发布管理单元根据系统当前链路资源分配情况和业务发布需求确定接入业务的资源使用情况，进行业务级的发布调度管理，形成预定的发布配置和发布节目单。发布管理服务器和卫星链路网关在实施发布的过程中，根据业务的QoS分类标识以及发布配置，进行相应的分组级和定长信元级的发布调度处理，实现链路资源共享和业务QoS性能保障。

授权管理：信息中心站可对接收终端用户进行动态授权管理。授权管理支持集中式和分级两种管理模式，支持的授权管理级别超过256级，分级管理支持业务部门数不少于16个。授权管理系统管理级别超过256级，支持安全级别模型的规划和更新，支持在线和离线两种方式。

信息中心站主要包括前向信息发布和返向信息的请求两类工作模式，具体的工作流程如下。

前向信息发布：各业务系统根据用户要求或者返向请求提交播控服务设备进行资源申请，播控服务设备分配资源和查询安全管理设备的授权信息；如果资源充足并且有授权信息，播控服务器进行资源分配，分配资源后，数据信息通过防火墙接入到广播服务设备；广播服务设备按照播控服务设备要求接收用户业务系统的数据信息并发送到存储服务设备进行缓存再发送到卫星网关设备(对于实时数据可直接发送到卫星网关设备)；卫星网关设备完成对各发布业务的汇集、QoS队列调度及预复接，同时通过安全管理设备对信息进行加密，然后通过中心站IDU设备完成信号的调制，通过LNB和天线发布到广播卫星，最后传送到船载终端。

返向信息请求：船载终端在用户提交信息请求后，通过北斗短信息通道发送到北斗卫星，传送信息给信息中心站北斗指挥机，北斗指挥机接收信息，并将收到的信息传送给北斗服务设备，北斗服务设备对请求信息进行处理后，提交用户端或者传送给播控服务器对请求信息进行资源和权限判断，播控服务器根据判断情况决定是否进行信息发布。

海洋渔业综合信息服务平台系统中心站主要基于成都国恒空间技术工程股份有限公司自主研发的 GStar 系统，中心站控制设备如图 7-14 所示。

图 7-14　中心站机柜

7.3.3　中心站信息应用系统

中心站信息应用系统完成同其他系统的数据信息交互以及同各终端站相关信息的转发与接收，主要是对海洋渔业综合信息服务平台进行控制与管理，主要负责广播信息的汇集、资源的调度以及信息的前向广播。负责从国家卫星海洋应用中心 FTP 服务器下载渔业生产信息等文件，并组装成内部定义的协议格式的文件，通过传输信号的调制，发射到卫星传输信道；中心站通过北斗指挥机，接收从船载北斗用户机回传的数据并组装成文件，通过 FTP 上传到 FTP 服务器对应的文件夹。

中心站信息应用系统主要由系统管理控制台、播控软件、发布软件、卫星网关软件、安全服务软件、北斗服务软件以及用户交互端软件等部分组成，各单元交互关系如图 7-15 所示。

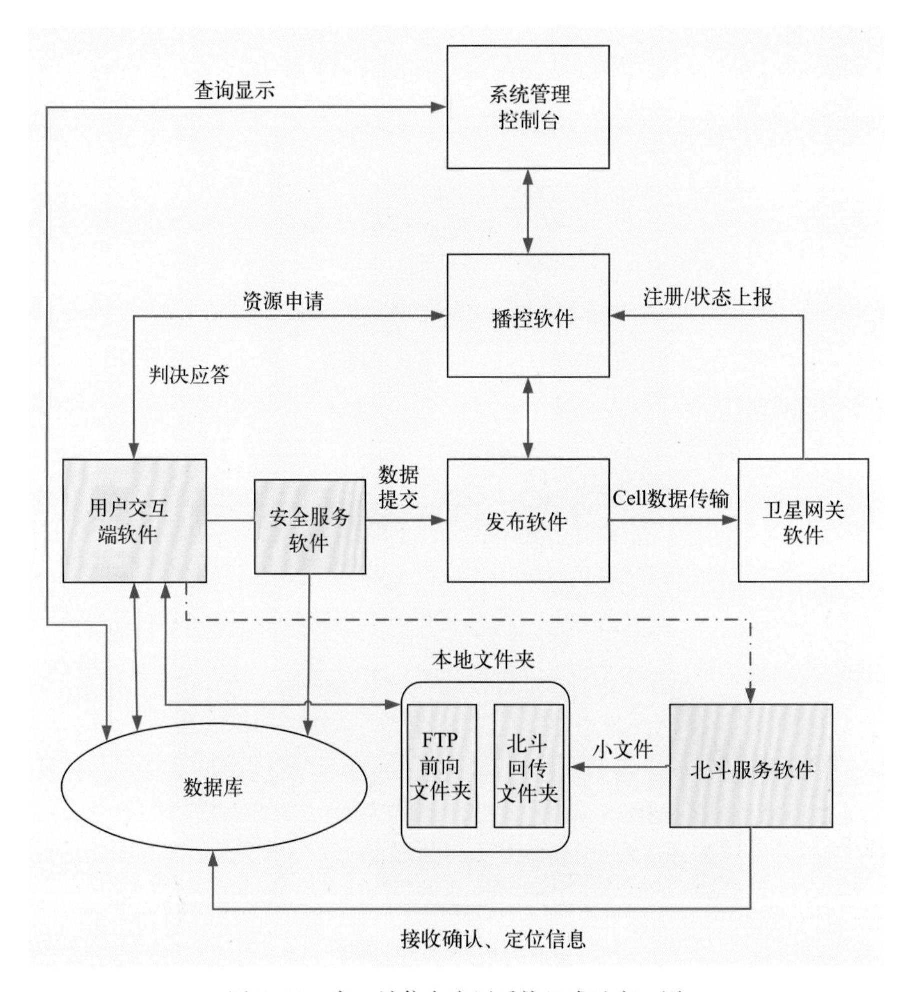

图 7-15　中心站信息应用系统组成及交互图

海洋渔业综合信息服务平台中心站信息应用系统主要具有以下功能。

(1)实现与国家卫星海洋应用中心系统数据交互的 API 接口。

(2)实现短消息、文件、图片和视频等业务的前向传输。

(3)实现前向业务的广播以及组播等功能。

(4)实现前向业务的加密功能。

(5)实现群组管理功能。

(6)具备北斗返向监收以及前向发送功能。

(7)实现多个子用户的定位和通信信息的监收管理。

中心站控制平台界面以及安全管理控制平台界面如图 7-16 所示。

(a) 中心站文件业务控制平台界面

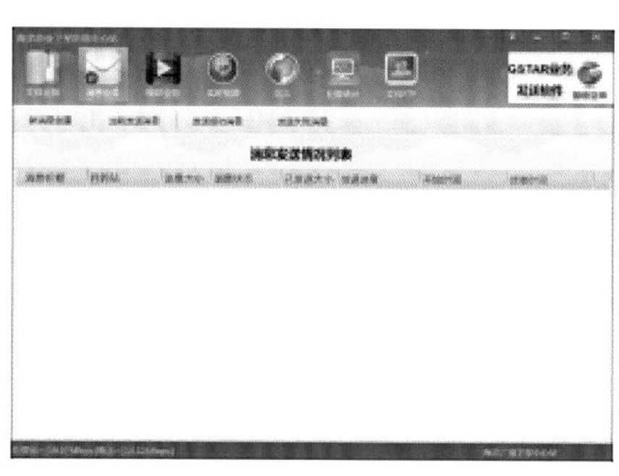
(b) 中心站短消息业务控制平台界面

(c) 中心站视频业务传输控制平台界面

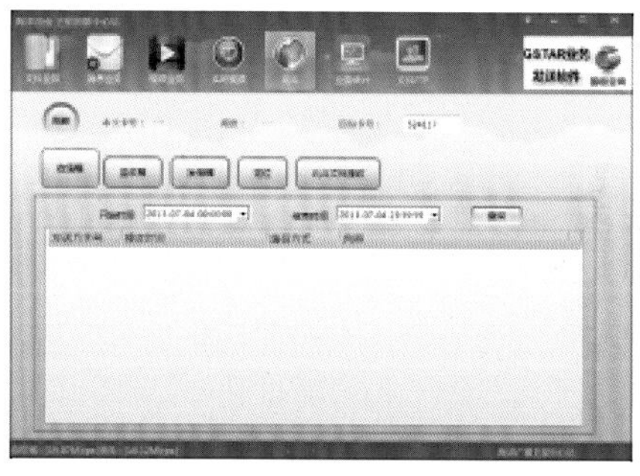
(d) 中心站北斗业务控制平台界面

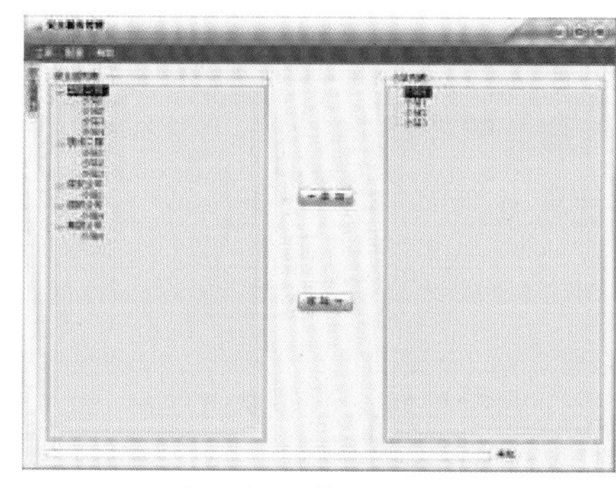
(e) 中心站安全管理控制平台界面

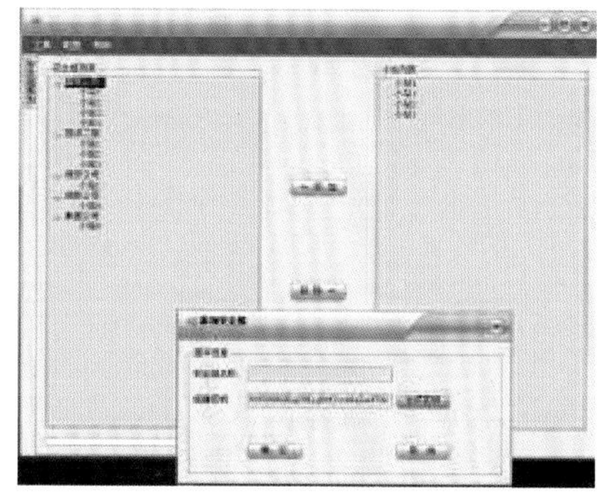
(f) 中心站安全管理控制平台界面

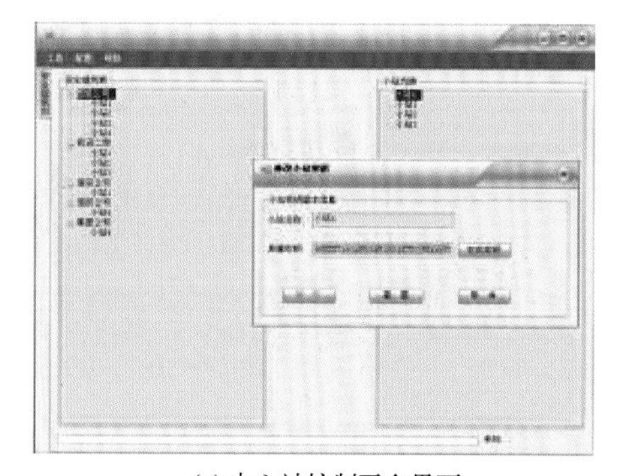
(g) 中心站控制平台界面

图 7-16　中心站信息应用系统各主要界面

7.4 船载版渔情预报及渔捞日志应用系统

船载版渔情预报及渔捞日志应用系统在不依赖于第三方软件基础上，基于 VC++全底层开发完全自主知识产权的专门针对远洋渔业的信息与决策服务系统，主要技术内容包括：电子海图和专题图的分级、分层显示；地图投影基于墨卡托、高斯-克里格等多种方式，坐标系基于 WGS84；矢量数据、遥感数据和各种调查点等数据管理；船舶实时监控和历史轨迹回放；数据查询及其统计分析与可视化；空间数据插值算法；空间拓扑分析；数据转换；专题图制作等。

该系统主要功能包括以下几项。

(1)船位监控。首先是通过 GPS 按不断时间段自动实时获取船位并自动保存数据库；其次可随意选取某一时间段进行船位轨迹的回放；再者也可以将船位信息自动打包传输到陆地服务器。

(2)生产管理。该功能能够实现生产数据的统计分析，以及按时间进行渔获数据的空间叠加与分析，并能够自动统计公海海域和专属经济区海域的产量。

(3)电子渔捞日志。该功能能够按照中国远洋渔业协会和各区域性国际渔业组织的要求进行生产信息的填报、统计与分析，生成不同组织所需的电子报表(如航次报、月报、季度报)，同时也可实时将渔捞日志传输至陆地服务器。

(4)海况信息。该模块能够提供相关时间分辨率(日、周、旬和月)、三大洋任一海域的海表温度、海面高度和叶绿素等信息产品，以及海表温度距平值；同时，也可提供相关海域的风浪流等信息产品。

(5)渔情预报。该模块根据不同渔种和不同作业海域建立相应的渔情预报模型，输入实时的海洋环境信息，实现任一时间段的渔情预报分析图。

(6)后勤服务。该模块不仅能够实时记录渔需物质库存量以及变化趋势等相关信息，同时也可以实现物流申请单、加油申请单、卸货记录、电子邮件、人员信息等填报与管理，并实时传送到陆地，为渔船生产提供后勤保障。

该系统分为数据层、数据服务层和应用层。数据层基于数据服务层的自动抓取服务，从相关地址定期自动获取渔业渔海况卫星遥感数据进行分类存储，主要有全球海面高度分布图、海表温度分布图、叶绿素分布图、海表温度距平值(SSTA)、海表温度水平梯度(GSST)、海面高度距平值(SSHA)和表层海流及其流向等，数据多源、数据区域范围和格式不同，互为补充(图 7-17)。数据服务层包括以下几项：①标准化数据处理。把自动获取的卫星遥感数据统一成 NetCDF (network common data form)网络通用数据格式，并建立空间索引；②区域检索服务。考虑到远洋船上用户需求数据的区域性，仅需发送关注区域的相关数据，通过区域检索服务自动定位数据；③数据无损压缩和数据加密。研究相关无损压缩算法和数据加密算法，减少网络传输量，节省通信费用，提高网络传输安全性；④数据传输服务。建立数据服务，船载系统通过 TCP/IP 协议主动建立连接，以二进制字节流的方式获取相关数据。应用层可提供查询准实时和历史渔业渔海况信息、标注记录位置点关心的重要信息、查询渔情预报模型辅助渔区研判。

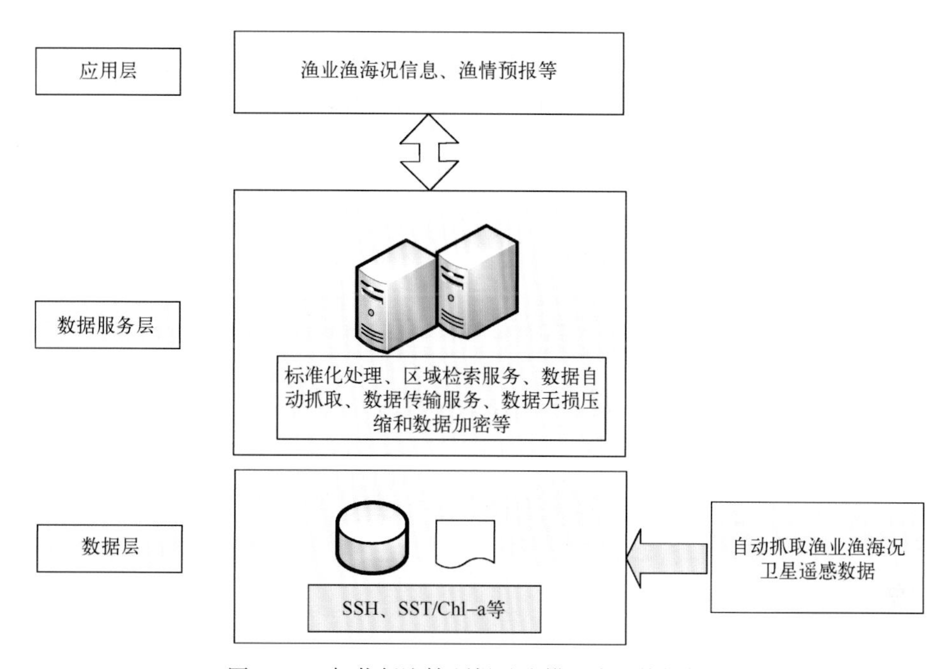

图 7-17　船载版渔情预报及渔捞日志系统框架图

电子海图引擎是整个信息展现的基础，提供电子海图基本操作(放大、缩小和漫游等)、显示配置(经纬网、比例尺、区域、指北针、色标等)、图层管理(可视、添加/删除、显示顺序调整等)、图元操作(位置、尺寸或删除等)、测量(长度和面积)、图形图像显示(矢量图形和卫星遥感图等)、标注(文字和符号)、渔情预报模块等。自主研发电子地图引擎，使地图引擎有更好的鲁棒性、运行效率、可扩展性、可移植性，同时兼顾图形图像展示效果。

系统采用基于卫星通信的无损伤渔业信息压缩与加密技术。利用 FB-250 通信接收设备，通过卫星通信手段，在原有压缩技术的基础上，采用压缩字节流的方式，实现无损伤超大比的压缩，从而大大降低陆地-渔船的卫星通信费用，为实现在线渔情预报与信息服务创造了条件。另外，数据加密技术的引入，也有利于提高网络传输安全性。

根据不同的作业渔种和不同的作业渔区，船载版渔情预报及渔捞日志系统分为10个版本(图7-18至图7-24)，分别为西北太平洋柔鱼、东南太平洋秘鲁茎柔鱼、西南大西洋阿根廷滑柔鱼、东南太平洋智利竹荚鱼、大西洋拖网竹荚鱼、中东太平洋金枪鱼、中西太平洋金枪鱼、印度洋金枪鱼、南太平洋金枪鱼和南极磷虾。本书选择东南太平洋秘鲁茎柔鱼为代表介绍船载版渔情预报及渔捞日志应用系统，系统界面简单明了，左半部分为操作界面，右半部分为显示界面。船载版渔情预报及渔捞日志应用系统主要针对NOAA AVHRR、MODIS Aqua、NOAA SeaWiFS、CNES Jason，以及中国HY-2卫星遥感资料，获取海表温度、海面高度、海表温度异常、叶绿素浓度等海洋环境因素，然后利用栖息地适宜性指数、频度分析、神经网络算法等方法构建远洋渔种资源空间信息分布与海洋环境之间的关系，并建立专家模型，进行渔情预报。根据渔情预报模型计算出渔场分布概率的大小，将渔情预报结果划分为好、较好、一般和差4个等级。系统充分发挥了遥感和地理信息系统在远洋渔业捕捞上作用，从而提高作业产量。电子渔捞日志能给用户填写渔捞日志带来更多的好处，方便填写，存档安全，能使企业更好地管理，并且符合国际渔业组织的规定，与国际接轨。系统灵巧、易安装使用，性能高效、运行稳定，方便用户在复杂的海上环境熟练地操作软件。

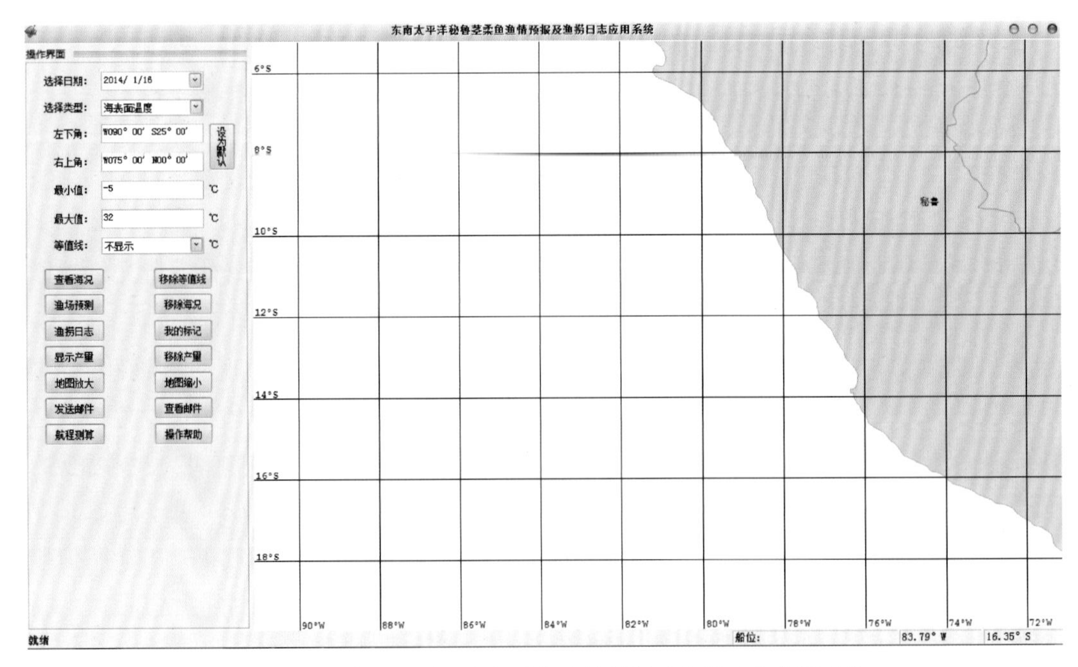

图7-18　东南太平洋秘鲁茎柔鱼渔情预报及渔捞日志应用系统

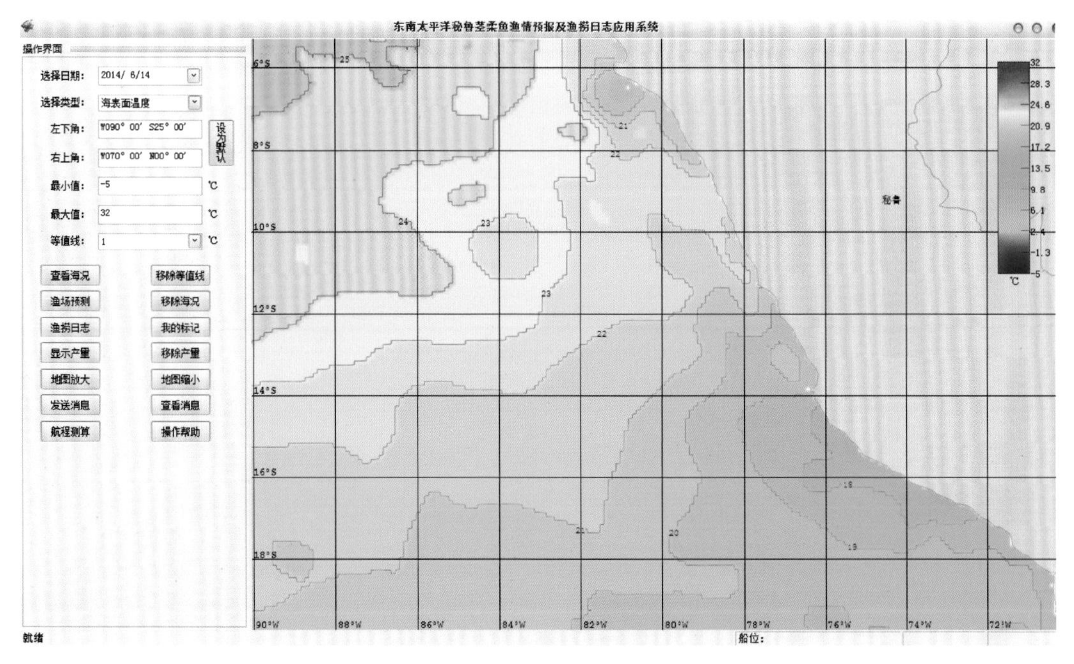

图 7-19　海表温度获取

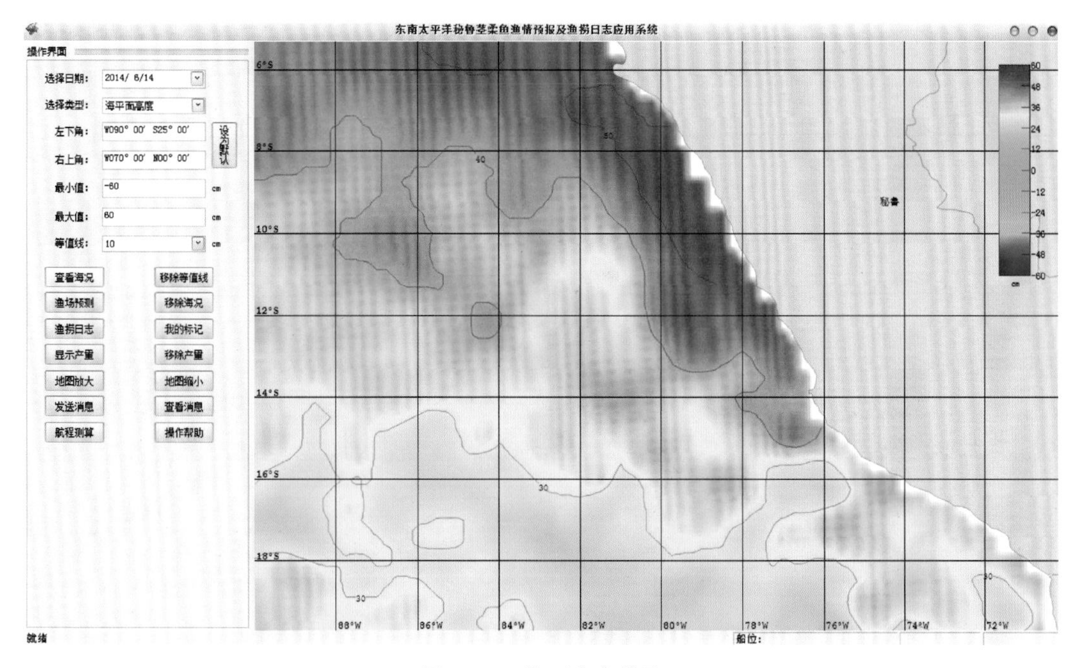

图 7-20　海面高度获取

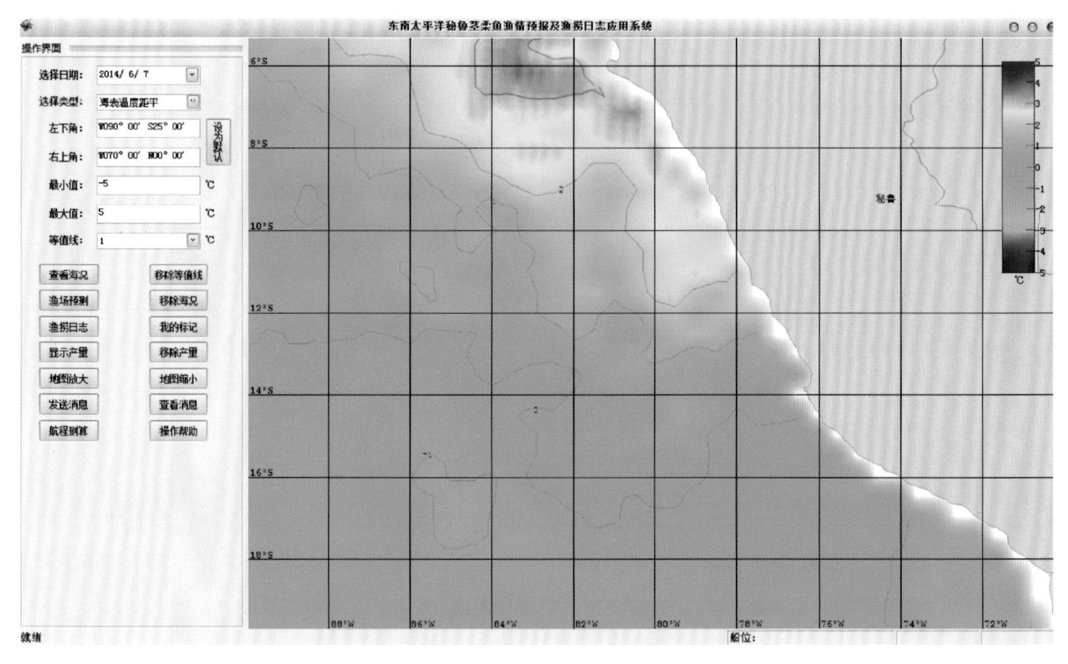

图 7-21 海表温度异常获取

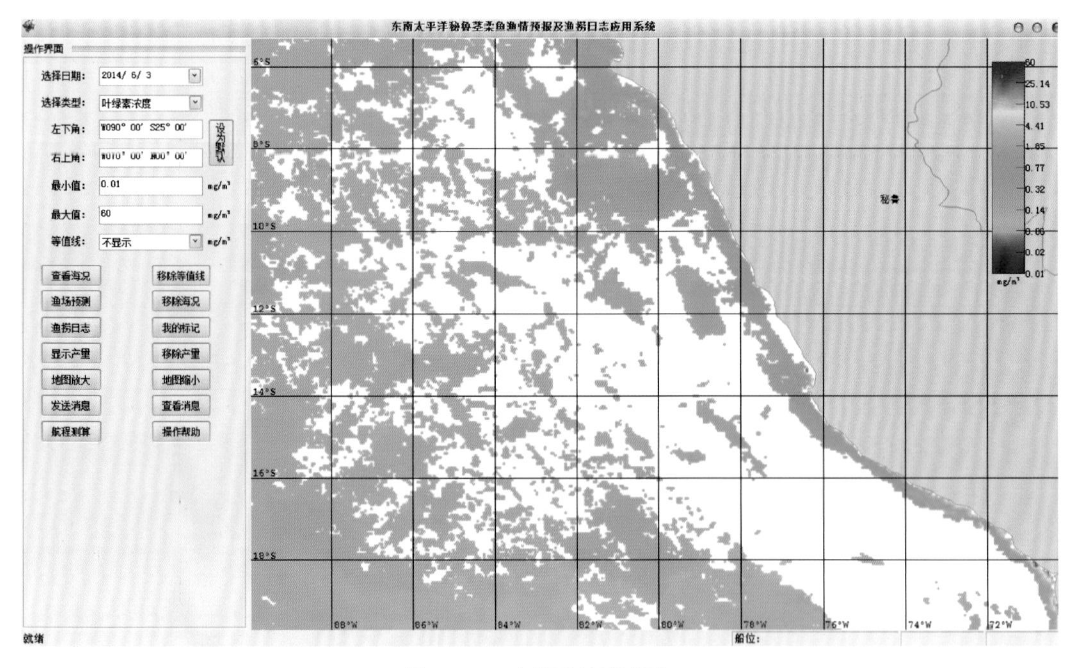

图 7-22 叶绿素浓度获取

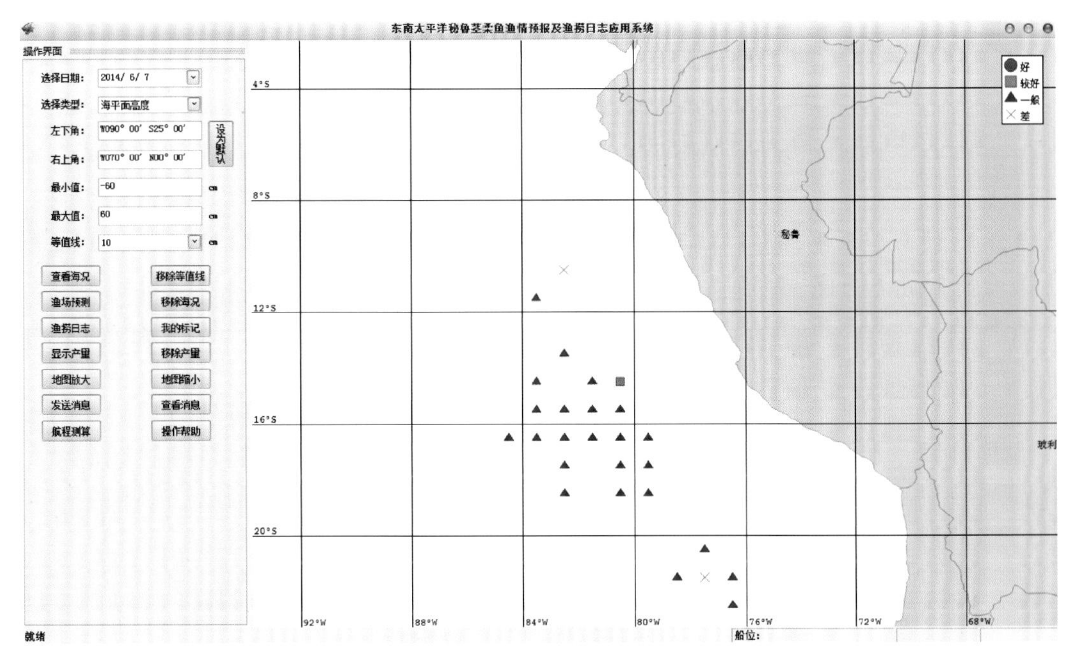

图 7-23　渔情预报结果显示

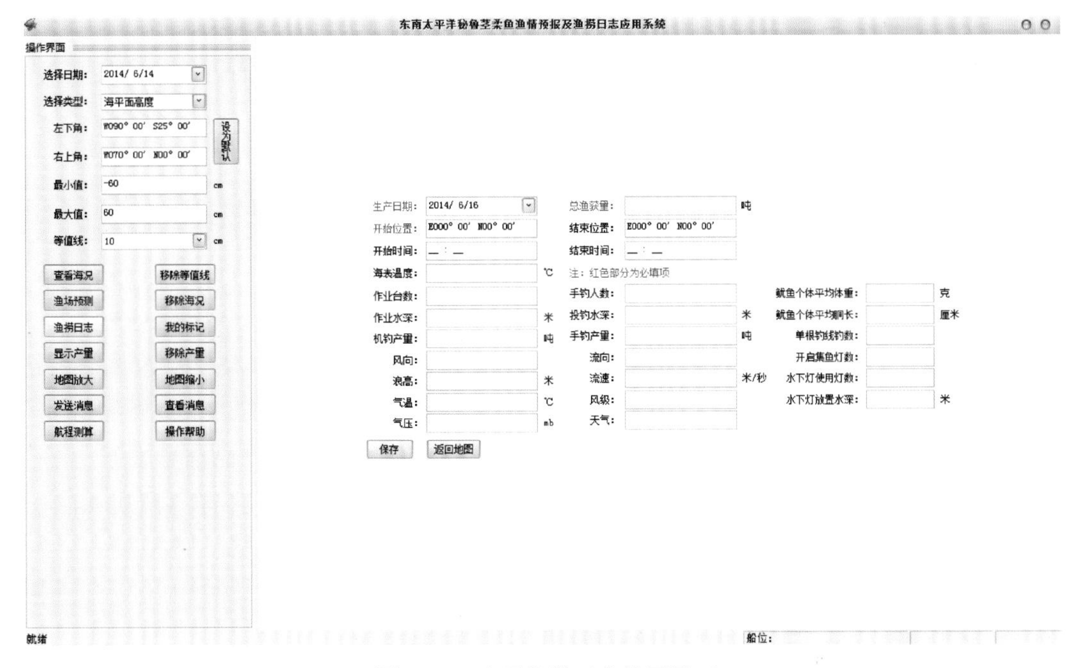

图 7-24　电子渔捞日志填写界面

7.5 产业化运行机制

借鉴日本的渔业信息服务模式，我国遥感渔业信息服务技术系统的业务化运行主要目标是服务我国大洋渔业生产与管理，其目标定位是实现公益性为主的业务化运行。在科技、农业、财政等相关主管部门的支持下，以相关科研院所和远洋渔业企业等为协作运行单位，以国家卫星海洋应用中心为业务化运行单位，实现系统的业务化运行（图 7–25）。信息产品业务运行实时为相关用户提供大洋渔场环境信息服务和专题产品服务，并通过该渔情信息服务系统分发于最终用户。

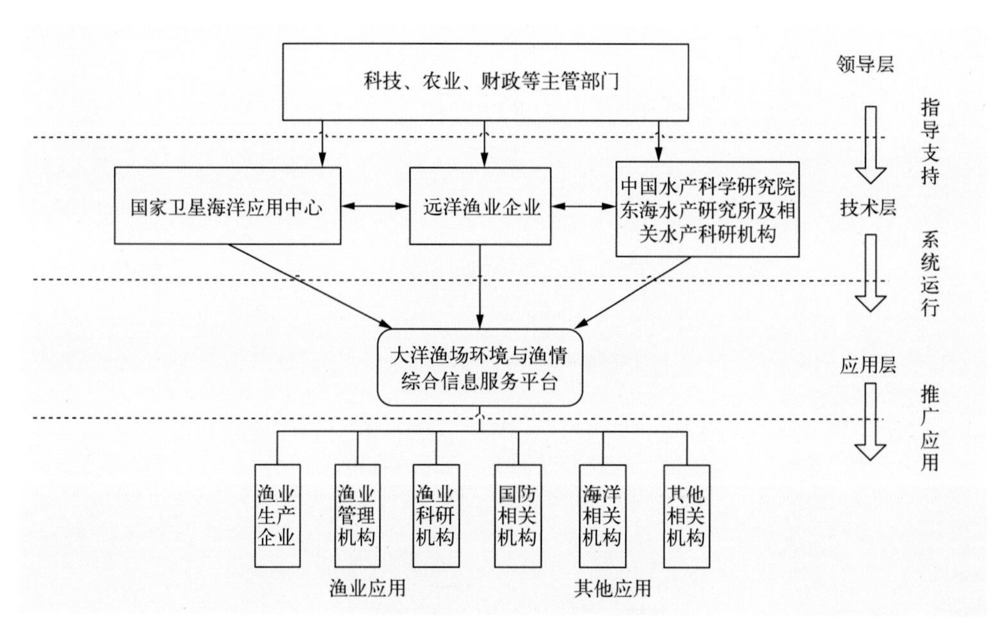

图 7–25　业务化运行机制框架

制定业务化运行规范：主要根据应用需求和信息产品制作流程，建立规范化的业务化运行流程，包括数据规范化、信息产品规范化、信息产品发布规范化和人员规范化等。

信息服务功能：卫星遥感资料服务、海洋环境信息服务和专题产品信息服务。

信息服务对象：包括渔业各级管理机构、渔业生产企业、渔业海洋科研机构和国防相关部门等。

系统技术支撑与保障：在系统研发参与单位完成研发任务后，组建技术支持工作组，共同负责系统运行维护中的各种问题。

系统业务化运行管理模式：系统业务化运行管理模式采用以政府主导的业务运行模式，吸收国外商业化运行的经验，同有关渔业公司、渔业协会构建系统业务化运行共同体。

参考文献

陈新军，1995. 西北太平洋柔鱼渔场与水温因子的关系[J]. 上海水产大学学报，4(3)：181-185.

陈新军，2014. 渔业资源与渔场学：第2版[M]. 北京：海洋出版社.

陈新军，2015. 渔情预报学[M]. 北京：海洋出版社.

陈新军，陈峰，高峰，等，2012. 基于水温垂直结构的西北太平洋柔鱼栖息地模型构建[J]. 中国海洋大学学报，42(6)：52-60.

陈新军，高峰，官文江，等，2013. 渔情预报技术及模型研究进展[J]. 水产学报，37(8)：1270-1280.

陈新军，刘必林，田思泉，等，2009. 利用基于表温因子的栖息地模型预测西北太平洋柔鱼(Ommastrephes bartramii)渔场[J]. 海洋与湖沼，40(6)：707-713.

陈新军，郑波，2007. 中西太平洋金枪鱼围网渔业鲣鱼资源的时空分布[J]. 海洋学研究，25(2)：13-22.

范江涛，陈新军，钱卫国，等，2011. 南太平洋长鳍金枪鱼渔场预报模型研究[J]. 广东海洋大学学报，31(6)：61-67.

樊伟，陈雪忠，沈新强，2006. 基于贝叶斯原理的大洋金枪鱼渔场速预报模型研究[J]. 中国水产科学，13(3)：426-431.

方宇，邹晓荣，张敏，等，2010. 东南太平洋智利竹荚鱼栖息地指数的比较研究[J]. 海洋渔业，32(2)：178-185.

冯芒，沙文钰，李岩，等，2004. 近海近岸海浪的研究进展[J]. 解放军理工大学学报(自然科学版)，5(6)：70-76.

李曰嵩，陈新军，杨红，2012. 基于个体的东海鲐鱼生长初期生态模型的构建[J]. 应用生态学报，23(6)：1695-1703.

刘松涛，严卫，2006. 星载微波辐射计反演洋面非降水云区水汽总量的研究[J]. 气象科技，34(3)：319-325.

卢勇夺，2012. FY-3B MWRI 在轨数据质量评价与海表面温度、风速反演研究[D]. 青岛：中国海洋大学.

牛明香，李显森，徐玉成，2012. 基于广义可加模型和案例推理的东南太平洋智利竹荚鱼中心渔场预报[J]. 海洋环境科学，31(1)：30-33.

任中华，陈新军，方学燕，2014. 基于栖息地指数的东太平洋长鳍金枪鱼渔场分析[J]. 海洋渔业，36(5)：385-395.

孙立娥，王进，崔廷伟，等，2012. FY-3B 微波成像仪海表面温度和风速统计反演算法[J]. 遥感学

报，16(6)：1262-1271

王广运，王海瑛，1995. 卫星测高原理[M]. 北京：科学出版社：29.

王雨，傅云飞，刘奇，等，2011. 一种基于 TMI 观测结果的海表温度反演算法[J]. 气象学报，69(1)：149-160.

王振占，鲍靖华，李芸，等，2014. 海洋二号卫星扫描辐射计海洋参数反演算法研究[J]. 中国工程科学，16(6)：70-82.

王振占，李芸，2005. 神舟四号飞船微波辐射计定标和检验(Ⅱ)——微波辐射计地物参数反演及其检验[J]. 遥感学报，9(1)：39-44.

王振占，李芸，2009. 利用星载微波辐射计 AMSR-E 数据反演海洋地球物理参数[J]. 遥感学报，13(3)：355-370.

伍玉梅，何宜军，张彪，2007. 利用 AMSR-E 资料反演实时海面气象参数的个例[J]. 高技术通讯，17(6)：633-637.

殷晓斌，刘玉光，王振占，等，2006. 一种用于微波辐射计遥感海表面盐度和温度的反演算法[J/OL]. 中国科学：地球科学，36(10)：968-976. [2022-12-10]. https://d.wanfangdata.com.cn/periodical/zgkx-cd200610009. DOI：10.3969/j.issn.1674-7240.2006.10.009.

周武，林明森，李延民，等，2013. 海洋二号扫描微波辐射计冷空定标和地球物理参数反演研究[J]. 中国工程科学，15(7)：75-80.

ALVES J H G M, BANNER M L, 2003. Performance of a saturation-based dissipation-rate source term in modeling the fetch-limited evolution of wind waves[J]. Journal of Physical Oceanography, 33(6): 1274-1298.

ANDRADE H A, GARCIA A E, 1999. Skipjack tuna in relation to sea surface temperature off the southern Brazilian coast[J]. Fisheries Oceanography, 8(4): 245-254.

BARRICK D E, 1972. Remote sensing of sea state by radar[M]//DERR V E. Remote Sensing of the Troposphere. Washington D. C.: US Government Printing Office: 12-46.

BATTJES J A, JANSSEN P A E M, 1978. Energy loss and set-up due to breaking of random waves[J]. Coastal Engineering Proceeding, 1(16): 569-587.

BERGTHORSON P, DÖÖS B R, 1955. Numerical weather map analysis[J]. Tellus, 7(3): 329-340.

BERTRAND A, JOSSE E, BACH P, et al., 2002. Hydrological and trophic characteristics of tuna habitat: consequences on tuna distribution and longline catchability[J]. Canadian Journal of Fisheries and Aquatic Sciences, 59(6): 1002-1013.

BOOIJ N, HOLTHUIJSEN L H , 1987. Propagation of ocean waves in discrete spectral wave models[J]. Journal of Computational Physics, 68(2): 307-326.

BROWN G S, 1977. The average impulse response of a rough surface and its applications[J]. IEEE Transactions on Antennas and Propagation, 25(1): 67- 74.

BROWNING G L, KREISS H O, 1986. Scaling and computation of smooth atmospheric motions[J]. Tellus, 38A(4): 295-313.

BRYDON D, SUN S, BLECK R, 1999. A new approximation of the equation of state for seawater, suitable for numerical ocean models[J]. Journal of Geophysical Research: Oceans, 104(C1): 1537-1540.

CAO J, CHEN X J, CHEN Y, 2009. Influence of surface oceanographic variability on abundance of the western winter-spring cohort of neon flying squid Ommastrephes bartramii in the Northwest Pacific Ocean[J]. Marine Ecology Progress Series, 381: 119-127.

CARDER K L, CHEN F R, LEE Z P, et al., 1999. Semianalytic Moderate-Resolution Imaging Spectrometer algorithms for chlorophyll a and absorption with bio-optical domains based on nitrate-depletion temperatures [J]. Journal of Geophysical Research : Oceans, 104(C3): 5 403 - 5 421.

CARDONE V J, ROSS D B, 1979. State-of-the-Art Wave Prediction Methods and Data Requirements[M]// Earle M D, Malahoff A. Ocean Wave Climate. Boston: Springer: 61-91.

CHANG J H, CHEN Y, HOLLAND D, et al., 2010. Estimating spatial distribution of American lobster Homarus americanus using habitat variables[J]. Marine Ecology Progress Series, 420(16): 145-156.

CHÉDIN A, SCOTT NA, BERROIR A, 1982. A single-channel, double-viewing angle method for sea surface temperature determination from coincident METEOSAT and TIROS-N radiometric measurements[J]. Journal of Applied Meteorology, 21(4): 613-618.

CHEN X J, ZHAO X H, CHEN Y, 2007. Influence of El Niño/La Niña on the Western Winter-Spring Cohort of Neon Flying Squid (Ommastrephes bartarmii) in the northwestern Pacific Ocean[J]. ICES Journal of Marine Science, 64: 1152-1160.

CLARK G L, EWING G C, LORENZEN C J, 1970. Spectra of backscattered light from the sea obtained from aircraft as a measure of chlorophyll concentration[J]. Science, 167(3921): 1119-1121.

COLLINS J I, 1972. Prediction of shallow-water spectra[J]. Journal of Geophysical Research, 77(15): 2693-2707.

DAGORNA L, PETIT M, STRETTA J, 1997. Simulation of large-scale tropical tuna movements in relation with daily remote sensing data: the artificial life approach[J]. Biosystems, 44(3): 167-180.

DOAN B, LE H C, NGUYEN D T, 2010. Fishing ground forecast in the offshore waters of Central Vietnam (experimental results for purse-seine and drift-gillnet fisheries) [J]. VNU Journal of Science, Earth Sciences, 26(2): 57-63.

ELDEBERK Y, 1996. Nonlinear transformation of wave spectra in the nearshore zone[D]. Netherlands: Delft University of Technology.

FARRAR M R, SMITH E A, 1992. Spatial Resolution Enhancement of Terrestrial Features Using Deconvolved SSM/I Microwave Brightness Temperatures[J]. IEEE Transactions in Geoscience and Remote Sensing, 30 (2): 349-355.

GARVER S A, SIEGEL D A, 1997. Inherent optical property inversion of ocean color spectra and its biogeochemical interpretation, 1, Time series from the Sargasso Sea[J]. Journal of Geophysical Research: Oceans, 102(C8): 18607-18625.

GEORGAKARAKOSA S, KOUTSOUBASB D, VALAVANISC V, 2006. Time series analysis and forecasting techniques applied on loliginid and ommastrephid landings in Greek waters[J]. Fisheries Research, 78(1): 55-71.

GILCHRIST B, CRESSMAN G P, 1954. An experiment in Objective analysis[J]. Tellus, 6(4): 309-318.

GORDON H R, BOYNTON G C, 1998. Radiance-irradiance inversion algorithm for estimating the absorption and backscattering coefficients of natural waters: vertically stratified water bodies[J]. Applied Optics, 37(18): 3 886-3 896.

GORDON H R, CLARK D K, MUELLER J L, et al., 1980. Phytoplankton Pigments from the Nimbus[J]. Science, 210(4465): 63-66.

GORDON H R, MOREL A, 1983. Remote Assessment of Ocean Color for Interpretation of Satellite Visible Imagery, a Review[M]. New York: Springer-Verlag.

GRANT W E, MATIS J H, MILLER W, 1988. Forecasting commercial harvest of marine shrimp using a Markov chain model[J]. Ecological Modelling, 43(3-4): 183-193.

GUISAN A, ZIMMERMANN N E, 2000. Predictive habitat distribution models in ecology[J]. Ecological Modelling, 135(2-3) : 147-186.

HARRELL F E, LEE K L, MARK D B, 1996. Tutorial in biostatistics multivariable prognostic models: issues in developing models, evaluating assumptions and adequacy, and measuring and reducing errors[J]. Statistics in Medicine, 1(15): 361-387.

HASHIMOTO N, TSURUYA H, NKAGAWA Y, 1998. Numericalcomputation of the nonlinear energy transfer of gravitywave spectra in finite water depths[J]. Coastal Engineering Journal, 40(1): 23-40.

HASSELMANN K, 1962. On the non-linear energy transfer in a gravity wave spectrum Part 1: General theory [J]. Journal of Fluid Mechanics, 12(4): 481-500.

HASSELMANN K, 1963a. On the non-linear energy transfer in a gravity wave spectrum Part 2: Conservation theorems, wave-particle analogy, irrevesibility[J]. Journal of Fluid Mechanics, 15(2): 273-281.

HASSELMANN K, 1963b. On the non-linear energy transfer in a gravity-wave spectrum. Part 3. Evaluation of the energy flux and swell-sea interaction for a Neumann spectrum[J]. Journal of Fluid Mechanics, 15(3): 385-398.

HASSELMANN K, BARNETT T P, BOUWS E, et al., 1973. Measurements of wind-wave growth and swell decay during the Joint North Sea Wave Project (JONSWAP)[J]. Ergänzungsheft zur Deutschen Hydrographischen Zeitschrift, A8(12): 1-95.

HASSELMANN K F, 1974. On the spectral dissipation of ocean waves due to white capping[J]. Boundary-Layer Meteorology, 6(1-2): 107-127.

HASSELMANN S, HASSELMANN K, 1985. Computation and parameterizations of the nonlinear energy transfer in a gravity wave spectrum. Part II: Parameterizations of the nonlinear energy transfer for application in wave models[J]. Journal of Physical Oceanography, 15: 1378-1391.

HAYNE G S, 1980. Radar altimeter mean return waveforms from near-normal-incidence ocean surface scattering[J]. IEEE Transactions on Antennas and Propagation, 8(5): 687-692.

JANSSEN P A E M, 1989. Wave-induced stress and the drag of air flow over sea waves[J]. Journal of Physical Oceanography, 19: 745-754.

JANSSEN P A E M, 1991. Quasi-linear theory of wind-wave generation applied to wave forecasting[J]. Journal of Physical Oceanography, 21(11): 1631-1642.

JANSSEN P A E M, 1992. Consequences of the effect of surface gravity waves on the mean air flow[C]. International Union of Theoretical and Applied Mechanics (IUTAM). Sydney: 193-198.

KOMEN G J, CAVALERI L, DONELAN M, et al., 1994. Dynamics and modelling of ocean waves[M]. Cambridge: Cambridge University Press.

KOMEN G J, HASSELMANN S, HASSELMANN K, 1984. On the existence of a fully developed wind sea spectrum[J]. Journal of Physical Oceanography, 14(8): 1271-1285.

LAGERLOEF G S E, MITCHUM G T, LUKAS R B, et al., 1999. Tropical Pacific near-surface currents estimated from altimeter, wind, and drifter data[J]. Journal of Geophysical Research: Oceans, 104(C10): 23313-23326.

MACHIMURA T, 1992. Atmospheric correction model for ground surface temperature using a single IR channel data of satellite[C]//XVIIth International Society for Photogrammetry and Remote Sensing Congress Technical Commission VII: Interpretation of Photographic and Remote Sensing Data, August 2-14. Washington D. C.: 142-146.

MADSEN O S, POON Y K, GRABER H C, 1988. Spectral wave attenuation by bottom friction: Theory [C]//Proceeding of 22nd International Conference on Coastal Engineering. Delft: 420-429.

MCCLAIN E P, PICHEL W G, WALTON C C, 1985. Comparative performance of AVHRR-based multichannel sea surface temperatures[J]. Journal of Geophysical Research: Oceans, 90(C6): 11587-11601.

MILES J, 1957. On the generation of surface waves by shear flows[J]. Journal of Fluid Mechanics, 3(2): 185-204.

MILES J, 1993. Surface-wave generation revisited[J]. Journal of Fluid Mechanics, 256: 427-441.

MONAHAN E C, O'MUIRCHEARTAIGH I, 1980. Optimal power-law description of oceanic whitecap coverage dependence on wind speed[J]. Journal of Physical Oceanography, 10(12): 2094-2099.

MONESTIEZ P, DUBROCAB L, BONNIN E, et al., 2006. Geostatistical modelling of spatial distribution of Balaenoptera physalus in the Northwestern Mediterranean Sea from sparse count data and heterogeneous observation efforts[J]. Ecological Modelling, 193(3-4): 615-628.

MOORE R K, WILLAMS C S, 1957. Radar terrain return at near-vertical incidence[J]. Proceedings of the IRE, 45: 228-238.

MOREL A, 1980. In-water and remote measurements of ocean color[J]. Boundary-Layer Meteorol, 18: 177-201.

MOREL A, 1988. Optical modeling of the upper ocean in relation to its biogenous matter content (Case I waters) [J]. Journal of Geophysical Research: Oceans, 93(C9). 10 749-10 768.

MOREL A, PRIEUR L, 1977. Analysis of variations in ocean color[J]. Limnology and Oceanography, 22

(4): 709-722.

ORAM J J, MCWILLIAMS J C, STOLZENBACH K D, 2008. Gradient-based edge detection and feature classification of sea-surface images of the Southern California Bight[J]. Remote Sensing of Environment, 112(5): 2397-2415.

O'REILLY J E, MARITORENA S, MITCHELL B G, et al., 1998. Ocean color chlorophyll algorithms for SeaWiFS[J]. Journal of Geophysical Research: Oceans, 103(C11): 24 937-24 953.

O'REILLY J E , MARITORENA S, 2000. SeaWiFS postlaunch calibration and validation analyses, Part 3 [R]// Hooker S B, Firestone E R, et al. NASA Technical Memorandum SeaWiFS Postlaunch Technical Report Series, Volume 11. Greenbelt MD: NASA.

PANOFSKY H A, 1949. Objective weather-map analysis[J]. Journal of Applled Meteorology, 6(16): 386-392.

PEAKE W H, 1959. Interaction of electromagnetic waves with some natural surfaces[J]. IEEE Transactions on Antennas and Propagation, AP-7: 324-329.

PIERSON W J, MOSKOWITZ L, 1964. A proposed spectral form for fully developed wind seas based on the similarity theory of A. A. Kitaigorodskii[J]. Journal of Geophysical Research, 69(24): 5181-5190.

QIAO F L, YUAN Y L, YANG Y Z, et al., 2004. Wave-induced mixing in the upper ocean: distribution and application to a global ocean circulation model[J]. Geophysical Research Letters, 31(11): L11-303.

RUDORFF C A G, LORENZZETTI J A, GHERARDI D F M, et al., 2009. Modeling spiny lobster larval dispersion in the Tropical Atlantic[J]. Fisheries Research, 96(2-3) : 206-215.

SMITH P M, 1988. The emissivity of sea foam at 19 and 37GHz[J]. IEEE Transactions Geoscience and Remote Sensing, 26(5): 541-547.

SNYDER S H, KATIMS J J, ANNAUT Z, et al., 1981. Adenosine receptors and behavioral actions of methylxanthines[J]. Proceedings of the National Academy of Sciences of the United States of America, 78(5): 3260-3264.

SOBRINO J A, LI Z L, STOLL M, et al., 1996. Multi-channel and multi-angle algorithms for estimating sea and land surface temperature with ATSR data[J]. Oceanographic Literature Review, 2: 162-163.

STOGRYN A, 1978. Estimates of Brightness Temperatures from Scanning Radiometer Data[J]. IEEE Transactions on Antennas and Propagation, AP-26 (5): 720-726.

STOMMEL H, ARONS A B, 1959. On the abyssal circulation of the world ocean—II. An idealized model of the circulation pattern and amplitude in oceanic basins[J]. Deep Sea Research, 6(1): 217-233.

STONE H L, 1968. Iterative Solution of Implicit Approximations of Multidimensional Partial Differential Equations[J]. SIAM Journal of Numerical Analysis, 5(3): 530-538.

VORST H A, 1992. Bi-CGSTAB: a fast and smoothly converging variant of Bi-CG for the solution of nonsymmetric linear systems[J]. SIAM Journal on Scientific Computing, 13(2): 631-644.

VUIK C, VORST H A, 1992. A comparison of some GMRES-like methods[J]. Linear Algebra and its Applications, 160: 131-162.

WALUDA C M, RODHOUSE P G, PODESTA G P, et al., 2001. Surface oceanography of inferred hatching grounds of Illex argentinus(Cephalopoda: Ommastrephi-dae) and influences on recruitment variability[J]. Marine Biology, 139(4): 671-679.

WAMDIG, 1988. The WAM model - A third generation ocean wave prediction model[J]. Journal of Physical Oceanography, 18(12): 1775-1810.

WATERS J R, 1976. Absorption and Emission by Atmospheric Gases[M]//Meeks M L. Methods of Experimental Physics: 12B. Orlando: Academic.

WENTZ F J, 1983. A model function for ocean microwave brightness temperatures[J]. Journal of Geophysical Research: Oceans, 88(C3): 1892-1908.

WENTZ F J, 1975. A two-scale scattering model for foam-free sea microwave brightness temperatures[J]. Journal Geophysical Research: Oceans, 80(24): 3441-3446.

WENTZ F J, CHELLE G, DEBORAH S, et al., 2000. Satellite measurements of sea surface temperature through clouds[J]. Science, 288(5467): 847-850.

WESTHUYSEN A V, ZIJLEMA M, BATTJES J A, 2007. Nonlinear saturation-based whitecapping dissipation in SWAN for deep and shallow water[J]. Coastal Engineering, 54(2): 151-170.

WILHEIT T T, 1979. A model for the microwave emissivity of the ocean's surface as a function of wind speed [J]. IEEE Transactions on Geoscience and Electronics, GE-17(4): 244-249.

WILHEIT T T, CHANG A T C, 1980. An algorithm for retrieval of ocean surface and atmospheric parameters from the observations of the Scanning Multichannel Microwave Radiometer (SMMR)[J]. Radio Science, 15 (3): 525-544.

YAN L, 1987. An improved wind input source term for third generation ocean wave modelling[J]. Scientific report WR, 87(8): 1-24.

YAN Y X, 1987. Numerical modeling of current and wave interactions of an inlet-beach system[D]. Florida: University of Florida.

ZALESAK S T, 1979. Fully multidimensional flux-corrected transport algorithms for fluids[J]. Journal of Computational Physics, 31(3): 335-362.